网络空间全球治理
大事长编
—2023—

中国网络空间研究院　编

商务印书馆
The Commercial Press

图书在版编目(CIP)数据

网络空间全球治理大事长编.2023/中国网络空间研究院编.—北京:商务印书馆,2024.— ISBN 978-7-100-24478-7

Ⅰ.TP393.4

中国国家版本馆CIP数据核字第202496MQ87号

权利保留,侵权必究。

封面设计:薛平　昊楠

网络空间全球治理大事长编(2023)
中国网络空间研究院　编

商　务　印　书　馆　出　版
(北京王府井大街36号　邮政编码100710)
商　务　印　书　馆　发　行
山东临沂新华印刷物流
集团有限责任公司印刷
ISBN 978-7-100-24478-7

2024年11月第1版　　开本 710×1000　1/16
2024年11月第1次印刷　印张 22¼

定价:148.00元

序

当前,世界之变、时代之变、历史之变正以前所未有的方式展开,世界进入了变革与动荡交织的新时期。网络空间国际治理态势愈发复杂多变,地缘冲突映射至网络空间。在人工智能治理等领域努力寻求共识,维护网络空间的和平稳定,保障网络空间的安全与繁荣,已成为国际社会的共同诉求。

习近平总书记强调,面对数字化带来的机遇和挑战,国际社会应加强对话交流、深化务实合作,携手构建更加公平合理、开放包容、安全稳定、富有生机活力的网络空间。2023年,世界各国政府、国际组织、互联网企业、技术社群以及民间机构等多元化主体,在复杂多变的世界潮流中持续探索前行,力求在促进网络空间治理体系完善、推动网络空间国际规则体系创新与发展方面取得突破性进展。中国作为负责任的大国,始终坚持和平、安全、开放、合作、有序的网络空间治理理念,积极参与全球网络空间治理体系的构建与完善,为网络空间治理贡献中国智慧与中国方案。

中国网络空间研究院牵头组织业界权威专家,编纂《网络空间全球治理大事长编(2023)》,以共商、共建、共享的中国视角,重点梳理各方在人工智能、数据治理、数字贸易、数字货币、数字技术、网络安全等领域的网络空间治理实践,探讨双多边及区域合作机制下网络空间治理的最新进展,展现不同主体在网络治理中的角色与影响力。本书作为网络空间治理研究领域的品牌工具书,旨在全面呈现2023年网络空间全球治理的发展态势,深刻揭示治理规则的发展脉络和未来趋势,并体现中国参与网络空间国际治理的积极贡献与智慧引领。

希望本书能为政府决策、学术研究、企业战略规划及国际组织合作提供参考。我们期待，通过本书的出版与推广，进一步促进国内外在网络空间治理领域的交流与合作，共同推动网络空间向着更加和平、安全、开放、合作的方向发展。

中国网络空间研究院

简要目录

导　　读 ··· 1

第一部分　2023年网络空间全球治理要事概览 ······································ 13

第一章　联合国框架下网络空间全球治理进程 ································· 15

一、联合国《全球数字契约》制定取得新进展 ································· 15

二、联合国信息安全开放式工作组持续推动议题讨论 ····················· 30

三、《联合国打击网络犯罪公约》特设委员会讨论形成公约草案 ······ 39

四、联合国互联网治理论坛持续发挥交流平台作用 ························ 41

第二章　人工智能发展与治理 ··· 46

一、人工智能发展驶入快车道 ·· 46

二、各国探索新一代人工智能的治理新范式 ···································· 51

三、国际组织及机制关注人工智能国际治理 ···································· 57

四、人工智能治理国际合作逐步推进 ··· 61

第三章　数据治理规则与数据跨境流动 ··· 68

一、以联合国为代表的国际组织就国际数据治理提出理念方案 ······ 68

二、主要国家和地区完善数据治理体系 ·· 71

三、数据领域跨境合作持续推进 ··· 79

第四章　数字贸易规则建构与国际合作 90

一、世界贸易组织全球数字贸易规则谈判取得实质进展 90

二、数字服务税"双支柱"方案生效和实施仍面临挑战 92

三、主要国际高标准数字贸易规则影响范围逐步扩大 99

四、欧盟签署系列数字经济相关对外协定 103

五、中国依托双多边机制推进数字贸易国际合作 106

第五章　数字货币治理 112

一、全球私人数字货币的安全风险态势 112

二、私人数字货币监管不断加强 117

三、央行数字货币的发展动态 128

四、数字货币的国际治理 135

第六章　数字技术发展与国际合作 143

一、主要国家和地区推动半导体产业本土化 143

二、主要国家和地区推动5G和6G产业发展 151

三、卫星互联网全球部署脚步加快 159

四、全球双多边信息技术战略合作加速 164

第七章　网络安全的挑战与应对 170

一、主要国家和地区加强顶层设计 170

二、主要国家和地区强化网络安全多边协调 176

三、国际合作打击网络犯罪 182

四、多国加强网络有害信息治理 187

第八章　国际冲突中的网络行动 190
　一、俄乌冲突网络对抗持续 190
　二、巴以冲突中网络行动的主要特征 194
　三、其他网络行动部署进展 201
　四、各方关于国际冲突中网络行动规则的讨论 210

第二部分　2023年网络空间全球治理大事记汇编 219

名词附录 303
后　记 329

详细目录

导　读 ·· 1

第一部分　2023年网络空间全球治理要事概览

第一章　联合国框架下网络空间全球治理进程 ··· 15

一、联合国《全球数字契约》制定取得新进展 ·· 15

（一）各方就制定《全球数字契约》建言献策 ·· 15

1. 主要国家和地区就《全球数字契约》阐明立场 ································ 16

- 延伸阅读　《中国关于全球数字治理有关问题的立场》
  提出的具体建议 ·· 18

2. 国际组织和技术社群等就《全球数字契约》反馈建议 ···················· 22

- 延伸阅读　联合国互联网治理论坛领导小组对《全球数字契约》
  核心原则的建议 ·· 24

（二）《全球数字契约》共同协调人发布评估文件 ···································· 27

- 延伸阅读　《全球数字契约》共同协调人评估文件要点概述 ············ 28
- 延伸阅读　联合国教科文组织就数字平台治理发布准则 ···················· 29

二、联合国信息安全开放式工作组持续推动议题讨论 ···································· 30

- 延伸阅读　联合国信息安全开放式工作组召开多次非正式会议征求
  各方意见 ·· 31

（一）联合国信息安全开放式工作组通过年度进展报告 ···························· 33

- 延伸阅读　联合国信息安全开放式工作组第二份年度进展报告中对部分议题的下一步工作建议……………………………………………34

（二）俄罗斯等国家提议将信息安全开放式工作组作为常设性决策机制……36

- 延伸阅读　"促进网络空间负责任国家行为行动纲领"有关进展………37

三、《联合国打击网络犯罪公约》特设委员会讨论形成公约草案………………39

四、联合国互联网治理论坛持续发挥交流平台作用…………………………41

- 延伸阅读　第十八届联合国互联网治理论坛年会关键信息（节选）……42

第二章　人工智能发展与治理………………………………………………46

一、人工智能发展驶入快车道…………………………………………………46

（一）人工智能大模型快速发展……………………………………………46

1. ChatGPT一经发布便成为焦点…………………………………………46

- 延伸阅读　开放人工智能研究中心引领全球大模型研发……………47

2. 中国国产大模型竞争激烈………………………………………………48

（二）人工智能技术进一步应用于军事领域………………………………49

（三）人工智能快速发展带来安全隐忧……………………………………50

二、各国探索新一代人工智能的治理新范式…………………………………51

（一）中国完善生成式人工智能分类分级监管制度………………………51

（二）美国建立促进技术创新兼顾风险管控的政策体系…………………52

（三）欧盟人工智能立法取得积极进展……………………………………54

（四）英国建立人工智能算法框架…………………………………………55

（五）主要国家和地区人工智能治理政策对比……………………………55

三、国际组织及机制关注人工智能国际治理…………………………………57

（一）联合国安理会首次就人工智能问题举行会议………………………57

/ viii /

详细目录

（二）联合国秘书长支持设立人工智能国际监管机构 ·················· 58

（三）联合国设立人工智能高级别咨询小组并发布中期报告 ·········· 59

（四）国际电信联盟召开人工智能全球峰会 ························ 59

（五）金砖国家机制启动人工智能研究组 ·························· 60

（六）七国集团同意启动"广岛人工智能进程" ···················· 60

（七）世界互联网大会设立人工智能工作组并发布研究报告 ·········· 61

四、人工智能治理国际合作逐步推进 ·································· 61

（一）中国发起全球人工智能治理倡议 ···························· 61

• 延伸阅读 《全球人工智能治理倡议》 ······················ 62

（二）美国呼吁制定人工智能军事化应用的行为规范 ················ 64

• 延伸阅读 《关于在军事上负责任地使用人工智能和自主技术的政治宣言》内容简介 ······························ 65

（三）全球共建可信人工智能的安全治理框架 ······················ 65

• 延伸阅读 《布莱切利宣言》内容简介 ······················ 66

第三章 数据治理规则与数据跨境流动 ······························ 68

一、以联合国为代表的国际组织就国际数据治理提出理念方案 ············ 68

（一）联合国提出全球数据治理建议 ······························ 68

（二）世界互联网大会设立数据工作组 ···························· 70

二、主要国家和地区完善数据治理体系 ································ 71

（一）中国统筹数据安全保护和有序发展 ·························· 71

• 延伸阅读 2023年中国的数据执法活动的主要特点 ············ 73

（二）欧盟推动数据执法和立法 ·································· 74

（三）美国强化数据审查和限制 ·································· 75

  （四）印度和英国修订个人数据保护法案 ……………………………… 78

 三、数据领域跨境合作持续推进 ………………………………………… 79

  （一）中国推动构建开放共赢的数据领域国际合作格局 ……………… 79

  （二）多国完善数据跨境流动法规 ……………………………………… 80

  （三）七国集团持续推动"基于信任的数据自由流动"框架 ………… 83

   ·延伸阅读　"基于信任的数据自由流动"概念简介 ……………… 84

  （四）多个经济体签署数据国际合作协议 ……………………………… 85

   ·延伸阅读　《欧盟-美国数据隐私框架》简介 …………………… 86

   ·延伸阅读　美国数据和隐私安全领域主要执法机构
    ——美国联邦贸易委员会简介 ………………………………… 87

第四章　数字贸易规则建构与国际合作 …………………………………… 90

 一、世界贸易组织全球数字贸易规则谈判取得实质进展 ………………… 90

  （一）世界贸易组织发布新版《数字贸易测度手册》 ………………… 90

   ·延伸阅读　《数字贸易测度手册（第二版）》基本情况 ………… 91

  （二）世界贸易组织结束部分全球数字贸易规则谈判 ………………… 91

 二、数字服务税"双支柱"方案生效和实施仍面临挑战 ………………… 92

  （一）经济合作与发展组织为"金额A多边公约"签署生效做好准备 …… 93

  （二）经济合作与发展组织基本完成支柱二规则的相关技术工作 …… 94

   ·延伸阅读　《解决经济数字化带来的税收挑战的两大支柱
    解决方案成果声明》内容概要 ………………………………… 95

  （三）联合国提出国际税收备选方案 …………………………………… 98

 三、主要国际高标准数字贸易规则影响范围逐步扩大 …………………… 99

  （一）《区域全面经济伙伴关系协定》对15个签署国全面生效 ……… 100

  （二）《数字经济伙伴关系协定》完成韩国加入实质性磋商 ………… 101

（三）英国成为首个《全面与进步跨太平洋伙伴关系协定》欧洲成员……101
- 延伸阅读 《全面与进步跨太平洋伙伴关系协定》的数字经贸规则构建……102
- 延伸阅读 英国申请加入《全面与进步跨太平洋伙伴关系协定》的背景……103

四、欧盟签署系列数字经济相关对外协定……103
（一）欧盟和新加坡签署数字伙伴关系协定及数字贸易原则……103
（二）欧盟和美国发布数字贸易联合声明……104
（三）欧盟与日本就数字贸易和经济安全达成合作……105
（四）欧盟与韩国启动数字贸易协定谈判……105
（五）欧盟和新西兰签署自由贸易协定……105

五、中国依托双多边机制推进数字贸易国际合作……106
（一）中国与东盟国家签署电子商务合作文件……106
（二）中国加入《数字经济伙伴关系协定》工作组取得新进展……109
（三）中国依托"一带一路"平台积极参与数贸规则制定……110

第五章　数字货币治理……112

一、全球私人数字货币的安全风险态势……112
（一）加密货币成为国际冲突的关注焦点……112
- 延伸阅读 以色列国防机构阻止加密货币资金流向哈马斯……113
（二）私人数字货币安全风险受到高度关注……115
（三）涉数字货币犯罪侦办面临严峻挑战……117

二、私人数字货币监管不断加强……117
（一）强监管逐渐成为全球监管共识……118

（二）打击执法力度更加严厉 …………………………………………… 118

（三）各国（地区）监管动作更加频繁 ………………………………… 119

    1. 美国监管执法行动不断，监管立法迟滞 …………………………… 119

    2. 中国金融管理机构职能调整，加强涉数字货币犯罪打击力度 …… 120

    3. 欧盟监管法案获得通过，各方推动相应调整举措 ………………… 121

    4. 英国首次完成相关立法，国际合作成为下一步重点 ……………… 122

    5. 韩国、新加坡、中国香港、巴西等其他国家和地区制定强有力的监管框架 ……………………………………………………………… 123

      • 延伸阅读　稳定币最新发展动态 ………………………………… 125

三、央行数字货币的发展动态 …………………………………………………… 128

（一）央行数字货币整体概况 ……………………………………………… 128

（二）主要经济体央行数字货币发展进程 ………………………………… 129

（三）央行数字货币的国际流通 …………………………………………… 135

四、数字货币的国际治理 ………………………………………………………… 135

（一）经济合作与发展组织 ………………………………………………… 135

（二）二十国集团 …………………………………………………………… 136

（三）金融行动特别工作组 ………………………………………………… 136

（四）巴塞尔银行监管委员会 ……………………………………………… 137

（五）国际证监会组织 ……………………………………………………… 138

（六）支付与市场基础设施委员会 ………………………………………… 138

（七）埃格蒙特集团 ………………………………………………………… 139

      • 延伸阅读　现实世界资产的"代币化" …………………………… 139

第六章　数字技术发展与国际合作 ………………………………………… 143

一、主要国家和地区推动半导体产业本土化 …………………………………… 143

（一）美国不断强化在半导体领域的全球领先地位 ··············· 143
    1. 支持美国本土半导体产业创新与发展 ··············· 143
    2. 与盟友合作构建以美国为主的半导体供应链 ··············· 144
    3. 推动半导体领域的投资创新 ··············· 144
    4. 为美国工人创造就业机会和培养人才 ··············· 145
    5. 以维护安全为由滥用出口管制措施 ··············· 146

（二）欧洲积极推动本土半导体产业发展 ··············· 146

（三）亚洲各国纷纷支持半导体产业发展 ··············· 148

二、主要国家和地区推动5G和6G产业发展 ··············· 151

（一）美洲 ··············· 151

（二）欧洲 ··············· 152

（三）亚洲 ··············· 154
    • 延伸阅读 《6G网络架构展望》 ··············· 155
    • 延伸阅读 《6G无线系统设计原则和典型特征》 ··············· 156

（四）中东地区 ··············· 158

三、卫星互联网全球部署脚步加快 ··············· 159

（一）美国加速布局卫星互联网 ··············· 160
    1. 美国"星链"全球覆盖面越来越广 ··············· 160
    2. 美国利用"星链"项目不断扩大亚非市场影响力 ··············· 160
    3. 美国卫星互联网的军事应用 ··············· 161
    4. 美国联邦通信委员会审议通过亚马逊"柯伊伯计划" ··············· 162

（二）其他国家积极部署卫星互联网技术 ··············· 162
    1. 英国一网卫星公司着力实施"一网"星座计划 ··············· 162
    2. Telesat的卫星发射项目获得资金支持 ··············· 163
    3. 中国发射多颗卫星互联网技术试验卫星 ··············· 163
    4. 韩国发布卫星通信振兴战略打造韩版"星链" ··············· 164

四、全球双多边信息技术战略合作加速 ··············· 164

（一）美国与英国加强数据和技术合作 164

（二）美国与印度启动"关键和新兴技术"倡议 165

（三）美国与波兰加强战略新兴技术领域合作 166

（四）美国与日本深化互联网经济政策合作对话 166

（五）美国与越南计划加强半导体、人工智能等领域合作 166

（六）美国与韩国发表联合声明宣布加强数字领域战略合作 167

（七）欧盟与新加坡启动数字伙伴关系 167

（八）英国与新加坡签署数据和技术协议 168

（九）英国与韩国建立数字伙伴关系 168

第七章 网络安全的挑战与应对 170

一、主要国家和地区加强顶层设计 170

（一）美国强化网络防御与合作 170

- 延伸阅读 美国《国家网络安全战略》五大支柱和二十七项战略目标 171

（二）欧盟强化成员国危机应对能力 174

（三）其他国家加强网络安全战略布局 175

二、主要国家和地区强化网络安全多边协调 176

（一）美国加强与盟友的网络安全合作 176

- 延伸阅读 四方高级网络小组 177

（二）俄罗斯与塔吉克斯坦、津巴布韦和缅甸分别签署网络安全合作协议 179

（三）东盟成立网络安全和信息卓越中心 180

（四）非洲联盟"马拉博公约"生效 181

三、国际合作打击网络犯罪 182

（一）十三国签署《布达佩斯公约第二附加议定书》 182
    • 延伸阅读 《布达佩斯公约》及其附加议定书 182
  （二）第三届国际反勒索软件倡议峰会在美国举行 183
    • 延伸阅读 国际反勒索软件倡议峰会发展历史 184
  （三）美国联合多国执法部门打击网络犯罪团伙 184
  （四）中国联合周边国家打击电诈、赌博等网络犯罪 186

四、多国加强网络有害信息治理 187
  （一）美日韩签署打击虚假信息协议 187
  （二）加拿大和荷兰发布《全球在线信息诚信宣言》 188
  （三）英国正式通过《在线安全法案》 188

第八章 国际冲突中的网络行动 190

一、俄乌冲突网络对抗持续 190
  （一）网络攻击频率和规模呈增长趋势 190
  （二）俄乌网络部队加强数字化作战部署 192
  （三）北约与欧盟加强网络防御合作 193
  （四）网络战延伸至太空领域 193
  （五）美英法等11国启动支援乌克兰网络能力建设的"塔林机制" 194

二、巴以冲突中网络行动的主要特征 194
  （一）关键基础设施成主要打击目标 195
  （二）人工智能在巴以战场上广泛应用 196
    1. 冲突方运用人工智能强化军事打击 196
    2. 人工智能生成虚假信息混淆视听 197
    3. 以色列开发新型防御系统"网络穹顶" 198

/ xv /

		（三）巴以通过主流社交媒体工具进行舆论攻防 ················· 198

		（四）多方卷入网络对抗 ·································· 199

			1. 高科技企业深入参与网络战 ··························· 199

			2. 全球黑客组织纷纷站队 ······························ 200

	三、其他网络行动部署进展 ·· 201

		（一）美国、日本、北约加强网络行动顶层设计和部署 ············ 201

			1. 美国国防部提出新的网络行动方针 ······················ 201

			2. 美国国会推出《联合全域指挥控制实施法案》··············· 202

			3. 美国印太司令部试图构建新的任务网络 ·················· 202

			4. 日本推动网络防卫战略调整 ··························· 203

			5. 北约整体部署网络安全和配置服务 ······················ 204

		（二）部分国家频繁举行大型联合网络演习 ····················· 204

			1. 欧盟开展"蓝图操作级别演习" ························· 205

			2. 英国组织西欧最大的网络战演习 ······················· 205

			3. 哥伦比亚举行多国网络制海权演练 ······················ 206

			4. 澳大利亚与美国举行"网络哨兵"军事网络演习 ············ 206

			5. 美国、爱沙尼亚和波兰举行"波罗的海闪电战"网络安全演习 ·· 207

			6. 北约举行2023年度"锁定盾牌"网络演习 ················· 207

			7. 北约开展年度网络防御演习"网络联盟" ················· 207

		（三）美以鼓励私营部门加入国防领域合作 ····················· 208

			1. 美国网络司令部促进私营部门加强网络安全信息共享 ········ 208

			2. 以色列推进网络空间"军民融合" ······················· 208

			3. 美国国防高级研究计划局启动"桥梁"计划帮助科技公司加入

				国防项目 ··· 209

	四、各方关于国际冲突中网络行动规则的讨论 ·························· 210

		（一）联合国《特定常规武器公约》致命性自主武器系统专家组开展讨论····210

			• 延伸阅读　联合国《特定常规武器公约》及致命性自主武器

				系统专家组 ······································· 212

（二）红十字国际委员会发布战争期间平民黑客交战规则 ⋯⋯⋯⋯⋯⋯ 214

（三）海牙国际峰会讨论人工智能军事化问题 ⋯⋯⋯⋯⋯⋯⋯⋯⋯⋯ 215

- 延伸阅读 "军事领域负责任地使用人工智能峰会" 行动倡议主要内容 ⋯⋯⋯⋯⋯⋯⋯⋯⋯⋯⋯⋯⋯⋯⋯⋯⋯⋯⋯⋯⋯⋯⋯⋯⋯⋯ 215

（四）美国与45个国家和地区实施《关于在军事上负责任地使用人工智能和自主技术的政治宣言》⋯⋯⋯⋯⋯⋯⋯⋯⋯⋯⋯⋯⋯⋯⋯⋯ 216

第二部分　2023年网络空间全球治理大事记汇编

1月 ⋯⋯⋯⋯⋯⋯⋯⋯⋯⋯⋯⋯⋯⋯⋯⋯⋯⋯⋯⋯⋯⋯⋯⋯⋯⋯⋯⋯⋯⋯ 221

1. 中国台湾地区《产业创新条例》修正案生效 ⋯⋯⋯⋯⋯⋯⋯⋯⋯ 221
2. 美国国防部牵头启动"实现微电子革命"JUMP 2.0联盟 ⋯⋯⋯⋯ 221
3. 美国国土安全部研究下一代网络安全分析平台 ⋯⋯⋯⋯⋯⋯⋯⋯ 222
4. 谷歌要求印度法院推翻安卓操作系统反垄断罚款 ⋯⋯⋯⋯⋯⋯⋯ 222
5. 欧盟启动"2030数字十年政策计划"的首个合作和监测机制 ⋯⋯ 222
6. 美国联邦通信委员会成立太空局和国际事务办公室 ⋯⋯⋯⋯⋯⋯ 223
7. 美国众议院批准成立美中战略竞争特设委员会 ⋯⋯⋯⋯⋯⋯⋯⋯ 223
8. 美国陆军成立零信任架构能力管理办公室 ⋯⋯⋯⋯⋯⋯⋯⋯⋯⋯ 224
9. 法国宣布投资6500万欧元加速数字农业发展 ⋯⋯⋯⋯⋯⋯⋯⋯⋯ 224
10. 美国国家科学基金会公布"培育下一代网络技术人才"计划 ⋯⋯ 224
11. 华为在非洲投入使用第一座绿色塔 ⋯⋯⋯⋯⋯⋯⋯⋯⋯⋯⋯⋯⋯ 225
12.《韩国-新加坡数字伙伴关系协定》生效 ⋯⋯⋯⋯⋯⋯⋯⋯⋯⋯⋯ 225
13. 韩国和阿联酋宣布加强能源、科技等领域战略合作 ⋯⋯⋯⋯⋯⋯ 225
14. 北约与波黑宣布加强科技合作 ⋯⋯⋯⋯⋯⋯⋯⋯⋯⋯⋯⋯⋯⋯⋯ 226
15. 世界经济论坛呼吁应对物联网"治理赤字" ⋯⋯⋯⋯⋯⋯⋯⋯⋯⋯ 226
16. 互联网名称与数字地址分配机构与签约方就改进后的域名系统滥用要求进行谈判 ⋯⋯⋯⋯⋯⋯⋯⋯⋯⋯⋯⋯⋯⋯⋯⋯⋯⋯⋯⋯⋯ 226
17. 美国网络安全和基础设施安全局发布IPv6安全指南最终版 ⋯⋯⋯ 227
18. 美国司法部起诉谷歌非法垄断数字广告市场 ⋯⋯⋯⋯⋯⋯⋯⋯⋯ 227

19. 德国发布新非洲战略 ……228
20. 欧盟通过跨境获取电子证据法规和指令草案 ……228
21. 美国和欧盟在网络领域达成新合作 ……228
22. 美国国防部发布《小型企业战略》 ……229
23. 欧盟与美国启动人工智能全面合作 ……229
24. 日本禁止向俄罗斯出口可用于加强军事能力的物资 ……230
25. 美国和中东盟国在《亚伯拉罕协议》中纳入网络合作 ……230
26. 美国国防部重新启动"全球信息优势实验"项目 ……230
27. 万维网联盟转型成为公益性非营利组织 ……230

2月 ……231

1. 美国和印度扩大科研合作 ……231
2. 英国国防部发布《国防云战略路线图》 ……231
3. 沙特和阿曼共同投资海底光缆 ……232
4. 印度和欧盟宣布成立新的贸易和技术委员会 ……232
5. 沙特吸引超90亿美元投资以推动数字化转型 ……233
6. 印尼央行拟继续加强数字货币政策 ……233
   - 延伸阅读　印尼积极推动数字货币交易发展 ……234
7. 美国国家标准与技术研究院确定轻量级物联网加密标准算法 ……234
8. 德国发布《未来研究与创新战略》 ……234
9. 英国成立科学、创新和技术部 ……235
10. 沙特首款人工智能机器人问世 ……235
11. 互联网工程任务组提名委员会公布新一届领导层名单 ……236
12. 新加坡与欧洲自由贸易联盟开展数字经济协定谈判 ……236
13. 互联网名称与数字地址分配机构发布《2022年国际化域名年度报告》 ……236
14. 华为与沙特电信签署全光战略合作备忘录 ……237
15. 美国政府将投资650亿美元发展高速互联网服务 ……237

3月 ……238

1. 英国修订数据保护法规以减轻合规负担 ……238
2. 美国国防部发布《2023—2027网络劳动力战略》 ……238
3. 国际电信联盟等国际组织举办2023年信息社会世界峰会 ……238

详细目录

4. 互联网名称与数字地址分配机构董事会启动下一轮新通用顶级域筹备工作 ·· 239
5. 美国联邦贸易委员会要求社交媒体和视频流媒体提供误导性广告信息 ······ 239
6. 美国政府试图迫使字节跳动出售 TikTok ·· 240
7. 美日举行互联网经济政策合作对话 ·· 240
8. 法国多部门共同签署数字基础设施战略实施合同 ···································· 240
9. 印尼政府助力初创企业加入数字生态系统 ·· 241
10. 中俄两国深化新时代全面战略协作伙伴关系 ·· 241
11. 普通适用性指导小组牵头组织首次"普遍适用性日"活动 ···················· 242
12. 越南提出至2025年互联网全面转向IPv6 ··· 242
13. 韩国SK海力士要求美国延长对华芯片豁免权 ······································· 243
14. 美国与坦桑尼亚深化通信合作 ·· 243
15. 美国国家标准与技术研究院启用人工智能资源中心 ···························· 243

4月 ·· 244

1. 美国与菲律宾联合发布"2+2"部长级对话声明 ·································· 244
2. 二十国集团金融稳定委员会建议制定通用格式报告金融业网络攻击 ······ 244
3. 美德澳等国联合发布产品网络安全设计指南 ·· 244
4. 欧盟成立欧洲算法透明度中心 ·· 245
5. 美英澳等国合作发布智慧城市网络指南 ·· 245
6. 美国国土安全部成立首个人工智能工作组 ·· 246
7. 美国联邦通信委员会要求重审外国通信设备企业营业执照 ···················· 246
8. 中国发布《公路水路关键信息基础设施安全保护管理办法》 ················ 246
9. 英国商业贸易部大臣召开"在线市场圆桌会议" ·································· 246
10. 美国高科技企业将对韩投资19亿美元 ·· 247
11. 七国集团数字与技术部长会议召开 ·· 247

5月 ·· 248

1. 中国正式实施《信息安全技术 关键信息基础设施安全保护要求》······· 248
2. 2023网络峰会在里约热内卢举行 ··· 248
3. 美国白宫发布《关键和新兴技术的国家标准战略》 ································ 248
4. 尼日利亚政府批准国家区块链政策 ·· 249

5. 哥伦比亚将加强数字化转型、商业智能及网络安全 ············· 249
6. 韩日重启政府间科技合作协商渠道 ························· 250
7. 印尼和越南加强数字领域合作 ····························· 250
8. 埃及完成2Africa海底电缆安装 ··························· 251
9. 巴西参议院提出并审议人工智能监管法案 ····················· 251
10. 美国国家科学基金会启动科研基础设施建设项目 ················· 252
11. 马来西亚建立第四次工业革命中心 ·························· 252
12. 意大利拨款保护工人免受人工智能替代威胁 ··················· 253
13. 法国国家信息自由委员会发布人工智能行动计划 ················ 253
14. 2023年非洲通信周举行 ································· 253
15. 中国发布《网络安全标准实践指南—网络数据安全风险评估实施指引》··· 254
16. 老挝政府利用区块链技术推动数字化转型 ····················· 254
17. 美日举行第二次工商伙伴关系内阁级会议 ····················· 255
18. 英伟达发布DGX GH200超级计算机 ························ 255

6月 ··· 255

1. 南非IST-Africa会议举行 ······························· 255
2. 老挝建立数字化转型国家委员会 ···························· 256
3. 万维网联盟选举产生顾问委员会 ···························· 256
4. 新加坡推出《数字互联互通发展蓝图》······················· 257
5. 新加坡推出东南亚首个量子安全网络基础设施 ··················· 257
6. 日本召开第四届数字社会推进会议 ·························· 257
   • 延伸阅读　日本个人编号卡制度 ························· 258
7. 华为发布中国首个软硬协同全栈自主数据库 ···················· 259
8. 日本制定先进科学技术推进政策 ···························· 259
   • 延伸阅读　日本综合科学技术创新会议 ····················· 260
9. 日本发布"综合创新战略2023" ··························· 260
10. 美国白宫更新《利用安全的软件开发实践增强软件供应链的安全性》
    备忘录 ··· 261
11. 中国国家互联网信息办公室发布《境内深度合成服务算法备案清单》······ 261
12. 俄罗斯开发出用于创建"电子皮肤"的元件 ···················· 262

13. 文莱积极配合东盟数字化发展 ··· 262
14. 国际互联网协会推出"网络损失计算器"测量断网对经济的影响 ········· 262
15. 欧盟和韩国举行首届数字伙伴关系理事会 ···································· 263
16. 南非Motheo创新中心正式落成 ··· 263

7月 ·· 264

1. 中国公布新版《网络关键设备和网络安全专用产品目录》··················· 264
2. 上合组织发布《上海合作组织成员国元首理事会关于数字化转型
   领域合作的声明》··· 264
3. 南部非洲地区伙伴生态大会举行 ··· 265
4. 欧盟委员会通过一项关于Web4.0和虚拟世界的新战略 ···················· 265
5. 美国联邦贸易委员会对在线咨询服务公司BetterHelp进行罚款 ········· 266
6. 中国发布《关于促进网络安全保险规范健康发展的意见》··················· 266
7. 埃塞俄比亚取消对社交媒体的互联网限制 ···································· 267
   • 延伸阅读　互联网封锁使埃塞俄比亚损失超过70亿比尔 ········· 267
8. 新加坡政府发布《在线安全行为准则》·· 267
   • 延伸阅读　新加坡《在线安全行为准则》主要内容 ················ 268
9. 互联网工程任务组发布消息传递层安全协议 ································· 269
10. 第四届城市发展和数字化转型国际论坛在俄罗斯举行 ···················· 269
11. 中国发布《国家车联网产业标准体系建设指南
    （智能网联汽车）（2023版）》··· 270
12. 美国众议院通过《人工智能问责法案》·· 270
13. 美国国家网络总监办公室发布《国家网络人才和教育战略》················ 270
14. 欧盟委员会通过《企业可持续发展报告指令》配套准则
    《欧洲可持续发展报告准则》··· 271
15. 开罗成为互联网名称与数字地址分配机构管理的根服务器
    在非洲的第二个部署点 ·· 271

8月 ·· 272

1. 第十一届金砖国家科技创新部长会议举行 ···································· 272
2. 美国发布《2024—2026财年网络安全战略计划》······························ 272
3. 老挝召开国家数字化转型委员会首次会议 ···································· 272

4. 第九届金砖国家通信部长会议举行 …… 273
5. 金砖国家第十三次经贸部长会议取得务实成果 …… 273
6. 中国发布《人脸识别技术应用安全管理规定（试行）（征求意见稿）》 …… 274
7. 拜登签署"受关注国家投资限制"行政命令 …… 274
8. 中国发布《国家认监委关于修订网络关键设备和网络安全专用产品安全认证实施规则的公告》 …… 275
9. 巴西政府宣布启动新版"加速增长计划" …… 275
10. 英国发布人工智能脱碳计划 …… 276
11. 美国网络安全和基础设施安全局发布远程监控和管理网络防御计划 …… 276
12. 美国白宫发布《2025财年优先研究事项清单》 …… 276
13. 西班牙成立人工智能监管局 …… 277
14. 日本发布"东盟-日本经济共创愿景"最终版本 …… 277
15. 东盟启动数字经济框架协定谈判 …… 277
16. 中国发布《2023人工智能基础数据服务产业发展白皮书》 …… 278
17. 新加坡和印度联手完成全球首批无纸化交易货运 …… 278
18. 首届金砖国家国际创新论坛在俄罗斯举行 …… 279
19. 中国印发《元宇宙产业创新发展三年行动计划（2023—2025年）》 …… 279
20. 新西兰拟于2025年对跨国企业开征数字服务税 …… 280

9月 …… 280

1. 新加坡开展信息通信和人工智能人才培训 …… 280
2. 南非政府利用数字技术促进农村地区发展 …… 281
3. 中贝两国签署数字经济等领域多项双边合作文件 …… 281
4. 华为云利雅得节点正式开服 …… 281
5. 欧盟委员会公布首批《数字市场法案》"看门人"企业 …… 282
6. 美印联合声明重点关注开放无线接入网领域技术 …… 282
7. 美印公司合作构建大规模人工智能基础设施 …… 283
8. 埃塞俄比亚推出商用5G …… 283
9. 阿联酋规划未来50年网络安全愿景 …… 283
10. 越南、老挝、柬埔寨推动数字经济领域的贸易投资合作 …… 284
11. 互联网架构委员会发表开放互联网软硬件认证风险声明 …… 284

10月

1. 南非举办5G论坛 ... 285
2. 马来西亚拨款建立全国首个人工智能学院 ... 285
3. 2023金砖国家工业互联网与数字制造发展论坛举行 ... 285
4. 中国和巴基斯坦落实《中巴产业合作框架协议》推动数字经济发展 ... 286
5. 印度组织国家网络安全演习 ... 286
6. 南非举办数字和未来技能全国会议 ... 287
7. 电气与电子工程师协会发布《2024年及未来的技术影响》全球研究报告 ... 287
8. 越南宣布自主设计5G芯片 ... 287
9. 谷歌向越南提供4万份数字人才发展奖学金 ... 288

11月

1. 新加坡首份数字社会报告发布 ... 288
2. 世界互联网大会乌镇峰会举行 ... 289
3. 沙特阿拉伯新兴技术峰会举行 ... 289
4. 新加坡推出全新零售业数字化计划 ... 289
5. 日本计划斥资130亿美元促进芯片业发展 ... 290
6. 2023年非洲科技节举行 ... 290
7. 2023年非洲国际通信展举行 ... 291
8. 伊朗数字经济占GDP的比重达到7.9% ... 291
9. 中国正式开通全球首条1.2T超高速下一代互联网主干通路 ... 291
10. 联合国教科文组织和华为携手为埃塞俄比亚提供信息通信技术 ... 292
11. 美国国防部发布2023年信息环境作战战略 ... 292
12. 泰国与谷歌合作推广数字技术 ... 292
13. 欧盟宣布进一步开放欧盟超级计算机访问权限 ... 293
14. 第二十七届开罗国际信息及通讯技术展览会举行 ... 293
15. 世界无线电通信大会在迪拜开幕 ... 293
16. "2023人工智能之旅"国际会议在俄罗斯举办 ... 294
17. 英韩联合发布数字化合作战略 ... 294
18. 华为"未来种子"计划为南非数字化发展奠定基础 ... 294
   - 延伸阅读 弥合南非的数字鸿沟 ... 295

19. 互联网名称与数字地址分配机构推出"注册数据请求服务" …………… 295

12月 …………………………………………………………………………… 296

1. 埃及召开电力数字化大会 ………………………………………………… 296
2. 印度互联网治理论坛举行 ………………………………………………… 296
3. 印尼发布《2030年数字经济发展国家战略白皮书》…………………… 296
   - 延伸阅读　印尼政府推动信息和通信技术基础设施的发展 ………… 297
4. 印尼推出中小型企业数字化发展计划 …………………………………… 297
5. 中国发布《关于加快推进视听电子产业高质量发展的指导意见》…… 298
6. 中国发布《工业领域数据安全标准体系建设指南（2023版）》……… 298
7. 互联网名称与数字地址分配机构发布
   《2023年非洲域名行业研究最终报告》草案 …………………………… 299
8. 第二十四届伊朗国际电信通讯展览会举行 ……………………………… 299
9. 中国发布《促进数字技术适老化高质量发展工作方案》……………… 299
10. 俄罗斯邀请独联体领导人出席"未来运动会"开幕式 ………………… 300
    - 延伸阅读　俄罗斯2022至2031年"科技十年" …………………… 300
11. 中国发布全国一体化算力网实施意见 …………………………………… 301
12. 中国颁发首张"个人信息保护认证"证书 ……………………………… 301

名词附录 ……………………………………………………………………… 303

后　记 ………………………………………………………………………… 329

导 读

2023年，在数字化转型的浪潮下，人工智能发展与治理受到各方高度关注，全球数据治理规则持续推进，数字贸易规则谈判取得积极进展，数字货币新应用不断涌现，各国积极抢占数字技术创新发展的制高点。面对复杂严峻的网络安全态势，主要国家和地区加强顶层设计与多边协调合作。国际冲突中的网络行动频率和规模不断加大，引发各方对冲突中网络行动规则的讨论。网络空间全球治理仍处于深水区，联合国在推动数字治理、弥合数字鸿沟、打击网络犯罪全球合作等方面持续发挥积极作用。

一、联合国积极推进《全球数字契约》制定，信息安全开放式工作组持续推动议题讨论，《联合国打击网络犯罪公约》起草取得进展

全球数字合作亟待解决数字鸿沟、数据鸿沟、创新鸿沟以及巨大的治理能力鸿沟等问题，迫切需要各方加强合作，促进数字技术造福全人类，实现可持续发展。2023年，为推动解决国际社会在数字合作上所面临的问题，联合国继续推进《全球数字契约》（Global Digital Compact，GDC）制定。主要国家和地区政府积极阐明立场，推动建设和平、安全、开放、合作、有序的网络空间。中国提交的立场文件中，提出坚持团结合作、聚焦促进发展、促进公平正义、推动有效治理四项原则。"七十七国集团和中国"的提案强调：未来《全球数字契约》的实施，应确保所有国家特别是发展中国家的充分参与。此外，国际组织、技术社群、民间组织、研究机构等非政府主体也纷纷就《全球数字契约》反馈建议、制定进程，体现了全球多利益相关方的积极参与。

联合国持续发挥数字和网络空间国际规则制定的主渠道作用。联合国信息安全开放式工作组（Open-Ended Working Group on Security of and in the Use of Information and Communications Technologies，OEWG）继续围绕现存和潜

在网络威胁、负责任国家行为规则、国际法在网络空间的适用、建立信任的措施、能力建设、定期对话机制等重要议题进行讨论。工作组形成第二份年度进展报告，建议应加强应对网络威胁，并推动各国持续就信息与通信技术（Information and Communications Technology，ICT）使用中负责任国家行为的规则规范交换意见。工作组就建立联络网（Points of Contact Directory）达成广泛共识，发布了《全球性政府间联络网的建立和运作要点（草案）》。各国对于是否建立有约束力的国际规则以及未来机制对话平台选择存在分歧。俄罗斯等国提议将信息安全开放式工作组作为联合国常设性决策机制，反对"促进网络空间负责任国家行为行动纲领"（Cyber Programme of Action，PoA）决议草案中拟启动的新机制。《联合国打击网络犯罪公约》特设委员会持续推进公约磋商谈判，于2023年5月形成了公约草案，但谈判进展并非一帆风顺，各方仍未就关键术语、刑事定罪范围、执法合作方式和范围等达成一致性意见。

此外，联合国互联网治理论坛（Internet Governance Forum，IGF）发挥数字治理交流合作国际平台作用，推动全球多利益相关方就人工智能和新兴技术、避免互联网碎片化、网络安全和网络犯罪、数据治理和信任、数字鸿沟和包容、全球数字治理与合作、人权和自由、可持续性与环境等话题开展广泛讨论。

二、人工智能安全和监管成为焦点议题，各方积极制定人工智能治理原则和规范，倡导技术向善发展，推动建立安全可控的治理体系

以大模型为代表的新一代人工智能快速发展，渗透到医疗健康、金融服务、教育、交通等社会的各个方面，在加快技术创新、提高生产效率、丰富用户体验的同时，也对隐私保护、社会伦理、网络安全等各方面产生了复杂影响。人工智能的治理隐忧主要源于技术的复杂性、不确定性和潜在风险。一是数据收集、存储和使用过程中，可能出现隐私泄露、数据滥用和侵权问题。二是人工智能算法在训练过程中受训练数据影响，可能导致针对特定群体、种族、性别的偏见和歧视。三是人工智能技术的发展可能导致大量传统岗位消失。四是人工智能技术监管体系尚不完善，可能导致技术滥用并产生不良后果。

—— 导 读 ——

各方高度重视人工智能治理问题，注重人工智能发展的稳健性、安全性、非歧视性、透明度、可解释性和数据隐私保护等。主要国家和地区制定一系列人工智能治理原则与规范，意图建立安全可控的治理体系。中国发布《生成式人工智能服务管理暂行办法》，明确促进生成式人工智能技术发展的具体措施，规定生成式人工智能服务的基本规范。美国政府有关部门、机构陆续出台一系列人工智能治理政策和技术标准，目的是在安全、可靠和值得信赖的人工智能创新方面维护其全球领先地位。欧盟审议通过《人工智能法案》（Artificial Intelligence Act），意图使其监管规则成为"黄金标准"，希望科技巨头采纳欧盟的新规则作为其全球运营框架。英国科学、创新和技术部（Department for Science, Innovation and Technology，DSIT）兼顾人工智能监管与创新，发布《人工智能白皮书》，制定人工智能监管框架关键原则。中国、美国等28个国家和欧盟的政府代表在英国全球人工智能安全峰会上共同签署《布莱切利宣言》（Bletchley Declaration），促进人工智能在全球范围内的健康发展及应用。联合国安理会首次就人工智能问题举行会议，反映出国际社会深切关注人工智能技术的快速发展和广泛应用所带来的机遇与挑战。联合国设立人工智能高级别咨询小组并发布报告，提出组建人工智能国际监管机构应遵循的主要原则。金砖国家机制（BRICS）、世界互联网大会（World Internet Conference，WIC）设立专门的研究工作组，关注人工智能的发展与安全，推动治理领域加强协调合作。

三、国际组织和多边机制就全球数据治理提出理念方案，全球数据治理规则逐步形成，数据领域跨境合作实践不断推进

数据作为数字经济时代的关键生产要素，已成为影响未来发展的关键战略性资源。2023年，全球数据治理与数据跨境流动在推动数字贸易发展、促进国际科技合作等方面发挥着越来越重要的作用。

主要国际组织及多边机制积极提出理念方案，以促进全球范围内的数据治理合作和规范，确保数据资源的公平利用和安全保护。联合国在《全球数字契约》中呼吁各国加强合作，共同解决数据鸿沟、创新鸿沟等问题，推动

数字技能教育，促进数据共享，并维护网络安全和个人隐私。世界互联网大会设立数据工作组，致力于促进全球范围内的数据领域国际交流与合作，探讨共同应对全球数字经济发展挑战的方案。此外，人工智能中的数据治理问题，特别是人工智能研发和应用过程中的个人隐私与数据安全问题日益受到各方重视。

主要国家和地区积极推进数据治理，规范数据应用，力图释放数据价值。欧盟理事会正式通过《数据法案》（Data Act），为个人、企业及公共部门建立新的数据共享协调框架。美国在加强数据管控方面，通过发布一系列文件，强化对数据跨境传输的监管。此外，美国持续泛化国家安全，以数据安全为名打压个别企业，遭到各方质疑和反对。中国持续完善数据安全领域的法制建设，陆续颁布多项数据法规、安全标准以及办法指南，指导与规范个人信息保护以及数据跨境传输等工作。俄罗斯、巴西、泰国、沙特阿拉伯等国家推动完善本国数据跨境流动相关政策和条例。美国、欧盟、日本、英国、新加坡、东盟等多个经济体推动达成数据领域国际合作协议。七国集团（Group of Seven，G7）持续推动"基于信任的数据自由流动"（Data Free Flow with Trust，DFFT）从概念走向落地，提出将加强地面网络、海底光缆和卫星网络等互联互通，并推动落实"基于信任的数据自由流动路线图和行动计划"。

四、世界贸易组织数字贸易规则谈判达成实质结论，区域层面高标准数字贸易规则取得新进展，数字贸易领域双多边合作持续深化，但各方立场仍存差异

2023年，全球数字贸易规则的共识进一步凝聚，标志着数字经济在全球贸易中的重要性日益凸显。世界贸易组织（World Trade Organization，WTO）发布了新版《数字贸易测度手册》（Handbook on Measuring Digital Trade），为数字贸易的衡量提供了新的标准和工具。这一手册的发布，不仅有助于各国更准确地评估和理解数字贸易的规模与影响，也为制定相关政策提供了重要参考。同时，世界贸易组织在数字贸易规则的谈判上取得了实质性进展，达成了实质结论，这为全球数字贸易的进一步发展奠定了基础。

在区域层面，一些高标准的数字贸易规则逐渐成为国际贸易合作的新趋势。例如，《区域全面经济伙伴关系协定》（Regional Comprehensive Economic Partnership，RCEP）对15个签署国全面生效，这不仅加强了区域内的经济合作，也对全球数字贸易规则产生了积极影响。此外，韩国实质性加入《数字经济伙伴关系协定》（Digital Economy Partnership Agreement，DEPA），英国加入《全面与进步跨太平洋伙伴关系协定》（Comprehensive and Progressive Agreement for Trans-Pacific Partnership，CPTPP），这些举措进一步扩大了高标准数字贸易规则的影响范围。

在多边和双边层面，欧盟、东盟以及日本与美国等国家和地区在数字贸易领域展开了多次合作谈判。这些谈判的结果是签订了一系列数字伙伴关系协定。这些协定不仅涵盖了数据流动、电子商务、知识产权保护等关键领域，也推动了数字贸易规则的进一步统一和完善。

中国在数字贸易合作方面，特别注重电子商务的发展。通过推动电子商务的创新和应用，中国在数字贸易领域取得了显著进展。在数字服务税收方面，国际社会在"双支柱"方案下制定了新的税收规则，这为解决数字经济中的税收问题提供了新的解决方案。然而，这些规则的最终生效和落地实施仍面临诸多挑战，包括不同国家和地区的税收政策差异、税收征管的复杂性等问题。

未来，全球数字贸易的发展需要各国共同努力，进一步推动规则的统一和完善。各国需要加强沟通和协调，解决数字贸易规则中的分歧，推动达成更多共识。此外，需要进一步完善数字贸易的基础设施，包括提高网络连接的质量和覆盖范围，加强数据保护和网络安全，为数字贸易提供更加稳定和安全的环境。

五、多国继续加大私人数字货币监管和执法力度，相关国际组织出台措施打击洗钱、恐怖主义融资等数字货币犯罪行为，全球央行数字货币项目的研发应用不断增加

在各种因素的推动下，全球数字货币市值迅速攀升，新技术、新应用层出不穷，同时也带来了更多机会和挑战。私人数字货币引发的安全风险问题依然

是各主要经济体监管的重点内容，数字货币监管政策持续趋严。在央行数字货币（Central Bank Digital Currency，CBDC）方面，主要经济体研发与测试速度加快，应用场景持续拓宽。各国监管政策逐渐明晰，争议案件尘埃落定，新的数字货币应用不断涌现，风险规制技术创新发展，主流投资机构扩大投资，为数字货币进一步发展注入持续动力。

私人数字货币安全风险依然严峻，主要经济体对私人数字货币的执法监管愈发严格。2023年，地区冲突战火未停、恐怖主义事件时有发生、经济犯罪层出不穷。敌对双方如何获得金钱上的支持、如何切断对方的经费来源以及恐怖主义如何获取资助购买武器装备，都成为世界关注的重点内容。诸多事件背后均出现了私人数字货币的身影，导致主要经济体进一步将私人数字货币列入严格监管行列。私人数字货币去中心化、隐蔽性强、交易限制少的特点容易引发冲击金融秩序、严重消耗能源、泄露用户隐私、助长金融犯罪、资助恐怖主义等安全风险，强监管逐渐成为全球共识。2023年可以说是对数字货币行业采取法律行动最为积极、处罚最为严厉的一年。特别是美国方面，对一系列违法私人数字货币从业者实施严厉处罚，执法力度不断加强。

数字货币国际监管措施不断出台，在加密资产涉税信息报告、反洗钱监管合作、阻断恐怖主义融资、防止银行系统动荡、提高支付透明度等议题上合作程度逐渐加深。2023年，经济合作与发展组织（Organization for Economic Co-operation and Development，OECD）发布并积极推广《涉税信息自动交换国际标准：加密资产涉税信息报告框架及2023年更新的修订共同申报准则》。二十国集团（Group of 20，G20）领导人在新德里峰会上，呼吁共同关注"加密资产生态系统"继续演化所面临的风险，并希望在成员国之间开展金融监管、反洗钱等跨国协作。国际货币基金组织（International Monetary Fund，IMF）呼吁控制加密货币使用，为防范相关风险研提建议。金融行动特别工作组（Financial Action Task Force，FATF）通过多项举措，推进各方在打击数字货币洗钱、资助恐怖主义犯罪方面的信息技术能力。

全球央行数字货币项目不断增加、应用场景愈加丰富，流通兑换和合作协调成为关注重点。各经济体积极探索设立央行数字货币项目。其中，正式发行的央行数字货币项目4个，其余大部分央行数字货币项目依然处于研发和试行阶段。中国是第一个推出央行数字货币试点的主要经济体，数字人民币覆盖范围不断扩大，跨境支付成为2023年的发展重点，中国推出的多边央行数字货币桥（Multi-CBDC Bridge）项目取得新突破。国际清算银行（Bank of International Settlements，BIS）创新中心北欧中心出台"北极星计划"（Project Polaris），探索央行数字货币系统跨境支付的安全性和韧性。新加坡创新中心、新加坡金融管理局（Monetary Authority of Singapore，MAS）、澳洲储备银行、韩国银行、马来西亚国家银行联合推行"曼陀罗项目"（Project Mandala），加快相关研究。

六、数字技术创新发展正成为国际竞争最前沿，单边主义不断破坏国际技术合作，全球技术创新面临不确定性增加

世界各国把强化技术创新作为实现经济复苏、塑造竞争优势的重要战略选择，积极抢占未来科技制高点。半导体技术是数字技术的根本硬件支撑。美国不断强化在半导体领域的全球领先地位，持续加强本土半导体制造能力，并利用供应链技术优势以及对外出口管制等手段，强制全球半导体巨头在美投资建厂，干扰破坏全球分工合作。欧盟推出欧洲《芯片法案》（European Chips Act），积极推动本土半导体产业发展。亚洲地区国家政府和企业也纷纷推出支持政策，以适应产业格局调整带来的挑战和机遇，推动本土半导体产业的发展。

随着5G技术的成熟与组网的加快，全球产业正迈入大发展阶段。中国已经建成全球最大的5G网络，正加快5G多领域应用，并助力其他国家5G发展。美国一方面联合盟友打压中国5G企业，另一方面主导推动建设开放式5G。欧盟、日本、韩国、印度等国家和地区也在纷纷加大5G研发投入及合作。与此同时，全球主要国家和地区纷纷加速6G布局及研发投入，6G技术的国际竞争格局日益激烈。

卫星互联网已成为天地一体网络的重要组成部分，各主要经济体正快速推进其全球布局。美国凭借技术先发优势加速布局全球市场，在亚洲、非洲地区不断提升影响力。与此同时，英国、中国等国家也都积极部署卫星互联网技术。

全球范围内的双多边技术创新战略合作积极展开。美国作为全球技术领先国，与英国、印度、日本等国家在数字技术领域开展广泛合作。欧盟为了加强在数字时代的国家竞争力，也正积极推进与新加坡、韩国等国家的战略合作。

七、网络安全态势复杂严峻，多国加强网络安全顶层设计，强化网络安全多边协调，合作打击网络犯罪，推动有害信息治理

面对复杂严峻的网络安全态势，多国加强网络安全领域顶层规划设计和布局。2023年，美国发布《国家网络安全战略》（National Cybersecurity Strategy）和《国家网络安全战略实施计划》（National Cybersecurity Strategy Implementation Plan），提出拜登政府在网络安全领域的优先事项、战略目标和落实战略的举措。美国国防部（U.S. Department of Defense，DOD）发布《2023年国防部网络战略》（2023 Cyber Strategy of the Department of Defense），明确美军新的网络空间重点任务。总体上看，美国持续推行进攻性网络空间安全政策，进一步加剧了网络空间的不稳定性。欧盟正式实施《关于在欧盟全境实现高度统一网络安全措施的指令》（NIS2指令），发布《网络团结法案》（Cyber Solidarity Act）提案，持续优化机制建设，提升应对重大网络安全事件的能力。韩国发布国家安全战略最高级别的指导性文件，对网络安全做出战略部署。越南成立网络安全协会，推动本土网络安全产业发展。巴西制定国家网络安全政策法令，加强对网络空间的监管并加大力度打击网络犯罪。

美国进一步强化同盟网络安全合作。美、日、印、澳举行四方高级网络小组（Quad Senior Cyber Group）会议并发布联合声明，意在推动印太地区加强信息共享、建设网络安全能力。美韩签署《战略性网络安全合作框架》协议，将同盟合作范围拓展至网络空间。美国与荷兰举行网络对话，共同关注国家和非国家行为者在网络空间的恶意行为威胁。美国与欧盟强化网络安全能力建设、信息共享、态势感知等方面的合作。

其他国家和地区通过加强网络安全多边协调提升能力建设。俄罗斯分别与塔吉克斯坦、津巴布韦签署国际信息安全领域合作协定，并与缅甸签署网络安全领域合作协议。东盟国防部长会议（ASEAN Defense Ministers' Meeting，

ADMM）网络安全和信息卓越中心（ADMM Cybersecurity and Information Centre of Excellence，ACICE）揭牌，为东盟防务官员、专家和行业参与者搭建意见交流与实践经验分享平台。非洲联盟"马拉博公约"正式生效，旨在完善非洲地区政策框架，推动非洲国家在打击网络犯罪、维护网络安全和个人数据安全等方面加强协调合作。

在打击勒索软件、电信诈骗等网络犯罪方面，13个国家相继签署了《布达佩斯公约第二附加议定书》，至此签署该议定书的国家达到43个。国际反勒索软件倡议（International Counter Ransomware Initiative，CRI）峰会举行，多国共同探讨应对勒索软件的措施。美国联合多国执法部门，打击"蜂窝"（Hive）等勒索软件组织，查封大型网络犯罪平台Genesis Market，打击Qakbot僵尸网络基础设施。中国联合缅甸、泰国、印尼等周边国家，重拳打击网络电信诈骗和网络赌博犯罪，保护公民和组织的合法权益，反电信网络诈骗实践取得实质性进展。

在网络有害信息治理方面，美国先后与韩国、日本签署合作备忘录，共同打击虚假信息和外国信息操纵。加拿大和荷兰共同发布《全球在线信息诚信宣言》（Global Declaration on Information Integrity Online），明确保护和促进网络信息完整性（information integrity）的举措。英国正式批准《在线安全法案》（Online Safety Bill），对科技公司打击恐怖主义、色情和针对妇女、儿童的网络暴力等内容做出规定。

八、国际冲突中的网络行动规模持续加大，网络战与物理战融合趋势增强，人工智能军事化应用不断加速，相关国际规则讨论呈升温态势

全球地缘政治局势持续紧张，俄乌冲突延续，双方在网络空间的对抗全面升级，网络攻击频率和规模呈增长趋势。俄乌双方均在冲突前线加强网络作战人员部署，开展新型高科技斗争，进一步推动网络战与物理战融合。北约在欧洲不断整合资源，持续强化威慑和防御态势。《欧盟-北约合作联合宣言》（Joint Declaration on EU-NATO Cooperation）正式签署，承认北约是"盟国集体防御和安全的基础"，强调加强欧盟和北约在应对网络威胁、关键信息基础

设施保护、新兴和颠覆性技术以及外国信息操纵和干扰等领域的合作。

巴以再度爆发冲突引发全球关注。随着巴勒斯坦和以色列在加沙地带军事冲突升级，各方在网络空间的对抗同步升级。冲突发生以来，关键基础设施成为主要打击目标，加沙地带的信息和通信技术基础设施遭到破坏，导致通信中断和互联网关闭；黑客组织"匿名苏丹"（Anonymous Sudan）对以色列全球导航卫星系统（Global Navigation Satellite System，GNSS）、楼宇自动化控制网络（Building Automation and Control Network，BACnet）以及工业控制系统发动多次网络攻击。人工智能技术在巴以冲突中广泛应用，不仅用于实施更精准的军事目标打击，还用于生成虚假信息，混淆视听。巴以网络舆论战也愈演愈烈，双方纷纷通过主流媒体抢占话语权，展开舆论攻势。与此同时，一些高科技企业也深度参与巴以冲突网络行动，全球黑客组织纷纷站队，使冲突局势更加复杂。

美国、日本等国家加强网络行动顶层设计和部署。美国国防部发布《2023年国防部网络战略》，强调要加强战争准备，在必要时进行防御性网络空间行动。日本推动网络防卫战略调整，从财政预算、政务设置、军事体制、安全战略等方面着手加强网络安全防护能力。一些国家联合举行专项网络演习，检验和提高国家应对网络威胁的整体能力，同时进一步实施"综合威慑"。

有关国际冲突中的网络行动规则的讨论备受各方关注。联合国《特定常规武器公约》（Convention on Certain Conventional Weapons，CCW）致命性自主武器系统（Lethal Autonomous Weapon Systems，LAWS）专家组在瑞士日内瓦举办年度会议，会议达成结论，认为各国必须确保该类武器系统在整个生命周期内遵守国际法和国际人道主义法。红十字国际委员会（International Committee of the Red Cross，ICRC）持续关注武装冲突中的网络行动对平民的威胁，发布战争期间平民黑客交战规则，强调即使在网络空间，所有行动都必须遵守国际人道法中有关保护平民的基本原则。中国、美国等60多国在荷兰海牙首届"军事领域负责任使用人工智能峰会"（Responsible Artificial Intelligence in the Military Domain，REAIM）上签署一项行动倡议，呼吁在军事领域负责任地开发和使用人工智能，遵守国际法以及维护国际安全、稳定与问责制。美国则加强人工智能军事应用的议题设置，主导推出《关于在军事上负责任地使用人工智能和自主技术的政治宣言》(Political Declaration on Responsible Military Use of Artificial Intelligence and Autonomy),加快抢占人工智能治理国际规则话语权和制定权。

互联互通是网络空间的基本属性,共享共治是互联网发展的共同愿景。面对数字智能化时代更加复杂和不确定的因素及挑战,网络空间全球治理需要各国的共同努力和智慧。国际社会应该同舟共济,推动构建更加公正合理的全球互联网治理体系,共同构建和平、安全、开放、合作、有序的网络空间命运共同体。

第一部分

2023年网络空间全球治理要事概览

第一章　联合国框架下网络空间全球治理进程

2023年，联合国积极推进制定《全球数字契约》(GDC)，全球各方踊跃参与，就契约内容、未来实施及审查等建言献策，为契约文本形成奠定坚实基础。《联合国打击网络犯罪公约》特设委员会、信息安全开放式工作组(OEWG)持续推进网络空间国际规则制定。面对数字技术发展带来的新治理需求，联合国互联网治理论坛(IGF)持续发挥交流平台作用，推进全球各方数字交流与合作。

一、联合国《全球数字契约》制定取得新进展

自2022年6月至2023年4月，联合国秘书长技术事务特使办公室就《全球数字契约》面向全球各方广泛开展线上意见征集。超过160个国家政府参与到《全球数字契约》线上意见征集工作中，中国、美国、欧盟、印度、德国、日本、英国等主要国家和地区纷纷提交书面建议。民间组织和非政府机构积极参与《全球数字契约》意见征集，提交的意见数量占比最大。

（一）各方就制定《全球数字契约》建言献策

5月25日，联合国秘书长发布题为《全球数字契约——为所有人创造开放、自由、安全的数字未来》(Global Digital Compact—An Open, Free and Secure Digital Future for All)的政策简报。政策简报认为，当前全球数字合作面临数字鸿沟、数据鸿沟、创新鸿沟以及巨大的治理差距等问题，迫切需要找到利用数字技术造福所有人的方法。仅靠单方面的区域、国家或行业行动是不够的，必须开展基于多利益相关方的全球数字合作，以防止数字不平等成为不可逆转的全球鸿沟。

政策简报对《全球数字契约》后续实施和审查等提出了设想。首先，《全球数字契约》应由联合国会员国政府、私营部门和民间组织等多利益相关方共

同实施，以确保灵活性，避免建立过于僵化和缓慢的官僚机制。其次，设立年度数字合作论坛，定期评估契约的执行情况，并支持各方参与和跟进契约实施，具体职责包括：讨论和审查《全球数字契约》原则和承诺的执行情况；促进各方沟通协作，共享知识和信息；促进数字治理的跨界学习交流；推动制定应对数字挑战的解决方案等。为支持数字合作论坛筹备，政策简报中还提议建立一个由国家、非国家行为体和联合国组成的三方咨询小组，成员将每两年轮换一次。该简报将在联合国筹备"未来峰会"时供会员国进行审议。[1]

1. 主要国家和地区就《全球数字契约》阐明立场

中国就制定《全球数字契约》向联合国提交了《中国关于全球数字治理有关问题的立场》（China's Positions on Global Digital Governance）文件，提出坚持团结合作、聚焦促进发展、促进公平正义、推动有效治理四项原则，并就契约的"确保所有人接入互联网""避免互联网碎片化""保护数据""保护线上人权""制定针对歧视和误导性内容的问责标准""加强人工智能治理"和"数字公共产品"七项议题提出具体建议。[2] 中国互联网治理论坛、中国信息通信研究院、伏羲智库、云安全联盟大中华区等也组织有关机构和专家积极参与建言。

美国强调多利益相关方参与在《全球数字契约》制定中的重要作用，并认为契约制定不应重复联合国目前已有推进数字治理的进程或机制，打击网络犯罪、网络安全等话题仍应当在原有机制中解决。联合国互联网治理论坛应当是后续《全球数字契约》对话的主要平台，建议《全球数字契约》与现有的跟进和审查机制以及信息社会世界峰会（World Summit on the Information Society，WSIS）进程保持一致。关于契约的构成要素，美国主要从"前言""连接所有人""保障人权""加快实现可持续发展目标""避免互联网碎片化""数据治理和隐私保护""确保安全、可靠和可问责""解决包括人工智能在内的先进

---

[1] "Our Common Agenda Policy Brief 5: A Global Digital Compact–an Open, Free and Secure Digital Future for All", https://www.un.org/sites/un2.un.org/files/our-common-agenda-policy-brief-gobal-digi-compact-en.pdf，访问时间：2024年2月20日。

[2] 《中国关于全球数字治理有关问题的立场》，https://www.mfa.gov.cn/web/wjb_673085/zzjg_673183/jks_674633/zclc_674645/qt_674659/202305/t20230525_11083602.shtml，访问时间：2024年2月20日。

技术问题"以及"后续跟进和实施"等方面提出具体意见。[1] 谷歌（Google）、微软（Microsoft）、英特尔（Intel）、Meta、亚马逊（Amazon）等美国跨国科技企业也都积极提交意见。

欧盟及其成员国在建议中表示，支持制定一个以人为本且尊重人权的《全球数字契约》，为构建一个"开放、稳定、自由、全球、包容、互操作、可靠、安全、可持续发展"的互联网发挥作用。除了对联合国公布七项议题的核心原则和关键承诺提出具体建议外，欧盟还特别提到了"可信互联"这个议题，其核心原则包括民主价值观和高标准、良好治理和透明度、平等伙伴关系、绿色和环保、注重安全等。在建议书中，欧盟大量分享其在数字化转型、平台监管、数据治理、人工智能治理、打击虚假信息、人权保护等方面的经验及文件，供契约制定者参考。欧盟还认为：联合国秘书长技术事务特使在数字时代应当发挥更加关键的作用，保持中立和独立，支持多利益相关方的互联网治理模式，推进全球数字合作；应当促进国际电信联盟（International Telecommunication Union，ITU）、联合国教科文组织（United Nations Educational, Scientific and Cultural Organization，UNESCO）、联合国工业发展组织（United Nations Industrial Development Organization，UNIDO）和互联网治理论坛的协调，确保《我们的共同议程》（Our Common Agenda）和《数字合作路线图》（Roadmap for Digital Cooperation）等实施。[2] "七十七国集团和中国"提交的提案指出，互联网治理应该在联合国的支持下在全球范围开展，需要所有国家参与；在《全球数字契约》进程和未来实施方面，认为必须由国家主导，确保所有国家特别是发展中国家的充分参与；多利益相关方要在遵守国家法律法规、原则规范的前提下，负责任地使用信息通信技术；强调开展数字合作的平台和机制不应重复；支持联合国相关机构和多方努力制定反映各国观点、利益的数据治理与保护的国际规则。[3]

---

1 "Contribution of the United States of America for the Global Digital Compact"，https://www.un.org/techenvoy/sites/www.un.org.techenvoy/files/GDC-submission_United-States.pdf，访问时间：2024年4月14日。

2 "European Union contribution to the Global Digital Compact"，https://www.un.org/techenvoy/sites/www.un.org.techenvoy/files/GDC-submission_European-Union.pdf，访问时间：2024年4月14日。

3 "G77 and China inputs to the Global Digital Compact discussions"，https://www.un.org/techenvoy/sites/www.un.org.techenvoy/files/GDC-submission_G77-and-China.pdf，访问时间：2024年5月4日。

延伸阅读

《中国关于全球数字治理有关问题的立场》提出的具体建议[1]

（一）确保所有人接入互联网

各国应进一步推动实现公平合理普遍的互联网接入、互联网技术的普及化、互联网语言的多样性，加强数字互联互通，确保人人共享互联网和数字技术发展成果；各国有权平等参与国际互联网基础资源管理和分配，反对利用互联网基础资源和技术优势，损害他国接入互联网的合法权益，危害全球互联网安全、稳定、联通。

应加强各国数字能力建设，保障发展中国家和平利用互联网基础资源和技术的权利，支持向发展中国家提供包括资金、技术转让、关键信息基础设施建设、人员培训等能力建设援助；鼓励各国政府、企业、民间机构通过投资、教育、培训、技术创新应用等，帮助老年人、妇女、未成年人、残疾人、贫困人口等群体接入和使用互联网，提高数字包容性；加强知识分享和发展政策交流，鼓励青年、妇女等民间交流，为落实2030年议程汇聚众力。

（二）避免互联网碎片化

应致力于维护一个和平、安全、开放、合作、有序的网络空间，反对互联网分裂和碎片化。应以联合国为主导，在成员国普遍参与的基础上，讨论制定一套全球可互操作性的网络空间规则和标准，推动构建多边、民主、透明的国际互联网治理体系。

各国应秉持发展和安全并重原则，推动信息通信基础设施互联互通，加强互联网技术和平利用、合作共享；不得泛化国家安全概念，滥用管制工具，任意阻断全球信息通信产品供应链，特别是在商业基础上长期合作形成的供应；支持企业基于商业考虑做出独立选择使用信息通信技术和产品；应坚持合作和普惠原则，充分考虑发展中国家

---

[1] 《中国关于全球数字治理有关问题的立场》，https://www.mfa.gov.cn/web/wjb_673085/zzjg_673183/jks_674633/zclc_674645/qt_674659/202305/t20230525_11083602.shtml，访问时间：2024年2月20日。

在数字贸易领域面临的独特机遇与挑战，推动制定开放、包容的高水平数字贸易规则，加强各国政策协调，促进世界范围内公平自由的贸易和投资，反对贸易壁垒和贸易保护主义，推动形成世界数字大市场。

（三）保护数据

应以事实为依据全面客观看待数据安全问题，促进数据依法有序自由流动；反对利用信息技术破坏他国关键基础设施或窃取重要数据，以及利用其从事危害他国国家安全和社会公共利益的行为。

各国应尊重他国主权、司法管辖权和对数据的安全管理权，未经他国法律允许不得直接向企业或个人调取位于他国的数据；各国如因打击犯罪等执法需要跨境调取数据，应通过司法协助渠道或其他相关多双边协议解决。国家间缔结跨境调取数据双边协议，不得侵犯第三国司法主权和数据安全。

信息技术产品和服务供应企业不得在产品和服务中设置后门，非法获取用户数据、控制或操纵用户系统和设备；产品供应方应承诺及时向合作伙伴及用户告知产品的安全缺陷或漏洞，并提出补救措施。

（四）保护线上人权

发展权是首要的基本人权。应通过数字创新和数字发展，弥合数字鸿沟，推动数字发展成果更多、更公平惠及全世界人民；反对滥用单边强制措施，损害他国发展数字经济和改善民生的能力，造成对人权的持续系统性侵犯；反对人权问题政治化，反对以保障线上人权为名干涉别国内政、挑战别国司法主权。

各国应致力于向本国不同人群，特别是社会弱势群体，提供持续、稳定、普惠、开放的数字产品和服务，缩小一国内部不同群体和地域之间的数字能力差距；应加强对老年人、妇女、未成年人、残疾人、贫困人口等群体数字技能培训，提升全民数字素养和技能，特别是根据老年人需求特点，提供更多智能化适老产品和服务，不断改善老年人服务体验。通过上述，维护和促进有关人群的发展权。

各国应尊重公民在网络空间的权利和基本自由。同时，各国有权对境内网络信息传播实施保护、管理与指导，防范、制止侵害公民合法权利、损害公共秩序、煽动暴力、歧视、排外、危害国家安全的不法行为，保障老年人、妇女、未成年人、残疾人、贫困人口等群体合法权益。

各国应承诺采取措施防范、制止利用网络侵害个人信息和隐私的行为，反对滥用信息技术从事针对他国的大规模监控、非法采集他国公民个人信息；应共同打击非法窃取、曝光、贩卖公民个人隐私信息、商业数据等行为；应提高企业数据安全保护意识，加强行业自律，保护网络空间个人信息和隐私。

（五）制定针对歧视和误导性内容的问责标准

各国应采取适当举措，包括建立健全相关法律法规、鼓励互联网行业组织建立健全行业自律制度和行业准则、加强对互联网企业指导监督等，防止个人和组织利用互联网发布危害国家安全、煽动颠覆国家政权、煽动分裂国家、破坏国家统一的信息，宣扬恐怖主义、极端主义、种族仇恨、种族歧视言论，编造、故意传播谣言扰乱经济秩序和社会秩序，传播暴力、淫秽色情信息，以及侮辱诽谤他人、侵害他人名誉、隐私、知识产权和其他合法权益等；鼓励互联网企业建立健全公众投诉、举报和用户权益保护制度，主动接受公众监督，及时处理公众投诉、举报，并依法承担对用户权益造成损害的赔偿责任。

（六）加强人工智能治理

各国应在普遍参与的基础上，通过对话与合作，推动形成具有广泛共识的国际人工智能治理框架和标准规范，确保人工智能安全、可靠、可控，更好赋能全球可持续发展。各国应坚持"以人为本"和"智能向善"理念，反对利用人工智能危害他国主权和领土安全的行为，反对以意识形态划线、构建排他性集团、恶意阻挠他国技术发展的行为，确保各国充分享有技术发展与和平利用权利，共享人工智能技术惠益。

各国应坚持伦理先行，建立并完善人工智能伦理准则、规范及问责机制，明确人工智能相关主体的职责和权力边界，充分尊重并保障各群体合法权益。各国应立足自身人工智能发展阶段及社会文化特点，逐步建立符合自身国情的科技伦理审查和监管制度，加强人工智能安全评估和管控能力，建立有效的风险预警机制，采取敏捷治理，分类分级管理，不断提升风险管控和处置能力。

各国应要求研发主体加强对人工智能研发活动的自我约束，避免使用可能产生严重消极后果的不成熟技术，确保人工智能始终处于人类控制之下。各国应要求研发主体努力确保人工智能研发过程的算法安全可控，不断提升透明性、可解释性、可靠性，逐步实现可审核、可监督、可追溯、可预测、可信赖；努力提升人工智能研发过程的数据质量，提升数据的完整性、及时性、一致性、规范性和准确性等。各国应要求研发主体充分考虑差异化诉求，避免可能存在的数据采集与算法偏见，努力实现人工智能系统的普惠性、公平性和非歧视性。

各国应禁止使用违背法律法规、伦理道德和标准规范的人工智能技术及相关应用，强化对已使用的人工智能产品与服务的质量监测和使用评估，研究制定应急机制和损失补偿措施。各国应加强人工智能产品与服务使用前的论证和评估，推动人工智能培训机制化，确保相关人员具备必要的专业素质与技能。各国应保障人工智能产品与服务使用中的个人隐私与数据安全，严格遵循国际或区域性规范处理个人信息，反对非法收集利用个人信息。

（七）数字公共产品

国家主权原则应适用于网络和数字空间。各国对本国境内信息通信基础设施、资源和数据及信息通信活动拥有管辖权，有权制定本国互联网公共政策和法律法规，保障公民、企业和社会组织等主体在网络空间的合法权益。

与此同时，提高数字产品的开放性，对于释放数字技术潜力、推动实现可持续发展目标，特别是对中低收入国家而言，具有积极意义。各国可在尊重各国主权、数据安全、公民合法权益以及自愿原则的基础上，就开放数字产品的标准、范畴、管理方式、使用规范等进行讨论，逐步凝聚共识。各国应提升公共服务数字化水平，加强在线教育等领域国际合作，加强可持续发展目标监测评估数据合作与共享，更有效推动2030年议程落实。

2. 国际组织和技术社群等就《全球数字契约》反馈建议

联合国互联网治理论坛（IGF）、互联网名称与数字地址分配机构（Internet Corporation for Assigned Names and Numbers，ICANN）、国际互联网协会（Internet Society，ISOC）、世界互联网大会（WIC）、亚太互联网络信息中心（Asia-Pacific Network Information Centre，APNIC）等互联网领域国际组织、平台和技术社群等均就《全球数字契约》提交书面意见，对《全球数字契约》的角色定位、制定模式、内容范围以及IGF的作用等看法不一。IGF认为，契约的制定、实施和审查应当遵循多利益相关方模式；公开表示，愿意承担《全球数字契约》定期审查工作。2023年3月，IGF形成了名为《IGF领导小组呼吁重申〈全球数字契约〉的多利益相关方模式》的成果文件。[1] 4月，IGF领导小组正式提交《全球数字契约》建议，再次强调要遵循多利益相关方模式，不能弱化IGF的地位和作用。

IGF的建议包括：一是支持多利益相关方模式，强调契约制定、实施和监督均应遵循多利益相关方模式，呼吁成立一个"多利益相关方起草小组"来支撑《全球数字契约》制定，即使在政府间磋商契约期间，多利益相关方社群也应参与讨论；二是《全球数字契约》不应当涉及IGF的使命任务，这是信息社会世界峰会二十周年（WSIS+20）审议时将要讨论的问题，建议将IGF作为契约的后续评估平台，因为参与IGF的所有利益相关方都将在契约实施中发挥作用。[2] 为进一步发挥多利益相关方的知识和经验，IGF领导小组还建议组建《全球数字契约》多利益相关方咨询委员会以协助共同协调人。[3]

10月16日，IGF领导小组主席温顿·瑟夫（Vinton Cerf）联合IGF多利益相关方咨询专家组（Multistakeholder Advisory Group，MAG）前任主席保罗·米歇尔（Paul Mitchell）和现任主席卡罗尔·罗奇（Carol Roach）致信《全球数

---

[1] "IGF Leadership Panel Meeting Vienna, Austria 6-7&8 March 2023"，https://www.intgovforum.org/en/filedepot_download/263/24546，访问时间：2024年3月15日。

[2] "IGF Leadership Panel Contribution to Consultation on the Global Digital Compact"，https://www.intgovforum.org/en/filedepot_download/263/24861，访问时间：2024年3月15日。

[3] "Global Digital Compact Multi-stakeholder Sounding Board"，https://www.intgovforum.org/en/filedepot_download/263/25691，访问时间：2024年3月15日。

字契约》共同协调人及联合国秘书长，表示IGF有能力并且已经准备好承担对《全球数字契约》的定期审查和后续跟进工作。[1]

信中表示，根据2005年《信息社会突尼斯议程》（Tunis Agenda for the Information Society）中有关"互联网治理"的广义定义，《全球数字契约》相关工作中所讨论的"数字合作"符合IGF的职权范围。《信息社会突尼斯议程》第72条确定的IGF任务和IGF近年来的实践也表明，IGF不只是一个年度活动，更是一个逐步发展和完善的生态系统，其任务具有广泛性和前瞻性，完全有能力满足《全球数字契约》的定期审查和后续机制。

信中还提出IGF支撑《全球数字契约》的审查和后续机制的手段，包括在IGF年会设置专门工作机制、邀请联合国各部门和机构以及其他利益相关方编写关于《全球数字契约》进展情况的年度/定期报告；呼吁国家和地区在IGF设置专门的会议讨论《全球数字契约》后续行动；在年度"IGF成果"的专门章节中总结与《全球数字契约》审查和后续行动有关的讨论等。

ICANN对联合国秘书长《全球数字契约》政策简报提出部分异议：一是对"互联网碎片化"的论述持不同意见；二是不认可简报中所谓"互联网由特定机构管理"的说法；三是对"互联网协议是通过国际框架和开放标准管理"提出异议，认为互联网工程任务组（Internet Engineering Task Force，IETF）仅是开发标准而非管理标准；四是对WSIS和IGF的定位持不同意见；五是认为简报没有提供相关证据来支持数字协调存在"零散"和"不规则"的说法，互联网有效运作的事实证明了现有（定期）政策讨论和数字协调的有效性；六是对设立数字合作论坛持保留态度，认为IGF具备广泛支持基础。[2]

互联网技术社群担忧，《全球数字契约》及其未来实施没有充分重视其在互联网治理中的关键作用。2023年6月，联合国秘书长技术事务特使在欧洲互联网治理对话（European Dialogue on Internet Governance，EuroDIG）期

---

[1] "Ref: The United Nations' Internet Governance Forum stands ready to accept the responsibilities arising from the Global Digital Compact periodic multistakeholder review and follow-up", https://www.intgovforum.org/en/filedepot_download/24/26649，访问时间：2024年3月25日。

[2] "U.N. Secretary General Policy Report: Considerations for the ICANN Community", https://www.icann.org/en/blogs/details/un-secretary-general-policy-report-considerations-for-the-icann-community-13-06-2023-en，访问时间：2023年12月28日。

间提出，新的数字合作论坛的工作涉及民间组织（包括技术社群、学术界）、私营部门和政府三方。这一言论即时引发部分互联网社群争论。8月21日，ICANN、APNIC以及美洲互联网号码注册管理机构（American Registry for Internet Numbers，ARIN）等机构主要负责人联合署名发文，认为技术事务特使的言论忽视技术社群独特而关键的作用，其提出的"三方"治理模式是多利益相关方治理模式的倒退，担忧《全球数字契约》是自上而下制定规则的尝试，试图最大限度地削弱技术社群的作用。[1] 互联网多利益相关方治理模式曾得到信息社会世界峰会、《信息社会突尼斯议程》和信息社会世界峰会十周年审查会议（WSIS+10）成果文件的确认。

延伸阅读

联合国互联网治理论坛领导小组对《全球数字契约》核心原则的建议[2]

议题一：连接所有人和保障人权

（1）关于"解决数字鸿沟"的核心原则

应解决地域之间和社会内部的数字鸿沟，一些群体（包括妇女、弱势和边缘群体等）的网络接入质量不高，必须解决无障碍、可负担性、内容、服务、数字素养和其他能力以及连接等问题。要提升获取信息、服务、数字素养和其他与数字包容和能力发展相关的能力。

（2）关于"保护妇女权利"的核心原则

应将性别平等、包容以及保护妇女和女童权利的概念纳入《全球数字契约》；暴力和骚扰将威胁妇女和女童的网络参与。应重视并解决技术服务和平台在推动性别暴力传播方面起到的不良作用。此外，算法中固有的偏见强化了现有的基于性别的歧视，必须紧急解决。

---

1 "The Global Digital Compact: A Top-Down Attempt to Minimize the Role of the Technical Community"，https://www.icann.org/en/blogs/details/the-global-digital-compact-a-top-down-attempt-to-minimize-the-role-of-the-technical-community-21-08-2023-en，访问时间：2024年2月22日。

2 "Contribution to Consultation on the Global Digital Compact"，https://www.intgovforum.org/en/filedepot_download/263/24861，访问时间：2024年3月15日。

（3）关于"保护人权"的核心原则

《全球数字契约》应重申一项基本原则，即所有适用于线下的人权也适用于线上空间。尊重人权必须是新技术整个生命周期中的一个关键考虑因素。政府有责任确保人权得到尊重、保护和促进，而企业有义务遵守所有适用的法律并尊重人权。全面关闭互联网不符合国际人权法，阻碍了人们获得健康和教育、获取信息等，从而破坏了可持续发展目标的实现。任何限制都必须是合法的、适当的、必要的、相称的和非歧视性的。

议题二：避免互联网碎片化

关于"解决互联网碎片化"的核心原则

《全球数字契约》应重申全球开放、自由、可互操作的互联网对实现《联合国宪章》（Charter of the United Nations）、实现可持续发展目标和行使人权的价值。此外，互联网碎片化的许多方面应该是多利益相关方关注的焦点：技术、商业和政策都可能导致互联网碎片化。

网络中立性、非歧视性流量管理，基础设施和数据互操作性以及平台和设备中立性都是支持开放、可互操作互联网总体政策框架的重要组成部分。

议题三：数据治理和隐私保护

（1）关于"保护隐私"的核心原则

隐私权应该从全社会的角度来考虑，而不仅仅局限于政府。隐私法应该是实质性的、以证据为基础的，并有明确的执行、问责和补救措施。法律应确保数据流动和数据交换能够在不损害安全与数据隐私的情况下进行，并且互联网访问和使用不应依赖于数据跟踪。此外，个人数据不应流出到没有提供充分保护的司法管辖区。

（2）关于"建立良好数据治理"的核心原则

政策应确保个人对其数据拥有权利，并确保隐私保护有助于更安全、更繁荣的全球数字经济。数据治理模式的互操作性和兼容性将有助于实现数据为全人类服务。

良好的数据治理涉及透明度、参与性和问责制等重要方面，包括考虑标准、共享、互操作性、安全性、隐私、基础设施、公平性、透明度和可解释性、数据最小化以及质量和准确性。

目前的多边、区域和双边贸易协议不足以实现当前和未来的跨境数据流动，因此，越来越需要制定和协调措施，以信任和充分尊重个人数据保护的方式管理跨境数据流动。

议题四：实现安全、可靠和问责制

（1）关于"提升网络安全"的核心原则

网络安全应被视为互联网政策和整个数字化转型的核心挑战。确保网络安全和预防网络犯罪都是需要高水平专业知识与多利益相关方投入的重要政策领域。

保障网络安全需要采取全政府和全社会参与的方式，包括建立强有力的伙伴关系和协调机制。

（2）关于"打击网络犯罪"的核心原则

旨在打击网络犯罪的法规应相称、符合人权，并对服务提供商的规模、能力和资源保持敏感性，法律义务应考虑到私营和技术部门的多样性。

（3）关于"打击虚假信息和违法内容"的核心原则

应通过基于风险的机制解决虚假信息问题，同时保护言论自由、多元化和民主进程。

议题五：解决包括人工智能在内的前沿技术问题

（1）关于"开发以人为中心的人工智能"的核心原则

包括人工智能在内的先进技术的设计应尊重法治、人权、民主价值观和多样性，并采用适当的保障措施。在设计和实施此类技术时，应减轻包括偏见在内的风险，以保护弱势和边缘群体。

（2）关于"确保信任"的核心原则

算法系统操作、解释和报告的透明度对人权至关重要。

（3）关于"保护内容审核中权利"的核心原则

应根据国际人权标准制定关于在线平台内容治理及其治理的政策。

其他议题

关于"环境可持续发展和气候变化"的核心原则

数字化为应对和适应气候变化提供机会、工具和设备，包括使用环境数据来缓解气候问题，使用数据来管理粮食和水系统、支持循环经济、减少电子垃圾等。

（二）《全球数字契约》共同协调人发布评估文件

9月1日，在前期举办系列非正式咨商和深度研讨会的基础上，《全球数字契约》共同协调人通过联合国大会主席发布了一份评估文件[1]，并分发给所有常驻联合国会员代表和观察员。该文件概述了共同协调人就《全球数字契约》进行深入研究和磋商后的评估，总体认为各方广泛支持制定《全球数字契约》。同时，文件中也表示，《全球数字契约》不应重复现有的论坛和进程，但需要提升联合国系统和国际社会在应对快速技术发展带来新兴挑战时的效率及协调性。

10月10日，第七十八届联合国大会主席宣布新一任《全球数字契约》共同协调人由瑞典常驻联合国代表安娜·卡林·埃内斯特伦（Anna Karin Eneström）和赞比亚常驻联合国代表乔拉·米兰博（Chola Milambo）担任。[2] 前者也是首任共同协调人之一，两人将继续领导《全球数字契约》的政府间制定进程。12月15日，新任共同协调人就《全球数字契约》制定的最新进展发布公开信函。信中介绍了2023年12月和2024年上半年《全球数字契约》制定的进程安排。信函指出，2024年4月至5月，《全球数字契约》文稿将在联合国会员国政府间进行三读程序。[3]

---

[1] "Letter from the President of the General Assembly–Global Digital Compact Co-facilitators' Letter–Issues Paper", https://www.un.org/pga/77/2023/09/01/letter-from-the-president-of-the-general-assembly-global-digital-compact-co-facilitators-letter-issues-paper/，访问时间：2024年2月18日。

[2] Appointment by the President of the General Assembly, https://www.un.org/techenvoy/sites/www.un.org.techenvoy/files/231010-PGA-letter-Co-facilitators-and-co-chairs.pdf，访问时间：2024年2月20日。

[3] Global Digital Compact Letters from the Co-Facilitators, https://www.un.org/techenvoy/sites/www.un.org.techenvoy/files/general/Global_Digital_Compact_Letters_from_the_Co-Facilitators_December_15_2023.pdf，访问时间：2024年3月20日。

延伸阅读

《全球数字契约》共同协调人评估文件要点概述

一是各方普遍支持制定《全球数字契约》。契约需以《联合国宪章》《2030年可持续发展议程》和《世界人权宣言》原则等为基础。各方应共同努力加强数字合作，缩小数字鸿沟，推动建立一个包容、开放、安全和可靠的数字未来。

二是各方认同妥善利用数字技术将加速实现可持续发展目标。数字发展可促进经济可持续发展，增进社会包容，很多人还特别强调数字公共基础设施和网络连接在健康与教育领域的重要性。《全球数字契约》可以支持各国分享数字化的经验和最佳实践。

三是认为网络连接应具备普及性和可负担性，并且易于获取。数字素养和技能是实现高质量普遍连接的基础。各方对数字能力建设的需求正走向趋同，均在促进公私部门合作以及加大在移动互联网上的资金投入等。

四是强调互联网开放、自由和全球可访问的重要性，包括强调互联网标准和协议的互操作性，以及维持和加强互联网的多利益相关方模式。各方普遍支持互联网治理论坛在促进互联网全球性、互操作性和治理方面发挥关键作用。

五是强调《全球数字契约》不应重复已有论坛和进程。互联网治理论坛、国际电信联盟、联合国教科文组织、信息社会世界峰会等作用得到肯定。同时还认为联合国系统和国际社会需要提升效率和协调性，以应对技术快速发展带来的新兴挑战。为适应技术发展，各方认可要建立定期审查和后续跟进机制。

六是认为《全球数字契约》应为数据保护和治理提供原则指导。这既包括数据的收集、处理、存储以及控制，也包括在数据自由流动和数据保护之间找到平衡。数据利用和跨境流动对经济增长和可持续发展目标实现具有积极作用。

七是认同《全球数字契约》将促进数字信任和安全。契约将有效应对虚假信息、仇恨言论等有害内容问题，将致力于推动技术开发人员及数字平台秉持透明与负责任的原则设计并应用数字技术。正在制定中的《数字平台信息完整性行为守则》将成为确保这些原则得以落实的关键工具。

八是普遍认为人工智能在赋能发展的同时也带来了风险。认同人工智能及其他新兴技术在提高生产力、创造价值和促进数字经济上的作用，但其发展需要以人为本，在开发、使用和治理上都须透明和公平。

九是强调解决数字性别鸿沟问题的重要性。需要确保女性享有平等的机会和权利。

十是认为《全球数字契约》需要解决可持续发展问题。强调数字技术在应对气候问题方面的作用，同时也指出需要解决技术本身的风险，例如能耗和电子废物。

延伸阅读

联合国教科文组织就数字平台治理发布准则

2023年11月11日，联合国教科文组织发布了《数字平台治理准则——保障表达自由和信息获取的多方合作方法》（以下简称《准则》）。《准则》力图促进联合国范围内正在进行的各种程序，如实施《我们的共同议程》中的各项提案，为制定《全球数字契约》提供必要支撑。同时，《准则》将作为联合国筹备"未来峰会"的重要资料，促进制定"信息完整性行为守则"。

该《准则》旨在促进数字平台治理，以维护表达自由和信息自由为核心，并厘清了国家、数字平台、政府间组织、民间组织、媒体、学术界、技术社群和其他利益相关方所应承担的义务、责任和角色。

《准则》通过多利益相关方磋商进程制定，收集了来自134个国家和地区的超过一万条反馈意见。[1]

《准则》中对数字平台提出了五项关键原则：一是开展人权尽职调查，评估其人权影响；二是在平台设计、内容审核及内容策展等方面遵守国际人权标准；三是运作方式透明公开；四是提供信息，让用户了解所提供的不同产品、服务和工具，并就其分享和消费的内容做出明智决定；五是在执行服务条款和内容政策时，平台对利益相关方担责。[2]

二、联合国信息安全开放式工作组持续推动议题讨论

2023年3月6日至10日，联合国信息安全开放式工作组（OEWG）在联合国总部纽约召开第四次实质性会议。会议主要就现存和潜在网络威胁、负责任国家行为规则和原则、国际法在网络空间的适用、建立信任的措施、能力建设、定期机制对话等重要议题进行了深入讨论。[3]

会议期间，很多国家关注新冠肺炎全球大流行以来，对数字基础设施的过度依赖增加了供应链中断的风险。德国、捷克等国家强调了人工智能驱动工具对国际和平与安全的影响，认为信息通信技术的加速使用和算法的不透明性，可能导致人类控制和监督水平降低。对勒索软件问题的讨论也是重点之一，萨尔瓦多表示勒索软件仍是信息和数据安全的最大威胁之一，美国、欧盟、肯尼亚、丹麦和阿根廷等也表达了类似观点。肯尼亚提议在联合国的支持下建立一个关于共同威胁、媒介和行为者的资料库，这一想法也获得了俄罗斯、德国、

---

[1] "Guidelines for the governance of digital platforms", https://www.unesco.org/en/articles/guidelines-governance-digital-platforms，访问时间：2024年4月1日。

[2] "Guidelines for the governance of digital platforms: safeguarding freedom of expression and access to information through a multi-stakeholder approach", https://unesdoc.unesco.org/ark:/48223/pf0000387339，访问时间：2024年4月1日。

[3] Letter from the Chair (Including Revised Provisional POW 4th Session), https://docs-library.unoda.org/Open-Ended_Working_Group_on_Information_and_Communication_Technologies_-_(2021)/Chair's_Letter_3_March_2023_pdf.pdf，访问时间：2024年2月20日。

荷兰、斐济等国家的欢迎。[1]

关于负责任国家行为规则和原则的讨论聚焦于如何有效地实施这些行为，俄罗斯、叙利亚等提出一项具有法律约束力的多边国际条约，澳大利亚、奥地利、比利时、加拿大、捷克、爱沙尼亚、爱尔兰、以色列、荷兰、马拉维、韩国、英国和新西兰等不支持新的具有法律约束力的文书。多数国家重申了包括《联合国宪章》在内的国际法以及人权法、国际人道主义法在网络空间中的适用性，并就建立联络网达成广泛共识。北欧国家、埃及、加拿大、荷兰、葡萄牙、哥伦比亚、法国、瑞士和澳大利亚等继续支持"促进网络空间负责任国家行为行动纲领"（PoA），呼吁举办一次会议就其框架、内容和目标进行讨论；一些国家则表达了对纲领的反对，认为其将对OEWG在联合国的作用和地位造成影响。[2]

延伸阅读

联合国信息安全开放式工作组召开多次非正式会议征求各方意见

在联合国信息安全开放式工作组（OEWG）第四次实质性会议期间，多个国家广泛认可建立联络网作为一种建立信任的措施，但在具体观点上存在差异。[3]

2023年4月25日，OEWG通过在线方式召开非正式会议，就建立全球性政府间联络网进行专题讨论，邀请区域性联络代表就OEWG会议期间提出的技术和运行等问题发表看法。[4] 5月8日，基于前述会议的反

---

[1] "What's new with cybersecurity negotiations? OEWG 2021–2025 fourth substantive session", https://www.diplomacy.edu/blog/whats-new-with-cybersecurity-negotiations-oewg-2021-2025-fourth-substantive-session/, 访问时间：2024年2月20日。

[2] "What's new with cybersecurity negotiations? OEWG 2021–2025 fourth substantive session", https://www.diplomacy.edu/blog/whats-new-with-cybersecurity-negotiations-oewg-2021-2025-fourth-substantive-session/, 访问时间：2024年2月20日。

[3] "What's new with cybersecurity negotiations? OEWG 2021–2025 fourth substantive session", https://www.diplomacy.edu/blog/whats-new-with-cybersecurity-negotiations-oewg-2021-2025-fourth-substantive-session/, 访问时间：2024年2月20日。

[4] Letter from the Chair, https://docs-library.unoda.org/Open-Ended_Working_Group_on_Information_and_Communication_Technologies_-_(2021)/Letter_from_OEWG_Chair_6_April_2023.pdf, 访问时间：2024年2月20日。

馈意见，OEWG主席发布了修订版的《全球性政府间联络网的建立及运作要点（草案）》，进一步明确建立联络网的目的、原则、模式、能力建设、未来工作等。[1] 23日，主席再次组织非正式会议对此草案进行介绍和讨论，加紧推进各方达成一致意见。[2]

5月22日，OEWG邀请企业、非政府组织以及学术界等利益相关方代表参加线上非正式会议，请各方就OEWG讨论各方向所形成的、应纳入到第二份年度进展报告中的具体成果提出建议。[3] 5月23日至26日，OEWG在联合国总部纽约以线上和线下结合方式召开非正式会议，期间开展了关于能力建设的主席非正式圆桌讨论，召集信息和通信技术安全领域开展能力建设的联合国机构和国际组织代表进行分享。[4]

7月[5]以及12月6日[6]，主席面向利益相关方代表举行线上会议，请其发挥专业知识和资源作用，就如何与会员国开展合作以更加高效和有意义地实施OEWG会议以及年度进展报告所提出的各项措施发表意见。

---

[1] Letter from the Chair (including Rev. 2 PoC Elements Paper), https://docs-library.unoda.org/Open-Ended_Working_Group_on_Information_and_Communication_Technologies_-_(2021)/Chair's_Letter_8_May_2023__-_POC_directory.pdf，访问时间：2024年2月22日。

[2] Letter from the Chair, https://docs-library.unoda.org/Open-Ended_Working_Group_on_Information_and_Communication_Technologies_-_(2021)/Chair's_Letter_18_May_2023__-_POC_directory_session_final_(002).pdf，访问时间：2024年2月22日。

[3] Letter from the Chair to stakeholders, https://docs-library.unoda.org/Open-Ended_Working_Group_on_Information_and_Communication_Technologies_-_(2021)/Chair's_Letter_to_Stakeholders_2_May_2023.pdf，访问时间：2024年2月20日。

[4] Letter from the Chair (including Annotated Schedule of May 2023 informal, intersessional meetings), https://docs-library.unoda.org/Open-Ended_Working_Group_on_Information_and_Communication_Technologies_-_(2021)/Letter_from_OEWG_Chair_3_May_2023.pdf，访问时间：2024年2月23日。

[5] Letter from the Chair to stakeholders, https://docs-library.unoda.org/Open-Ended_Working_Group_on_Information_and_Communication_Technologies_-_(2021)/Chair's_Letter_to_Stakeholders_30_June_2023.pdf，访问时间：2024年2月23日。

[6] Letter from the Chair to stakeholders, https://docs-library.unoda.org/Open-Ended_Working_Group_on_Information_and_Communication_Technologies_-_(2021)/Chair's_Letter_to_Stakeholders_20_November_2023.pdf，访问时间：2024年2月24日。

（一）联合国信息安全开放式工作组通过年度进展报告

2023年6月13日，联合国信息安全开放式工作组（OEWG）主席发布了第二份年度进展报告零案文。该份零案文以第一份年度进展报告以及工作组讨论所取得的进展为基础，同时也包含了第三版《全球性政府间联络网建立及运作要点（草案）》。[1] 6月27日，主席组织召开非正式会议，就零案文进行介绍并听取各方意见，并在7月12日发布了拟在第五次实质性会议上进行协商讨论的进展报告草案。[2]

7月24日至28日，OEWG在联合国总部纽约召开第五次实质性会议。会议期间，主席就第二份年度进展报告草案进行了介绍，之后进行了两轮次讨论协商，并与利益相关方进行交流。[3] 经过讨论和修改，OEWG会议就最终版报告草案达成了一致意见，并于8月1日提交第七十八届联合国大会进行审议，联合国大会在12月22日的决议中表示对年度进展报告的认可。[4]

报告从多个角度描述了各国网络通信现状，包括现存和潜在威胁、信任建设措施、能力建设等。报告指出，国家行为体将网络武器化、网络空间军事化的趋势受到关注，同时各国也警惕非国家行为体的通信技术实力，如跨国企业、恐怖组织和黑客组织。国家政府在技术能力上相较于非国家行为体可能处于弱势，而国际法对网络空间中的非国家行为体几乎不存在约束性。

---

1 Letter from the Chair (including annex of zero draft of second annual progress report), https://docs-library.unoda.org/Open-Ended_Working_Group_on_Information_and_Communication_Technologies_-_(2021)/Letter_from_OEWG_Chair_13_June_2023_(with_Zero_Draft_Second_APR_enclosed).pdf，访问时间：2024年2月24日。

2 Letter from the Chair (including annex of Rev.1 second annual progress report), https://docs-library.unoda.org/Open-Ended_Working_Group_on_Information_and_Communication_Technologies_-_(2021)/Letter_from_OEWG_Chair_12_July_2023_(technical_re-issue).pdf，访问时间：2024年2月24日。

3 Letter from the Chair (including annex of provisional programme of work 5th substantive session), https://docs-library.unoda.org/Open-Ended_Working_Group_on_Information_and_Communication_Technologies_-_(2021)/Letter_from_OEWG_Chair_30_June_2023.pdf，访问时间：2024年2月24日。

4 "Report of the open-ended working group on security of and in the use of information and communications technologies 2021–2025", https://documents.un.org/symbol-explorer?s=A/78/265&i=A/78/265_8759712，访问时间：2024年2月24日。

延伸阅读

联合国信息安全开放式工作组第二份年度进展报告中对部分议题的下一步工作建议[1]

（一）现存和潜在的网络威胁

下一步工作建议

21. 各国继续在联合国信息安全开放式工作组（OEWG）上就信息与通信技术（ICT）使用中的现有和潜在安全威胁进行交流，并讨论可能的合作措施来应对这些威胁。各国承认所有国家承诺并重申遵守和实施ICT使用中负责任国家行为框架，对于解决现有和潜在的与ICT相关的国际安全威胁至关重要。

22. OEWG还将召开一次专门的休会期间会议，邀请OEWG主席和相关专家参加，讨论ICT使用中现有和潜在的安全威胁。

（二）负责任国家行为的规则和原则

下一步工作建议

24. 各国将继续就ICT使用中负责任国家行为的规则和原则交换意见。

25. 在OEWG的第六、七和八次会议上，各国还将就以下焦点问题进行讨论：（a）加强措施保护关键基础设施和关键信息基础设施免受ICT威胁，包括就检测、防御或响应ICT事件以及从中恢复的最佳实践进行交流，并在请求时支持发展中国家和小国家识别其国家关键基础设施和关键信息基础设施；（b）进一步合作和协助，确保供应链的完整性和安全性。

26. 各国将制定额外的指导方针，包括一份清单，以指导规范的实施。要求OEWG主席制作这样一份清单的初稿，供各国考虑。

27. 要求OEWG主席召开一次专门的休会期间会议，进一步讨论在

---

[1] "Report of the open-ended working group on security of and in the use of information and communications technologies 2021–2025", https://documents.un.org/symbol-explorer?s=A/78/265&i=A/78/265_8759712，访问时间：2024年2月24日。

ICT使用中负责任国家行为的规则和原则。在此情况下，OEWG主席可以邀请来自区域和次区域组织、企业、非政府组织和学术界的相关专家。

（三）国际法

下一步工作建议

33. 各国继续在OEWG中进行聚焦讨论，探讨国际法如何应用于ICT的使用。

34. 在OEWG第四、五次会议讨论基础上，邀请各国继续就国际法如何应用于ICT的使用自愿分享其国家观点（包括国家声明和实践）。要求联合国秘书处在OEWG网站上公开这些观点，供所有国家参考，并供OEWG在其第六、七和八次会议上进一步讨论。

35. 要求OEWG主席召开一次专门的休会期间会议，讨论国际法如何应用于ICT的使用。OEWG主席可以进一步安排专家简报，讲解国际法如何应用于ICT的使用。

36. 有能力的国家应继续以中立客观的方式做出更大努力，包括在联合国范围内做出更大努力，建设国际法领域的能力，使所有国家都能在国际法如何适用于使用ICT的问题上推动建立共同理解，并为国际社会内部建立共识做出贡献。这种能力建设努力应根据2021年OEWG报告第56段中包含的能力建设原则进行。

（四）定期机制对话

下一步工作建议

54. 各国继续在OEWG上就定期机制对话及各国提出的关于促进ICT使用安全方面的定期机制对话的提议进行交流，目的是就未来定期机制对话的最有效形式达成共识。

55. 各国原则上同意，未来的定期机制对话将基于以下共同要素，并同意继续就额外要素进行讨论：

（a）它将是一个在联合国主持下，由国家主导的单轨制、永久性机制，向联合国大会第一委员会报告；

（b）未来机制的目标是继续促进一个开放、安全、稳定、可访问、和平和可互操作的 ICT 环境；

（c）未来机制的工作基础将是以前 OEWG 和联合国信息安全政府专家组（UN Group of Governmental Experts，UNGGE）报告中关于 ICT 使用中负责任国家行为框架的共识协议；

（d）它将是一个开放、包容、透明、可持续和灵活的过程，能够根据各国需求以及 ICT 环境的发展进行演变。

56. 各国认识到就未来机制的建立以及该机制的决策过程达成共识原则的重要性。

57. 包括企业、非政府组织和学术界在内的其他感兴趣方，可以适当地为任何未来的定期机制对话做出贡献。

58. 在 OEWG 的第六、七和八次会议，以及两次专门的休会期间会议上，各国将继续在 OEWG 的框架内进行聚焦讨论，进一步讨论关于定期机制对话的提议，并就"促进网络空间负责任国家行为行动纲领"与 OEWG 的关系，以及该纲领的范围、内容和结构进行聚焦讨论。同时，也要求联合国秘书处在 OEWG 的第六次会议上就秘书长提交给第七十八届联大会议的报告向 OEWG 进行简报。

59. 有能力做到的国家继续考虑建立或支持赞助其他计划和机制，以确保广泛参与相关的联合国进程。

（二）俄罗斯等国家提议将信息安全开放式工作组作为常设性决策机制

2023年12月11日至15日，联合国信息安全开放式工作组（OEWG）在联合国总部纽约召开第六次实质性会议。会议期间，俄罗斯联合白俄罗斯、布隆迪、古巴、朝鲜等12个国家共同提交了《关于常设性信息安全开放式工作组的概念文件》。文件指出，国际社会越发需要在联合国框架下设立一个常设性的决策机制以处理信息安全问题，OEWG 在实践中的效率和相关性表明，它是最适当的选择。该常设决策工作组应聚焦于实施2021至2025年第二届 OEWG 所达成的一致内容，进一步促进开放、安全、稳定、无障碍与和平的信息通信技术环境。文件还就常设工作组的任务、工作原则以及程序性事项等提出了意见。其中，主要任务包括：进一步制定具有法律约束力的规则、规范和负责任原则；就国际法如何适用于网络空间达成共识；制定和执行建立信任措施；建立机制，开展能力互助等。[1]

此前，法国、哥伦比亚和美国等国在联合国大会第一委员会提出修订后的"促进网络空间负责任国家行为行动纲领"决议草案，称将在2026年启动新的常设性机制，推动国家实施此前由联合国信息安全政府专家组（UNGGE）和信息安全开放式工作组达成的行为规范框架，并考虑制定额外标准或具有法律约束力义务的必要性。俄罗斯认为，西方国家一边支持联合国信息安全开放式工作组，一边又在寻求取代该机制，此行动纲领的决议草案或许只对西方国家自己有利。[2]

延伸阅读

"促进网络空间负责任国家行为行动纲领"有关进展

2020年10月，法国、埃及等国家向联合国信息安全开放式工作组（OEWG）提出提案，建议OEWG可以探索制定一项行动纲领，促进网络空间负责任的国家行为规范制定，结束联合国信息安全政府专家组（UNGGE）和OEWG"双轨并进"模式，并建立一个联合国常设论坛，审议各国在国际安全背景下使用信息与通信技术（ICT）的问题。

该纲领的目的是加强国际和平与安全，在ICT使用背景下建立一个常设、包容和以行动为导向的联合国机制。关注点主要在于讨论现有的和潜在的网络威胁，支持国家实施和推进与负责任国家行为有关

---

[1] "Concept paper on a permanent decision-making Open-ended Working Group on security of and in the use of information and communications technologies", https://docs-library.unoda.org/Open-Ended_Working_Group_on_Information_and_Communication_Technologies_-_(2021)/ENG_Concept_paper_on_a__Permanent_Decision-making_OEWG.pdf，访问时间：2024年2月26日。

[2] "First Committee Approves New Resolution on Lethal Autonomous Weapons, as Speaker Warns 'An Algorithm Must Not Be in Full Control of Decisions Involving Killing'", https://press.un.org/en/2023/gadis3731.doc.htm，访问时间：2024年5月4日。

的承诺，以及应用国际法约束国家在ICT使用方面的行为。然而，该纲领的出台也引发了一些争议，主要集中在是否需要一个常设性的机制，以及是否需要建立一个新的多边平台。一些国家担心，如果建立一个常设性的机制可能会导致重复性工作，并且增加新的多边平台可能会削弱其他现有机制的作用。

中国支持部分国家提出的行动纲领中有关应达成"有政治约束力的行为准则"的建议。[1] 截至2022年4月，支持行动纲领的成员国已达60个[2]，但并没有得到所有OEWG成员的支持。

2022年12月，联合国大会通过了《推进从国际安全角度使用信通技术的国家负责任行为的行动纲领》决议，着重指出行动纲领提案与2021年至2025年OEWG的工作相辅相成，同时行动纲领应考虑到2021年至2025年OEWG协商一致成果。[3] 未来，如何在确保有效实施网络行动纲领的同时，避免重复工作并维护其他多边平台的有效性，成了国际社会需要进一步讨论的问题。

2023年6月1日，联合国裁军研究所举行有关网络行动纲领的会议。会议主题为"关于网络行动纲领的范围、结构和内容的多利益相关方视角"（A Multi-Stakeholder Perspective on the Cyber PoA Scope, Structure and Content）[4]。该会议的核心目标是通过联合国机制，针对网络空间的现存及潜在威胁进行深入讨论，并在负责任的国家行为规范框架下，推动各国履行和加强承诺。此次会议特别强调了采纳多利益相关方视

---

1 《中国代表团在联合国信息安全开放式工作组首次会议关于负责任国家行为规范的发言》，https://documents.unoda.org/wp-content/uploads/2021/12/Statement-of-China_ICT-OEWG-5th-plenary-meeting_rules-norms-and-principles-of-responsible-behavior-of-states_DEC-15-AM_CHN.pdf，访问时间：2024年5月1日。

2 "Advancing a Global Cyber Programme of Action: Options and Priorities", May, 2022, https://documents.unoda.org/wp-content/uploads/2022/07/Report-Advancing-a-Global-Cyber-Programme-of-Action-Options-and-priorities.pdf，访问时间：2024年5月22日。

3 "Programme of action to advance responsible State behaviour in the use of information and communications technologies in the context of international security: resolution/adopted by the General Assembly", https://digitallibrary.un.org/record/3997617?v=pdf，访问时间：2024年5月22日。

4 "Drawing Parallels: A Multi-Stakeholder Perspective on the Cyber PoA Scope, Structure and Content", https://unidir.org/wp-content/uploads/2023/09/UNIDIR_Drawing_Parallels_Multi_Stakeholder_Perspective_on_Cyber_PoA_Scope_Content_Structure.pdf，访问时间：2024年1月9日。

角的重要性，确保网络行动纲领能够全面反映包括民间组织、学术界、工业界和非政府组织在内的各方利益和关切，促进网络空间治理的包容性和多样性。

会议期间，代表们就网络行动纲领的多个维度进行讨论。在纲领的范围方面，讨论重点聚焦在如何界定网络行动的具体议题，以及如何确保多利益相关方在纲领实施过程中的有效参与。这些讨论强调了在网络空间治理中包容性的重要性，以及确保各利益相关方能够贡献其独特视角和专业知识的必要性。此外，会议还探讨了网络行动纲领的组织架构，包括合作机构的设立和资金机制的构建。代表们认识到，一个清晰和高效的结构对于纲领的成功实施至关重要，能够确保资源的合理分配和项目的顺利执行。

在内容方面的讨论则集中在网络行动纲领与现有的负责任国家行为规范和信任建设措施的关系上。代表们强调，纲领应当促进国家间的合作，特别是在信息共享、技术援助和实践交流方面。此外，讨论还涉及了如何通过纲领加强国际法在网络空间的适用性，以及如何通过多边讨论促进对国际法的共同理解和应用。

三、《联合国打击网络犯罪公约》特设委员会讨论形成公约草案

自2022年2月以来，《联合国打击网络犯罪公约》特设委员会经过五届会议讨论，于2023年5月形成了公约草案并正式发布。草案包含序言以及总则、刑事定罪、管辖权、程序措施和执法、国际合作、预防措施、技术援助和信息交流、实施机制、最后条款九个章节。按照草案内容，公约各缔约国均应根据本国法律的基本原则采取必要的措施，包括立法措施和行政措施，以确保履行其根据本公约所承担的各项义务。[1] 成员国代表以及其他一些非会员国观察员、

---

[1] Draft text of the convention，https://documents.un.org/symbol-explorer?s=A/AC.291/22&i=A/AC.291/22_4615715，访问时间：2024年3月5日。

联合国系统内的实体组织代表、非政府组织和其他组织观察员等出席会议。国际商会、微软、印度国防大学、隐私国际、北京师范大学、北京航空航天大学等多个学术机构、民间组织和私营实体部门代表也参加了会议。

6月20日至21日,《联合国打击网络犯罪公约》特设委员会召开第五次闭会期间磋商会,邀请参会各方对公约草案研提意见,并为即将召开的第六届会议做准备。[1] 关于定罪条款,参会代表讨论了如何规制通过信通技术实施的传统犯罪、私营部门作用、程序措施范围、预防措施的具体内容等问题,参会代表就司法协助、证据收集等具体问题交换了意见;此外,会议还强调向发展中国家提供技术协助的重要性,以及如何通过教育和提升公众意识来预防网络犯罪。[2]

8月21日至9月1日,《联合国打击网络犯罪公约》特设委员会在纽约举行了第六届会议。联合国139个成员国代表及其他代表出席会议。会议期间,主席请会员国就公约草案内容提出实质性修正和提案。主席将在特设委员会于2024年1月29日至2月9日举行的总结会议之前,在秘书处的协助下编写一份文件,反映本届会议谈判的状况,包括关于有待核准条款的谈判状况,以及主席就尚未达成一致意见条款提出的折中案文。[3]

对公约草案的谈判进展并非一帆风顺。例如各国就相关术语的使用存在争议。尽管主席强调,专门的术语小组应继续努力解决术语问题并提出一些想法,但代表团意见仍不一致。例如,是使用"网络犯罪"还是"将信息通信技术用于恶意目的";是保留动词"战斗"还是用"压制"等更精确的动词;是使用"儿童色情"还是"在线儿童性虐待";是使用"数字信息"还是"电子

---

[1] "Fifth intersessional consultation with multi-stakeholders of the Ad Hoc Committee (20-21 June 2023): Concept note and guiding questions", https://www.unodc.org/documents/Cybercrime/AdHocCommittee/Fifth_intersessional_consultation/5th_ISC_concept_note_guiding_questions.pdf, 访问时间:2024年4月16日。

[2] "Chair's Report of the Fifth Intersessional Consultation of the Ad Hoc Committee to Elaborate a Comprehensive International Convention on Countering the Use of Information and Communications Technologies for Criminal Purposes", https://www.unodc.org/documents/Cybercrime/AdHocCommittee/6th_Session/Pre-session-docs/2313717E.pdf, 访问时间:2024年4月17日。

[3] "Report of the Ad Hoc Committee to Elaborate a Comprehensive International Convention on Countering the Use of Information and Communications Technologies for Criminal Purposes on its sixth session", https://documents.un.org/symbol-explorer?s=A/AC.291/23&i=A/AC.291/23_9240468, 访问时间:2024年3月2日。

信息"等。[1] 又如国际合作章节中关于"司法协助"的讨论，俄罗斯、叙利亚建议在司法协助请求书中增加"识别犯罪主体的数据"，并在可能的情况下增加"其位置、国籍或账号等信息"，然而澳大利亚、美国和加拿大等并不支持该修正意见。[2] 公约草案还受到其他方面的质疑和担忧，如有私营部门公开表示，公约范围广泛且存在太多需要解释的地方，这可能会助长网络犯罪气焰。[3]

11月6日，根据第六届会议讨论的有关意见，特设委员会主席发布了一份经过修改后的新公约文本。截至2023年底，各方仍未就关键术语、刑事定罪范围、执法合作方式和范围等达成共识。[4]

四、联合国互联网治理论坛持续发挥交流平台作用

2023年10月8日至12日，第十八届联合国互联网治理论坛（IGF）年会在日本京都举行，年会主题为"我们想要的互联网——赋能所有人"。

联合国秘书长安东尼奥·古特雷斯（António Guterres）在致辞中强调，全球需要在三个重要领域采取行动：一是弥合全球数字鸿沟；二是弥合全球治理鸿沟；三是在数字合作中强调人权和以人为本的理念。IGF年会聚焦"人工智能和新兴技术""避免互联网碎片化""网络安全、网络犯罪和在线安全""数据治理和信任""数字鸿沟和包容""全球数字治理与合作""人权和自由""可持续性与环境"八大议题。来自全球178个国家和地区的超过一万位多利益相关方注册参会，其中现场参会人数超过六千人。

年会期间，共举办主论坛、研讨会、开放论坛等多样化活动355场。[5] 中国

---

1 "Key takeaways from the sixth UN session on cybercrime treaty negotiations"，https://dig.watch/updates/key-takeaways-from-the-sixth-un-session-on-cybercrime-treaty-negotiations，访问时间：2024年3月6日。
2 "Draft text of the convention (version as of 2 September 2023)"，https://www.unodc.org/documents/Cybercrime/AdHocCommittee/6th_Session/DTC/DTC_rolling_text_02.09.2023.pdf，访问时间：2024年4月17日。
3 "Microsoft criticises proposed UN cybercrime treaty"，https://dig.watch/updates/microsoft-criticises-proposed-un-cybercrime-treaty，访问时间：2024年3月6日。
4 "Revised draft text of the convention"，https://documents.un.org/symbol-explorer?s=A/AC.291/22/REV.1&i=A/AC.291/22/REV.1_3827001，访问时间：2024年3月6日。
5 "IGF 2023 Annual Meeting Summary Report"，https://www.intgovforum.org/en/filedepot_download/300/26575，访问时间：2024年3月18日。

国家互联网信息办公室相关司局、中国网络空间研究院、中国网络社会组织联合会、中国科协信息技术咨商委、中国互联网协会、中国互联网络信息中心、中国IGF、清华大学、中国传媒大学、北京邮电大学、北京师范大学等多家国内机构和平台举办了活动。

IGF领导小组发布了名为《我们想要的互联网》（The Internet We Want，IWW）的愿景文件（征求意见稿）。该愿景文件鼓励所有政府、私营部门、民间组织、技术社群和学术界等共同努力实现对互联网的美好愿景。IGF领导小组认为，我们想要的互联网包含五大要素，即完整和开放、普遍和包容、自由流动和值得信赖、安全和可靠、尊重权利。[1] 基于该份文件，IGF领导小组启动了"IWW进程"，旨在创立一个自下而上的框架，以进一步支持和加强互联网和IGF。按照计划，IWW愿景文件将在2024年3月前征集各方意见，并将在全球互联网治理大会（NetMundial）、信息社会世界峰会二十周年（WSIS+20）、联合国未来峰会等有关活动期间进行宣介。[2]

年会期间，IGF多利益相关方咨询专家组（MAG）完成了换届。按照章程，MAG每年大约会有三分之一的成员进行调整。新任MAG主席由巴哈马经济事务部副部长卡罗尔·罗奇女士担任，来自中国互联网络信息中心的有关负责人入选MAG成员。[3]

延伸阅读

第十八届联合国互联网治理论坛年会关键信息（节选）

"人工智能和新兴技术"主题关键信息

全球合作

只有通过全球的共同努力，汇集来自各个国家和地区多方广泛观

---

[1] "The Internet We Want"，https://www.intgovforum.org/en/filedepot_download/263/26312，访问时间：2024年3月15日。

[2] "The Internet We Want (IWW) Process"，https://intgovforum.org/en/filedepot_download/263/26932，访问时间：2024年3月20日。

[3] "2024 MAG and Leadership Panel"，https://www.intgovforum.org/en/content/2024-mag-and-leadership-panel，访问时间：2024年3月18日。

点，才能充分推动人工智能造福人类。高级别的全球治理对话以及专家组，需要与开放给所有人的包容性对话之间保持平衡。

全球需要展开合作，以防止各方努力的碎片化和政策路径的不一致性。制定和共享最佳实践至关重要，并且必须重视来自"全球南方"国家的观点。南方国家政府需要确保本国人工智能负责任且安全地发展。

数字治理需要多元化的视角，不仅需要考虑专家建议，还应当寻求和借鉴其他经验。

治理

人工智能和其他新兴技术的开发和使用应尊重人权、民主价值和法治。人工智能应始终具有包容性以及尊重隐私，其技术的开发流程以及人工智能政策、治理框架和监管应该是透明且包容的。

各方应共同努力，将人工智能原则转化为可操作的措施并有效实施。需要明确人工智能开发生命周期中各方的责任和问责制度，并明确必要的保障措施。加强监督机制、追踪已达成人工智能政策与计划的实施和影响至关重要。

发展

人工智能越来越广泛地应用可能进一步加剧歧视和加深数字鸿沟。人工智能创新应尊重人权和法治，安全且负责任地利用人工智能，推动实现可持续发展目标。

在开发人工智能技术时，要有社群和具有多元背景的人员参与。需要构建相关的技术、社会和法律专业知识体系。只有在人工智能概念和术语方面达成共同理解，合作才能往下推进。

生成式人工智能治理

生成式人工智能可以提高效率和加速创新，但还需要解决和优先考虑技术可能对全球范围内（包括"全球南方"）人权和民主制度所产生的影响。

生成式人工智能生成的虚假和错误信息（例如以深度伪造的形式）可能会扭曲或改变人们对现实的看法。推广可靠信息很重要，所有利益相关方应共同努力保护和维护真相。

加快检测和识别人工智能生成内容技术的开发非常重要，这有助于降低通过生成式人工智能进行深度伪造的风险，促进负责任地使用数据，并构建一个更加安全和值得信赖的数字环境。对人工智能生成内容进行标记将使消费者在更知情的情形下做出决定和选择。

"网络安全、网络犯罪和在线安全"主题关键信息

治理

关于网络安全、网络犯罪和在线安全的政策选择具有复杂性。匿名性是互联网活动和应用程序的一个特征，但也可能被滥用并对其他用户造成伤害。这表明在保护表达和其他权利的同时，需要形成问责制体系。

联合国可以在新兴技术评估标准和法规制定的分析、知识和最佳实践共享等方面发挥更多作用，并为多利益相关方交流如何制定新兴技术的共同原则提供平台。这有助于将原则转化为具有约束力的标准和法规。

儿童安全

所有利益相关方都应将儿童的利益作为首要考虑因素。现在全球三分之一的互联网用户是儿童，建设一个包容、安全和可靠的在线空间应该关注儿童的脆弱性及其能力建设。儿童应在安全、包容和适龄的数字空间中探索、学习和玩耍。

国家应确保在整个立法和监管过程中，对儿童权利进行统筹考虑，而不仅仅是在特定的法律文书中涉及该类内容，可以参考《儿童权利公约》第25号一般性意见中关于儿童权利与数字环境的内容。

应当对儿童在线安全进行投资，特别是关注低收入和中等收入国家的相关能力。

"数据治理和信任"主题关键信息

国际倡议

要释放数据为发展所用的价值，建立可信且安全的方式以实现数据跨境共享。现在被广泛讨论的"基于信任的数据自由流动"，是一种制定国际数据治理和数据跨境流动的概念框架。

需要制定原则和实践措施来发展"基于信任的数据自由流动"理念，以促进数据为发展所用，同时解决各方有关数据隐私和数据主权的担忧。发展中国家应全面参与有关数据跨境流动的讨论，且讨论方式应反映其需求和关切。

非洲联盟数据政策框架为形成一个区域性的共同模式铺平道路，并在整个非洲大陆促进了关于更加平等的数据治理实践的讨论。在国家层面实施该框架，对在非洲大陆自由贸易区（African Continental Free Trade Area，AfCFTA）内充分利用数据跨境流动和发展数字经济至关重要。

数据管理和能力建设

政府和监管机构应共同制定及实施综合性隐私法规。这些法规应涉及数据控制、数据分享的透明度和人权保护。利益相关方之间的合作将有助于确保法规监督和执行。

数据管理、所有权和控制等问题正在变得日益重要。民间组织、学术界、私营部门和其他利益相关方应共同研究与倡导，澄清数据流动，并追究私人公司和政府机构对数据管理的责任。

公私部门之间的数据合作伙伴关系（可能涉及跨境数据共享）在危机时期具有切实的好处，但建立可信赖的关系需要时间，并且通常依赖于非正式的关系和媒介。数据互操作的标准化操作程序和模式将有助于推动此类合作。

提高政策制定者、监管机构、民间组织、私营部门和其他利益相关方的能力，使其能够在全球、区域和国家层面有效参与数据管理的相关讨论。

第二章　人工智能发展与治理

2023年，全球人工智能领域呈现出前所未有的迅猛发展态势，人工智能技术已经渗透到医疗、金融、教育、交通等各个领域，极大地提升了生产效率，改善了人们的生活质量，同时也带来了前所未有的挑战和机遇。在这样的背景下，各国政府认识到人工智能的健康发展不仅需要技术的不断创新，更需要一个合理、公正、透明的治理体系来确保其安全、可靠、可控。全球主要国家和地区均将人工智能治理问题提升至国家战略层面，高度重视并积极推进相关政策和法规的制定与实施。各国政府纷纷成立专门的人工智能治理机构，制定了一系列人工智能治理原则和规范，以确保人工智能的发展符合社会伦理、法律法规和公共利益。此外，全球人工智能治理合作不断强化，各国共同探讨人工智能治理的全球性问题和挑战，共同推动人工智能健康、可持续发展。

一、人工智能发展驶入快车道

目前，全球人工智能的发展呈现出快速增长的态势。其中，ChatGPT等大模型技术不断突破，使得运用人工智能技术可以处理更复杂的任务，提供更准确的结果，并在各个领域实现更广泛的应用。越来越多的国家和地区将大模型的发展视为战略性机遇，纷纷出台政策支持大模型研发和应用，为大模型的快速发展提供有力保障。

（一）人工智能大模型快速发展

1. ChatGPT一经发布便成为焦点

2023年，人工智能大模型层出不穷，人工智能技术应用也呈现出百家争鸣的态势。由美国人工智能公司"开放人工智能研究中心"（OpenAI）发布的大语言模型ChatGPT引发全球广泛关注。在"大模型+大数据+大算力"的加持下，ChatGPT能够通过自然语言交互完成多种任务，具备多场景、多用途、跨学科的任务处理能力。以ChatGPT为代表的大模型技术可在经济、法律、社会等众多领域发挥重要作用。大模型被认为很可能像PC时代的操作系统一样，成为未来人工智能领域的关键基础设施。大模型不仅能够理解并回应人类的语言，还能进行复杂的逻辑推理和生成富有创意的回答，在智能客服、在线教育、娱乐互动等领域展现出巨大的应用潜力。

延伸阅读

开放人工智能研究中心引领全球大模型研发

开放人工智能研究中心（OpenAI）是一家位于美国旧金山的人工智能研究公司，现由营利性公司OpenAI LP及非营利性母公司OpenAI Inc组成。核心宗旨是"创建造福全人类的安全通用人工智能（Artificial General Intelligence，AGI）"。OpenAI以大模型为核心开创了AI领域的新一轮创新范式，成为引领通用人工智能的领军企业。2023年，公司收入突破16亿美元。微软是该公司最大的投资者，拥有OpenAI 49%的股份。OpenAI跻身全球TOP50网站，位列"福布斯2023云计算100强"榜首。

OpenAI最早为非营利组织，2015年底由萨姆·奥尔特曼（Sam Altman）、彼得·泰尔（Peter Thiel）、里德·霍夫曼（Reid Hoffman）和埃隆·马斯克（Elon Musk）等创办。在成立初期，OpenAI致力于人工智能的研究和开发，积极开展各种项目和实验，推动人工智能领域的前沿进展。2016年4月27日，发布首款产品OpenAI Gym Beta。6月21日，OpenAI宣布其主要目标，包括制造"通用"机器人和使用自然语言的聊天机器人。

随着2018年埃隆·马斯克的退出以及大模型对资金超乎预期的需求，2019年3月，OpenAI从非营利性转变为"封顶"的营利性。在非营利性母公司主体下，创建一个限制性营利实体OpenAI LP，引入上限利润模式，允许OpenAI LP合法地吸收风险投资和员工持股。从此，OpenAI转向混合结构。2019年7月，微软与OpenAI合作，注资10亿美元，共同研发新的Azure AI超算技术。2021年，设立初创企业基金，拟投资1亿美元支持AI初创公司。2022年11月，OpenAI全新聊天机器人模型ChatGPT问世，给AIGC的应用带来更大希望，产品上线仅5天，用户数量就突破100万人。2023年，OpenAI在技术和产品方面取得了显著进展。GPT系列模型的持续优化、多模态技术的探索以及强化学习与生成模型的结合，为OpenAI在人工智能领域的发展奠定坚实基础。主要表现：一是GPT系列模型持续优化。2023年，OpenAI持续对GPT系列模型进行迭代和优化，推出更加高效和精准的模型版本。对GPT-3模型在原有基础上进行深度优化，进一步提升在自然语言处理领域的性能。这些优化包括模型架构的改进、训练数据的增加以及算法的优化等，使得GPT模型在文本生成、问答、翻译等多个任务中取得更好的效果。二是加快多模态技术研发。除了纯文本处理，OpenAI在2023年也开始积极探索多模态技术，即将文本、图像、音频等多种信息形式进行融合处理。通过结合视觉和语音处理技术，OpenAI开发出能够同时处理多种信息输入的模型，为更广泛的应用场景提供可能性。三是推进强化学习与生成模型的结合。通过将强化学习算法应用于生成模型中，OpenAI使得模型能够在与环境的交互中不断优化自身，提升生成结果的质量和多样性。这种结合为AI在更复杂的任务中发挥作用提供有力支持。2023年11月，首届OpenAI开发者大会召开，OpenAI首席执行官萨姆·奥尔特曼回顾了公司过去一年的发展历程，表示已经有200万名开发者正在使用OpenAI的应用程序接口（API），为全球各地提供多种多样的服务；92%的《财富》世界500强公司正在使用OpenAI的产品搭建服务，而ChatGPT的周活用户数也达到1亿人。

2. 中国国产大模型竞争激烈

目前，中国10亿参数规模以上的大模型已发布近80个[1]，行业大模型深度赋

---

1 "全球第二！我国10亿参数规模以上大模型已发布近80个"，https://bj.bjd.com.cn/5b165687a010550e5ddc0e6a/contentShare/5b16573ae4b02a9fe2d558f9/AP654cbcb1e4b0ec2b81cf230c.html，访问时间：2023年11月9日。

能电子信息、医疗、交通等领域。参数规模大于百亿级别的大模型产品包括百度ERNiE 3.0模型、华为盘古模型、阿里遵义模型、腾讯混元模型和网易伏羲模型等。国产大模型百花齐放，其应用场景也逐渐拓展并多元化，特别是在各垂直领域都有成果落地，广泛应用于能源、金融、教育、医疗、交通、政务等领域。从2023年10月开始，国产大模型相继迎来版本升级以及技术创新：文心大模型发布4.0版本；讯飞星火认知大模型V3.0版本发布，并声称医疗领域能力超越GPT-4；腾讯混元大模型自研机器学习框架Angel再次升级，并宣布千亿级大模型训练可节省50%算力成本。

（二）人工智能技术进一步应用于军事领域

近年来，人工智能技术逐渐拓展至情报分析、指挥决策等军事领域，越来越多的国家和地区加快推动人工智能技术在国防、军事等领域的部署与应用。美国将人工智能技术视为继20世纪70年代信息技术发展之后的第三次抵消战略（The Third Offset Strategy）。该战略旨在通过智能化转型，抵消与中俄等国在装备规模和硬件技术等显性特征上日益缩小的差距，拉开与中俄在武器装备的智能化程度等隐性特征方面的代差，以此谋求和维持未来军事优势。2023年，美国政府与军方显著强化对人工智能军事化的战略规划、研发与应用，将人工智能技术作为提升单兵通信与作战能力的重要依托；不断强化人工智能军事化运用的"OODA循环"[1]，在资源投入、公私合作以及军事体系转型等方面进一步推进人工智能军事化进程。2023年3月28日，美国《防务新闻》（Defend News）披露：美军在2024财年预算中将申请近5000万美元启动"毒液"（Venom）项目，以期将人工智能引擎广泛应用于当前和未来的各型飞机上，从而使飞机具有自主飞行和协同作战能力。

俄乌冲突加快了人工智能作战技术的发展和理念塑造，低成本、大规模生产的人工智能武器系统迅速发展。一方面，2023年，美国及北约借助算力、算法、数据和平台的强大智能优势，发动了强大的算法认知战，极大地改变

---

[1] 美军将武装冲突看作敌对双方互相较量谁能更快更好地完成Observation（观察）—Orientation（判断）—Decision（决策）—Action（行动）的循环程序，冲突中能够最快通过"OODA循环"的一方将拥有决定性的战场优势。

了俄乌冲突的态势，新型的战争形态浮出水面。另一方面，针对对手方的系列动作，俄罗斯也尝试运用人工智能武器。2023年5月，俄罗斯对外宣布，其S-350"勇士"防空导弹系统首次采用人工智能控制的方式对目标实施了攻击。

随着人工智能技术在各领域的广泛应用，各方普遍对人工智能军事应用乃至武器化风险感到担忧。在此背景下，中国首次就规范人工智能军事应用问题提出倡议，发布了《中国关于规范人工智能军事应用的立场文件》，指出人工智能技术的军事应用在战略安全、治理规则、道德伦理等方面，可能产生深远影响和潜在风险；各国应秉持共同、综合、合作、可持续的全球安全观，通过对话与合作，就如何规范人工智能军事应用寻求共识，构建有效的治理机制，避免人工智能军事应用给人类带来重大损害甚至灾难。文件从战略安全、军事政策、法律伦理、技术安全、研发操作、风险管控、规则制定和国际合作等角度提出中国立场。[1]

（三）人工智能快速发展带来安全隐忧

人工智能在加快技术创新、提高生产效率、丰富用户体验的同时，也对隐私保护、社会伦理、网络安全等方面产生复杂的影响。尤其是人工智能技术本身还面临"训练数据投毒""提示词攻击"等风险敞口，在稳健性、可解释性、公平性等根本性问题上仍面临巨大挑战。

具体来看，人工智能的治理隐忧主要源于人工智能技术的复杂性、不确定性和潜在风险。一是数据隐私与安全。人工智能技术需要大量的数据来训练和优化模型，这些数据往往包含个人隐私信息，数据收集、存储和使用过程中可能出现隐私泄露、滥用和非法访问等问题。二是算法偏见与歧视。人工智能算法在训练过程中可能受到训练数据的影响，可能导致针对特定群体、种族、性别等产生偏见和歧视，从而引发社会不公和冲突。三是就业替代问题。人工智能技术的发展可能导致大量传统岗位的消失，从而引发失业问题，而新兴的人工智能岗位可能需要具备高度专业技能的人才，导致就业结构发生深刻变化。

---

[1] 《中国关于规范人工智能军事应用的立场文件》，https://www.mfa.gov.cn/web/wjb_673085/zzjg_673183/jks_674633/zclc_674645/rgzn/202206/t20220614_10702838.shtml，访问时间：2024年5月4日。

四是伦理治理难题。人工智能技术的决策过程可能涉及伦理和道德问题,例如自动驾驶汽车在遇到事故时,应如何权衡乘客和其他人的生命安全。五是监管缺失与滥用问题。人工智能技术的监管体系尚不完善,可能导致技术滥用和不良后果,例如恶意利用人工智能技术进行虚假宣传、欺诈等行为可能对社会造成负面影响。与此同时,一些犯罪分子已经开始利用人工智能技术作恶,网络攻击和电信诈骗在全球高发,大规模杀伤性武器扩散和恐怖袭击的风险也随之上升。国际社会对人工智能是否符合人类价值观以及是否会失去控制的担忧日益加深。

二、各国探索新一代人工智能的治理新范式

2023年,各国加快探索新一代人工智能的治理新范式。大模型治理的法治化特征日益凸显,从早期以科技伦理、技术标准、自律承诺等为代表的"软法治理",逐步转向更为成熟的"软法与硬法双轨并行、刚柔并济"的新型治理模式。

(一)中国完善生成式人工智能分类分级监管制度

7月10日,国家网信办、国家发展改革委、教育部、科技部、工业和信息化部、公安部、广电总局七部门联合公布《生成式人工智能服务管理暂行办法》(以下简称《办法》),自8月15日起施行。《办法》坚持目标导向和问题导向,明确了促进生成式人工智能技术发展的具体措施,规定了生成式人工智能服务的基本规范。《办法》提出:国家坚持发展和安全并重、促进创新和依法治理相结合的原则,采取有效措施鼓励生成式人工智能创新发展,对生成式人工智能服务实行包容审慎和分类分级监管。在治理对象上,针对生成式人工智能服务。在监管方式上,提出对生成式人工智能服务实行包容审慎和分类分级监管,要求国家有关主管部门针对生成式人工智能技术特点及其在有关行业和领域的服务应用,完善与创新发展相适应的科学监管方式,制定相应的分类分级监管规则或者指引。在促进发展具体措施上,一是明确鼓励生成式人工智能技术在各行业、各领域的创新应用,生成积极健康、向上向善的优质内容,探索优化应用场景,构建应用生态体系。二是支持行业组

织、企业、教育和科研机构、公共文化机构、有关专业机构等在生成式人工智能技术创新、数据资源建设、转化应用、风险防范等方面开展协作。三是鼓励生成式人工智能算法、框架、芯片及配套软件平台等基础技术的自主创新，平等互利开展国际交流与合作，参与生成式人工智能相关国际规则制定。四是提出推动生成式人工智能基础设施和公共训练数据资源平台建设，促进算力资源协同共享，提升算力资源利用效能；推动公共数据分类分级有序开放，扩展高质量的公共训练数据资源；鼓励采用安全可信的芯片、软件、工具、算力和数据资源。《办法》明确生成式人工智能服务提供者应当依法开展预训练、优化训练等训练数据处理活动，使用具有合法来源的数据和基础模型；涉及知识产权的，不得侵害他人依法享有的知识产权；涉及个人信息的，应当取得个人同意或者符合法律、行政法规规定的其他情形；采取有效措施提高训练数据质量，增强训练数据的真实性、准确性、客观性、多样性。此外，《办法》明确了数据标注的相关要求。

（二）美国建立促进技术创新兼顾风险管控的政策体系

2023年，美国政府有关部门、机构陆续出台一系列人工智能治理政策和技术标准，目的是在安全、可靠和值得信赖的人工智能创新方面维护其全球领先地位，以最大程度把握人工智能时代机遇，同时有效降低风险。总体而言，美国的人工智能治理重点在于如何让现有法律适用于人工智能技术，确保人工智能创新发展，而非通过和应用新的、专门针对人工智能的法律。[1]

1月，美国国家标准与技术研究院（National Institute of Standards and Technology，NIST）发布了第一版人工智能风险管理框架（Artificial Intelligence Risk Management Framework，AI RMF），其目标是帮助设计、开发、部署或使用人工智能系统的组织提高人工智能风险管理能力，并促进人工智能系统的可信度和负责任的开发、使用。AI RMF虽然只是一个自愿性的技术框架，但NIST此前已与人工智能学界和产业界进行了充分讨论，因此其指导意义获得业界公认。

---

[1] "US federal AI governance: Laws, policies and strategies", https://iapp.org/resources/article/us-federal-ai-governance/，访问时间：2024年4月2日。

2月，拜登总统签署了《关于通过联邦政府进一步促进种族平等和支持服务不足社区的行政命令》，以"指示联邦机构在设计和使用包括人工智能在内的新技术时要消除偏见，并保护公众免受算法歧视"。

5月，拜登政府采取了一系列新措施，以确保政府在降低人工智能风险与利用人工智能机遇方面发挥表率作用。例如，美国白宫科学和技术政策办公室（Office of Science and Technology Policy，OSTP）发布了修订后的《国家人工智能研发战略计划》（The National Artificial Intelligence R&D Strategic Plan），旨在促进"协调和集中联邦研发投资"。该计划是对2016、2019年版《国家人工智能研发战略计划》的更新，重申了之前的八项战略目标，并对各战略的具体优先事项进行调整和完善，同时增加了新的第九项战略以强调国际合作。OSTP还发布了一份信息征询书，围绕"减轻人工智能风险，保护个人权利和安全，利用人工智能改善生活"征求公众意见。美国国家科学基金会（National Science Foundation，NSF）宣布提供1.4亿美元的资金，用于启动七个新的国家人工智能研究所；包括Anthropic、谷歌、抱抱脸（Hugging Face）、微软、英伟达（NVIDIA）、开放人工智能和稳定性人工智能（Stability AI）在内的领先人工智能开发商，将承诺参与人工智能系统的公开评估。美国白宫管理和预算办公室（Office of Management and Budget，OMB）宣布，将发布美国政府使用人工智能系统的政策指南草案，以征询公众意见。[1]

10月30日，拜登总统签署了第14110号行政命令，也称为《关于安全、可靠和值得信赖的人工智能开发和使用的行政命令》（Executive Order on the Safe, Secure and Trustworthy Development and Use of Artificial Intelligence）[2]，旨在降低人工智能在使用过程中的各种风险，促进安全、负责地管理人工智能的开发和使用。该命令围绕为人工智能安全制定新标准，保护隐私，促进公

---

[1] "FACT SHEET: Biden-Harris Administration Announces New Actions to Promote Responsible AI Innovation that Protects Americans' Rights and Safety", https://www.whitehouse.gov/ostp/news-updates/2023/05/04/fact-sheet-biden-harris-administration-announces-new-actions-to-promote-responsible-ai-innovation-that-protects-americans-rights-and-safety/，访问时间：2024年2月26日。

[2] "Executive Order on the Safe, Secure, and Trustworthy Development and Use of Artificial Intelligence", https://www.whitehouse.gov/briefing-room/presidential-actions/2023/10/30/executive-order-on-the-safe-secure-and-trustworthy-development-and-use-of-artificial-intelligence/，访问时间：2024年10月25日。

平和公民权利，维护消费者、患者和学生的权利，支持劳动者，促进创新和竞争，提升美国在人工智能技术方面的领导地位等领域展开。命令要求50多个联邦机构执行100多项具体任务，并成立了一个由28个联邦部门和机构负责人组成的白宫人工智能委员会，以协调其实施。命令发布后，管理和预算办公室随后发布了一份关于推进机构使用人工智能的治理、创新和风险管理的公众意见备忘录[1]，指示联邦部门和机构指定一名首席人工智能官，制定本部门或机构的人工智能战略。

（三）欧盟人工智能立法取得积极进展

4月28日，欧洲议会就《人工智能法案》草案达成临时政治协议，要求部署生成式人工智能工具（ChatGPT等）的公司披露其用于开发系统的受版权保护的材料。6月14日，欧洲议会投票通过《人工智能法案》草案。该草案侧重对人工智能系统的具体利用及其相关风险做出规定，旨在对任何使用人工智能系统的产品或服务进行管理。《人工智能法案》在2021年4月由欧盟委员会首次提出，本次修改后的法案内容主要包括以下五方面：一是扩展了禁止清单，例如限制远程生物特征识别系统的应用、禁止使用敏感或受保护特征的生物识别分类系统等；二是更新高风险人工智能名单，包括生物识别应用的关键用例、执法领域的具体用例、关键数字基础设施领域供应管理和运行的人工智能系统、影响选举结果的人工智能系统等；三是进一步明确了人工智能系统提供商义务，包括评估和减轻人工智能系统的风险与影响、向国家主管当局提交技术文件和使用说明、遵守透明度要求等；四是促进人工智能创新和中小企业发展，包括增加对开源许可下开展的研究活动，以及豁免"为学术目的制作的人工智能模型不受其约束"、加快监管沙盒建立等；五是加强保障措施，包括维护公民对人工智能系统提出投诉的权利、改革欧盟人工智能办公室等。

无论是早期发起的人工智能伦理讨论，还是通过立法推进规则制定，欧盟在人工智能监管领域的行动在全球较为领先。2023年，欧盟及成员国派出多名

---

1 "OMB Releases Implementation Guidance Following President Biden's Executive Order on Artificial Intelligence", https://www.whitehouse.gov/omb/briefing-room/2023/11/01/omb-releases-implementation-guidance-following-president-bidens-executive-order-on-artificial-intelligence/，访问时间：2024年4月2日。

官员与印度、日本、韩国、新加坡和菲律宾等至少10个亚洲国家就人工智能监管问题进行商谈，希望说服亚洲国家"承认欧盟在人工智能监管领域的领先地位"，使欧盟《人工智能法案》成为人工智能监管领域的全球标准。此外，欧盟希望其监管规则成为"黄金标准"，希望科技巨头采纳欧盟的新规则作为其全球运营框架。[1]

（四）英国建立人工智能算法框架

3月29日，英国科学、创新和技术部（DSIT）发布了《人工智能白皮书》[2]，旨在将英国打造为"人工智能超级大国"。该战略兼顾"监管"与"创新"，为识别和应对人工智能风险提供了框架。英国针对人工智能领域的监管框架基于五个关键原则。（1）安全、保障和稳健性：人工智能系统应该在整个生命周期中以稳健、可靠和安全的方式运行。（2）适当的透明度和"可解释性"：人工智能系统应该得到适当的解释，具备足够的透明度。（3）公平：人工智能系统不应损害个人或组织的合法权利，不应歧视个人或造成不公平的市场结果。（4）问责制和治理：人工智能系统应该得到有效监督，并建立明确的问责制。（5）可竞争性和补救：应当有明确的途径对可能产生有害结果的人工智能决定提出异议。据白皮书，英国政府将避免可能扼杀创新的严厉立法，并采取适应性强的方法监管人工智能。在之后12个月内，监管机构将向相关组织发布实用指南，以及风险评估模板等工具和资源，以规定其如何实施这些原则。

（五）主要国家和地区人工智能治理政策对比

从美国、欧盟、英国、中国等国家和地区的相关政策文件来看，尽管在治理理念等方面有所不同，但总体上看各国和地区都十分注重人工智能发展的稳健性、安全性、非歧视性、透明度、可解释性和数据隐私等。主要国家和地区人工智能治理政策对比如表1所示。

---

1 "欧盟谋求AI监管领域主导权"，http://paper.people.com.cn/rmrbhwb/html/2023-07/29/content_26008333.htm，访问时间：2023年11月2日。

2 "A pro-innovation approach to AI regulation"，https://assets.publishing.service.gov.uk/media/64cb71a547915a00142a91c4/a-pro-innovation-approach-to-ai-regulation-amended-web-ready.pdf，访问时间：2024年4月2日。

表1 美国、英国、欧盟、中国主要人工智能治理政策对比

类别	美国	欧盟	英国	中国
治理理念	推进"值得信赖的人工智能",虽然其意识到人工智能带来的安全挑战,但并未像欧盟一样全面立法,而是重点关注算法歧视引发的公平问题与数据隐私安全保护这两个风险点,以求在维护公平和保护隐私的同时,保持本国人工智能技术的竞争力	推进"值得信赖的人工智能",对人工智能进行更为广泛和全面的监管,以保障个人权利	根据人工智能在特定应用中可能产生的结果进行监管;未对整个行业或针对技术建立规则或风险级别	发展"负责任的人工智能",对人工智能三要素——数据、算法、算力做出统筹性的制度设计
治理框架	强调"创新优先",采取"软规则"路径,呈现"双网格"式的多头、分散治理特征,各联邦部门出台自己的政策措施,各州独立立法	主张"法律先行",强调"一个大陆,一部法律"	强调"创新优先",与美国更加一致;治理方式很大程度上依赖于政府、监管机构、社会公众三方的合作努力	在"促发展"与"重伦理、重安全"之间兼顾平衡
治理原则	提出"公众信任、公众参与、科学性、风险评估、灵活监管、监管收益与成本、公平和非歧视、透明性、安全可靠、协调发展"等十项人工智能治理原则,以及"负责任、公平性、可溯源、可靠性、可治理性"等五项人工智能伦理规则;率先将算法作为直接规制对象,采取外部问责和行政监管并重的方式,践行"透明性、可解释性、公平性、稳健合理性、问责机制"等算法治理原则	从2015年起就开始积极探索人工智能伦理规范与治理举措,从"人的能动性和监督能力、安全性、隐私数据管理、透明度、包容性、社会福祉、问责机制"7个方面确保人工智能足够安全可靠;将人工智能系统分为"不可接受、高、有限、极小"四个风险等级,并针对不同级别实施不同程度的规制,从而构建起以风险为基础的四级治理体系	基于经济合作与发展组织(OECD)的人工智能治理原则,提出"安全、保障和稳健性,适当的透明度和可解释性,公平、问责制和治理,竞争性和补救性"等五个关键原则	遵循"和谐友好、公平公正、包容共享、尊重隐私、安全可控、共担责任、开放协作、敏捷治理"的原则,同时满足"增进人类福祉、促进公平公正、保护隐私安全、确保可控可信、强化责任担当、提升伦理素养"等六项基本伦理要求

续表

类别	美国	欧盟	英国	中国
具体领域治理示意	国家标准与技术研究院（NIST）启动人工智能人脸识别供应商测试，为人脸识别软件市场提供公平性信息；联邦贸易委员会（Federal Trade Commission, FTC）对X平台将账号安全数据用于定向广告进行处罚	在很多应用领域都制定了相关治理措施，例如，《数字服务法》（Digital Service Act, DSA）为社交媒体领域应用人工智能系统制定了透明度要求，限制数字市场中的自我偏好算法，对远程面部识别和生物识别进行限制	将主要在医疗保健和执法等领域，执行可能与人工智能开发和部署相关的现有法律	对利用生成式人工智能技术向境内公众提供生成文本、图片、音频、视频等内容的服务做了规定

三、国际组织及机制关注人工智能国际治理

随着人工智能技术的飞速发展和应用，国际组织及机制对其国际治理的关注也在不断加强。联合国、国际电信联盟（ITU）等组织均举办人工智能治理相关大会。国际组织及机制关注的优先事项包括全球合作与协调、风险识别与管理、伦理和透明度以及技术发展与安全的平衡等。相关组织和机制共同制定国际规范与监管标准，确保人工智能的健康、可持续发展，并最大限度地发挥其积极作用。

（一）联合国安理会首次就人工智能问题举行会议

7月18日，联合国安理会举行主题为"人工智能给国际和平与安全带来的机遇与风险"高级别公开会。这是安理会首次就人工智能问题举行会议，联合国秘书长古特雷斯、人工智能初创公司Anthropic联合创始人杰克·克拉克（Jack Clark）、中国科学院自动化研究所研究员曾毅做通报。古特雷斯指出，人工智能正在多领域发挥作用，但也可能被怀有恶意的人使用，包括将其用于恐怖主义、煽动仇恨和暴力等。他对建立一个新的联合国机构的呼吁表示欢迎，称这将有助于最大化发挥人工智能的作用并更好地管理风险。曾毅表示，推进人工

智能在和平与安全领域的善用、善治，事关人类未来。中国常驻联合国代表张军提出，人工智能的复杂效应不断显现，既产生巨大的技术红利，也引发越来越多的担忧，凸显了构建人类命运共同体的重要性、必要性、紧迫性。张军表示，人工智能作为"双刃剑"，它是好是坏、是善是恶，取决于人类如何利用，如何规范，如何统筹科学、发展与安全。国际社会应秉持真正的多边主义精神，开展广泛对话，不断凝聚共识，探讨制定人工智能治理的指导性原则。中国支持联合国在此方面发挥中心协调作用，支持古特雷斯秘书长召集各方深入讨论，支持各国特别是发展中国家充分参与、做出贡献。张军提出了关于人工智能治理的五条原则：一是坚持伦理先行，二是坚持安全可控，三是坚持公平普惠，四是坚持开放包容，五是坚持和平利用。张军表示，要逐步建立并完善人工智能伦理规范、法律法规和政策体系；要强化风险意识，建立有效的风险预警和应对机制，确保不发生超出人类掌控的风险，确保不出现机器自主杀人，确保在关键时刻人类有能力摁下停止键。中方五条原则得到了与会各方的广泛认可和积极响应。这些原则不仅为各国在人工智能治理方面提供了重要的参考和指导，也为推动全球人工智能技术的健康、可持续发展奠定坚实基础。

联合国安理会首次就人工智能问题举办会议，反映出国际社会对于人工智能技术的快速发展和广泛应用所带来的机遇与挑战的深切关注。这次会议的召开，不仅有助于加强各国在人工智能领域的合作与交流，推动形成更加全面、深入的人工智能治理体系，同时也能够引导国际社会更加理性、负责任地看待和应用人工智能技术。

（二）联合国秘书长支持设立人工智能国际监管机构

6月12日，联合国秘书长古特雷斯明确表达了对设立人工智能国际监管机构的支持。他认为，随着人工智能技术的迅猛发展和广泛应用，国际社会迫切需要建立一个专门的机构来监管和指导这一领域的发展。古特雷斯表示，人工智能的潜力巨大，但同时也带来了一系列风险和挑战，如数据隐私泄露、算法偏见、滥用和误用等问题。这些问题不仅涉及技术层面，更涉及伦理、法律和国际安全等多个方面。因此，建立一个国际性的监管机构对于确保人工智能的健康发展至关重要。该监管机构将负责制定和执行相关的国际标准与规范，确保人工智能技术的研发和应用符合伦理及法律要求。它将与各国政府、企业和研究机构密切合作，共同推动人工智能技术的创新和发展，同时防范潜在的风险和威胁。古特雷斯强调，这一监管机构的建立需要得到各国政府的支持和合作。他呼吁各国加强在人工智能领域的对话和协调，共同推动国际监管机制的建立和完善。

联合国秘书长的表态体现了国际社会对人工智能监管问题的重视和关注。随着人工智能技术的不断发展，建立一个有效的国际监管机构将有助于确保技术的健康、安全和可持续发展。

（三）联合国设立人工智能高级别咨询小组并发布中期报告

10月26日，联合国秘书长古特雷斯宣布设立人工智能高级别咨询小组。这一举措旨在推动更为包容、协调的全球人工智能治理进程，以利用人工智能造福人类，同时妥善应对其风险和不确定性。该机构汇集了来自各国政府、私营部门和民间组织的32名专家，中国科学院自动化研究所研究员曾毅和中国政法大学数据法治研究院教授张凌寒作为中方专家入选。该机构于12月底发布中期报告《为人类治理人工智能》（Governing AI for Humanity），提出组建人工智能国际监管机构应遵循以下原则：包容性，维护公共利益，以数据治理为中心，普遍性、网络化和多利益攸关方模式，符合国际法。报告认为，各国应通过执行风险扫描，支持数据、计算能力和人才方面国际合作等七项关键职能来加强人工智能国际治理，以实现联合国可持续发展目标。此外，报告还提出加强问责制、确保各国公平发言权等建议。根据该机构工作计划，最终报告将于2024年联合国未来峰会召开前发布。

（四）国际电信联盟召开人工智能全球峰会

7月6日，国际电信联盟在日内瓦召开2023年"人工智能惠及人类"全球峰会，来自世界各地的2500余人现场参会，上万人在线参会。[1] 此次峰会主要针对安全和负责任的人工智能所需防范措施，以及全球人工智能治理框架发展等议题

---

1 "AI for Good Global Summit", https://aiforgood.itu.int/summit23/，访问时间：2024年3月2日。

展开讨论。峰会上提出了各种与人工智能未来相关的想法，其中包括生成式人工智能全球治理、人工智能应用程序的注册管理、授权专业组织应对人工智能带来的挑战。会上明确，由国际电信联盟和联合国教科文组织牵头的联合国人工智能小组，推进制定短期、中期和长期路线图。国际电信联盟及与会各方强调了生成式人工智能带来的紧迫挑战，讨论了建立全球人工智能治理框架的必要性。

（五）金砖国家机制启动人工智能研究组

8月23日，金砖国家领导人第十五次会晤在约翰内斯堡杉藤会议中心举行。中国国家主席习近平在会晤上发表讲话时指出，金砖国家要坚持和平发展的大方向，巩固金砖国家战略伙伴关系；人工智能是人类发展新领域，金砖国家已经同意尽快启动人工智能研究组工作；要充分发挥研究组作用，进一步拓展人工智能合作，加强信息交流和技术合作，共同做好风险防范，形成具有广泛共识的人工智能治理框架和标准规范，不断提升人工智能技术的安全性、可靠性、可控性、公平性。

（六）七国集团同意启动"广岛人工智能进程"

5月，七国集团（G7）在日本广岛举行峰会，宣布启动"广岛人工智能进程"（Hiroshima AI Process），并将其作为协调、制定人工智能监管国际规则的平台。峰会上，各方都认识到生成式人工智能对促进经济和技术发展以及解决气候变化等全球性问题带来的重大机遇，但同时强调"广岛人工智能进程"应侧重于"负责任"地使用人工智能技术，尤其在应对生成式人工智能可能导致的侵犯版权、侵犯人权和隐私保护、危害网络和数据安全、虚假信息和认知操纵以及大模型的扩散等问题上，七国集团成员试图建立一个可互操作的治理框架，从而抵消全球技术治理中的碎片化挑战。在具体的监管路径方面，目前七国集团成员内部大致仍有两派意见。其中一派支持"硬法范式"，以欧盟的《人工智能法案》为代表，实行严格的风险分级监管，并强调与治理、透明度和安全相关的责任及义务。另一派则支持"软法范式"，即将非约束性的指导原则和规范置于全面监管之上。其中，美国主张主要依靠人工智能开发者的自愿承诺；英国主张技术创新优先；日本同样支持"软法范式"并与其国内人工智能治理范式保持一致。

（七）世界互联网大会设立人工智能工作组并发布研究报告

8月30日，世界互联网大会（WIC）人工智能工作组启动会在北京举行，来自人工智能领域的全球知名企业、专家学者等近40位工作组成员参会，就工作组工作目标、拟发布的生成式人工智能研究报告框架等进行了深入交流与讨论。世界互联网大会人工智能工作组的成立恰逢其时，对于凝聚产业界力量、促进人工智能安全可信发展、促进全球共同应对风险挑战、协同发展与治理将发挥重要作用。世界互联网大会人工智能工作组编写了《发展负责任的生成式人工智能研究报告及共识文件》，提出正确认识生成式人工智能所蕴含的巨大潜力和可能风险，遵循统筹发展和安全、平衡创新与伦理、均衡效益与风险的理念，推动生成式人工智能负责任地发展。一方面，应积极推动创新、可持续、包容开放的发展，提升生成式人工智能算力高效、数据高质、算法创新、人才多元、生态开放的能力；另一方面，以高度负责任的态度发展可靠可控、透明可释、数据保护、多元包容、明确责任、价值对齐的生成式人工智能。

四、人工智能治理国际合作逐步推进

目前，各国在人工智能治理方面的法律法规、监管机构和政策执行力度等方面存在差异，在制定国际性的治理规范、标准和政策方面缺乏统一的标准，并且由于人工智能政策与地缘政治、经济竞争等因素紧密交织，全球范围内尚未形成完善的人工智能治理体系，人工智能治理国际合作尚处于初级阶段。全球主要国家和地区积极探索人工智能治理路径，进一步平衡竞争与合作发展态势，以在新一轮科技革命中占据主动权。

（一）中国发起全球人工智能治理倡议

10月，中国在第三届"一带一路"国际合作高峰论坛上发布了《全球人工智能治理倡议》。倡议坚持以人为本、智能向善，推动全球人工智能健康有序安全发展，建立开放、公正、有效的人工智能全球治理机制。当前，人工智能全球治理正面临伪多边主义的挑战，少数国家不惜抬高人工智能全球产业链风险制造"脱钩断链"，打造对抗对立却利己的国际治理机制。对此，倡议旗帜鲜明地反对以意识形态划线或构建排他性集团，反对利用技术垄断或单边强制措施制造发展壁垒。倡议围绕人工智能发展、安全、治理三方面系统阐述了人工智能治理的中国方案，就各方普遍关切的人工智能发展与治理问题提出了建设性解决思路，为相关国际讨论和规则制定提供了蓝本，是中方积极践行人类命运共同体理念，落实全球发展倡议、全球安全倡议、全球文明倡议的具体行动。此外，近年来中国积极推动联合国教科文组织制定《人工智能伦理问题建议书》的进程，全程参与联合国《特定常规武器公约》关于治理致命性自主武器的多轮国际磋商，支持联合国高级别人工智能咨询机构的建设工作。

延伸阅读

《全球人工智能治理倡议》[1]

人工智能是人类发展新领域。当前，全球人工智能技术快速发展，对经济社会发展和人类文明进步产生深远影响，给世界带来巨大机遇。与此同时，人工智能技术也带来难以预知的各种风险和复杂挑战。人工智能治理攸关全人类命运，是世界各国面临的共同课题。

在世界和平与发展面临多元挑战的背景下，各国应秉持共同、综合、合作、可持续的安全观，坚持发展和安全并重的原则，通过对话与合作凝聚共识，构建开放、公正、有效的治理机制，促进人工智能技术造福于人类，推动构建人类命运共同体。

我们重申，各国应在人工智能治理中加强信息交流和技术合作，共同做好风险防范，形成具有广泛共识的人工智能治理框架和标准规

---

[1]《全球人工智能治理倡议》，https://www.mfa.gov.cn/wjb_673085/zzjg_673183/jks_674633/fywj_674643/202310/t20231020_11164831.shtml，访问时间：2024年5月16日。

范，不断提升人工智能技术的安全性、可靠性、可控性、公平性。我们欢迎各国政府、国际组织、企业、科研院校、民间机构和公民个人等各主体秉持共商共建共享的理念，协力共同促进人工智能治理。

为此，我们倡议：

——发展人工智能应坚持"以人为本"理念，以增进人类共同福祉为目标，以保障社会安全、尊重人类权益为前提，确保人工智能始终朝着有利于人类文明进步的方向发展。积极支持以人工智能助力可持续发展，应对气候变化、生物多样性保护等全球性挑战。

——面向他国提供人工智能产品和服务时，应尊重他国主权，严格遵守他国法律，接受他国法律管辖。反对利用人工智能技术优势操纵舆论、传播虚假信息，干涉他国内政、社会制度及社会秩序，危害他国主权。

——发展人工智能应坚持"智能向善"的宗旨，遵守适用的国际法，符合和平、发展、公平、正义、民主、自由的全人类共同价值，共同防范和打击恐怖主义、极端势力和跨国有组织犯罪集团对人工智能技术的恶用滥用。各国尤其是大国对在军事领域研发和使用人工智能技术应该采取慎重负责的态度。

——发展人工智能应坚持相互尊重、平等互利的原则，各国无论大小、强弱，无论社会制度如何，都有平等发展和利用人工智能的权利。鼓励全球共同推动人工智能健康发展，共享人工智能知识成果，开源人工智能技术。反对以意识形态划线或构建排他性集团，恶意阻挠他国人工智能发展。反对利用技术垄断和单边强制措施制造发展壁垒，恶意阻断全球人工智能供应链。

——推动建立风险等级测试评估体系，实施敏捷治理，分类分级管理，快速有效响应。研发主体不断提高人工智能可解释性和可预测性，提升数据真实性和准确性，确保人工智能始终处于人类控制之下，打造可审核、可监督、可追溯、可信赖的人工智能技术。

——逐步建立健全法律和规章制度，保障人工智能研发和应用中的个人隐私与数据安全，反对窃取、篡改、泄露和其他非法收集利用

——坚持公平性和非歧视性原则，避免在数据获取、算法设计、技术开发、产品研发与应用过程中，产生针对不同或特定民族、信仰、国别、性别等偏见和歧视。

——坚持伦理先行，建立并完善人工智能伦理准则、规范及问责机制，形成人工智能伦理指南，建立科技伦理审查和监管制度，明确人工智能相关主体的责任和权力边界，充分尊重并保障各群体合法权益，及时回应国内和国际相关伦理关切。

——坚持广泛参与、协商一致、循序渐进的原则，密切跟踪技术发展形势，开展风险评估和政策沟通，分享最佳操作实践。在此基础上，通过对话与合作，在充分尊重各国政策和实践差异性基础上，推动多利益攸关方积极参与，在国际人工智能治理领域形成广泛共识。

——积极发展用于人工智能治理的相关技术开发与应用，支持以人工智能技术防范人工智能风险，提高人工智能治理的技术能力。

——增强发展中国家在人工智能全球治理中的代表性和发言权，确保各国人工智能发展与治理的权利平等、机会平等、规则平等，开展面向发展中国家的国际合作与援助，不断弥合智能鸿沟和治理能力差距。积极支持在联合国框架下讨论成立国际人工智能治理机构，协调国际人工智能发展、安全与治理重大问题。

（二）美国呼吁制定人工智能军事化应用的行为规范

2月，美国在荷兰海牙举行的"军事领域负责任使用人工智能峰会"上首次发布《关于在军事上负责任地使用人工智能和自主技术的政治宣言》（以下简称《宣言》）。截至2023年11月13日，澳大利亚、英国、加拿大、芬兰、法国、德国、日本、荷兰、新加坡等45个国家和地区表态支持。[1] 美国宣称，《宣言》可

---

[1] "Political Declaration on Responsible Military Use of Artificial Intelligence and Autonomy", https://www.state.gov/political-declaration-on-responsible-military-use-of-artificial-intelligence-and-autonomy-3/，访问时间：2024年5月16日。

以作为国际社会确保在军事上负责任地使用人工智能和自主性技术必需的原则与基础。这表明，美国试图通过与其他利益攸关方合作并达成共识，牵头建立人工智能军事化应用的国际规范，从而维持在该领域的领导权和话语权。

延伸阅读

《关于在军事上负责任地使用人工智能和自主技术的政治宣言》内容简介

《宣言》包含10项具体措施，包括采取负责任的基本原则、强化法律审查、强化国际人道法实施、减少人工智能意外偏见、保持适当谨慎态度、采取透明且可审计的方法、为使用人员提供培训、明确军事人工智能具体用途、减少失败风险。《宣言》支持国将在开发、部署或使用军事人工智能以及那些能够实现自主功能和系统的能力时，执行这些措施；公开其对《宣言》的承诺，并发布有关其实施这些措施的适当信息；支持其他相关工作，以确保负责任和合法地使用人工智能军事能力；在支持国之间继续讨论如何负责任和合法地开发、部署和使用人工智能军事能力；促进这些措施的有效实施，并完善这些措施或制定支持国认为适当的其他措施；进一步促使国际社会其他成员支持并推广这些措施。截至2023年11月13日，除美国外，已有45个国家和地区对《宣言》表示支持，包括阿尔巴尼亚、亚美尼亚、澳大利亚、奥地利、比利时、保加利亚、加拿大、克罗地亚、塞浦路斯、捷克、丹麦、爱沙尼亚、芬兰、法国、格鲁吉亚、德国、希腊、匈牙利、冰岛、爱尔兰、意大利、日本、科索沃、拉脱维亚、利比里亚、利比亚、立陶宛、卢森堡、马拉维、马耳他、黑山、摩洛哥、荷兰、北马其顿、葡萄牙、罗马尼亚、圣马力诺、新加坡、斯洛伐克、斯洛文尼亚、西班牙、韩国、瑞典、土耳其和英国。

（三）全球共建可信人工智能的安全治理框架

11月1日，首届全球人工智能安全峰会在英国布莱切利庄园举行，中国、美国等28个国家和欧盟的政府代表，以及马斯克、开放人工智能创始人兼CEO奥尔特曼等科技界人士与会。[1] 与会国签署《布莱切利宣言》（Bletchley Declaration）[2]，同意通过国际合作建立人工智能监管方法。与会国一致认为，人工智能已经应用在日常生活的许多领域，在为人类带来巨大机遇的同时，还在网络安全、生物技术等关键领域带来重大风险。宣言提出，"人工智能模型最重要的功能，可能会有意或无意地造成严重甚至灾难性的伤害"，"鉴于人工智能发展快速，并且未来发展具有不确定性，以及当前技术投资不断加速等因素，加快对潜在风险的理解和应对显得尤为紧迫"。与会国强调，为应对人工智能带来的挑战，各国应通过合作识别和防范相关风险。据悉，全球人工智能安全峰会预计将每半年举办一次，继英国主办后，接下来将分别由韩国和法国在2024年4月和2024年底主办。

延伸阅读

《布莱切利宣言》内容简介

11月1日，在英国全球人工智能安全峰会上，中国、美国等28个国家和欧盟的政府代表共同签署了《布莱切利宣言》。这是首个涉及全球人工智能合作的国际声明，旨在促进人工智能在全球范围内的健康发展及应用。宣言的签署标志着全球人工智能治理新时代的开始。宣言详细阐述了各国在人工智能发展方面的共同目标。首先，提高全球数据安全水平被视为重中之重。通过共享信息、研发技术以及联合制定政策等手段，各国可以增强自身的数据保护能力。其次，宣言还强调了数据保护对于促进人权、社会稳定以及经济发展的重要性。该宣言明确指出了人工智能对人类社会的巨大机遇，但人工智能需要通

---

[1] "首届全球人工智能安全峰会召开，人们未来真像马斯克说的'不用工作'？"，https://www.chinanews.com.cn/gj/2023/11-03/10105500.shtml，访问时间：2024年5月16日。

[2] "The Bletchley Declaration by Countries Attending the AI Safety Summit, 1-2 November 2023"，https://www.gov.uk/government/publications/ai-safety-summit-2023-the-bletchley-declaration/the-bletchley-declaration-by-countries-attending-the-ai-safety-summit-1-2-november-2023，访问时间：2024年5月16日。

过以人为本、可信赖、负责任的方式设计和使用来造福全人类。宣言特别指出了前沿人工智能可能带来的风险，例如，ChatGPT、Bard、Midjourney等大语言模型以及其他"超能力"的狭义人工智能。这类系统的能力难以预测，可能被误用或失控。所以，宣言呼吁国际社会通力合作，在现有的国际论坛下制定政策和法规，旨在提升透明度、明确问责制，并加强对这类前沿人工智能的科学研究与风险评估，以安全、健康、可靠的方式发展和应用人工智能。

中国在此次历史性聚会中也发挥了重要作用。作为世界上最大的人工智能市场之一，中国的参与体现出对于数据安全及隐私权保护的高度重视，为全球人工智能发展注入了新的动力。

第三章　数据治理规则与数据跨境流动

数据作为数字经济时代的关键生产要素，已成为影响未来发展的关键战略性资源。中国、美国、欧盟、英国、印度等国积极推进数据开发利用和数据保护，完善数据治理法规体系，开展数据执法行动，以确保数据安全、合规和有效利用。数据领域国际合作与治理加速推进，主要经济体的数据跨境流动政策及合作框架日渐成型，促进数据资源利用和安全保护。人工智能领域的数据问题引发各方的关注，面对数据鸿沟及治理赤字，以联合国为代表的国际组织提出治理建议。与此同时，美国持续泛化国家安全，对数据实施严格审查和限制，以"数据安全"为名打压个别企业，遭到各方质疑和反对。

一、以联合国为代表的国际组织就国际数据治理提出理念方案

以联合国代表的国际组织及机制积极提出理念方案，促进全球范围内的数据治理合作和规范化，确保数据资源的公平利用和安全保护。联合国通过《全球数字契约》等政策框架，呼吁各国加强合作，共同解决数据鸿沟、创新鸿沟等问题，推动数字技能教育，促进数据共享，并维护网络安全和个人隐私。世界互联网大会（WIC）通过设立数据工作组，致力于促进全球范围内的数据领域国际交流与合作，探讨共同应对全球数字经济发展挑战的方案。

（一）联合国提出全球数据治理建议

2023年5月，联合国秘书长发布《全球数字契约》（以下简称《契约》）政策简报。[1] 简报分析了当前数字技术发展进程中带来的紧迫问题，主要涵盖数据鸿沟、创新鸿沟以及数据治理能力等的巨大差距。其中，数据鸿沟体现在对

---

1 《全球数字契约——为所有人创造开放、自由、安全的数字未来》，https://www.un.org/sites/un2.un.org/files/our-common-agenda-policy-brief-gobal-digi-compact-zh.pdf，访问时间：2024年4月6日。

数据产生价值的分配中。数据作为新型生产要素，在加工与处理过程中产生巨大的价值和效益，而其创造出的大部分价值往往被少数主体吸收，作为原始数据提供者的大量发展中国家仍要为依托数据而产生的服务或产品付费，不平等现象逐渐加剧。为此，联合国将缩小数据鸿沟列入《契约》的愿景及目标之中。

为使所有人均可享有从数据中获益的公平机会，联合国提出了一系列全球数据治理方案。在简报中，鼓励会员、利益相关方和多边组织共同采取行动，为弱势群体创造负担得起的接入互联网的机会。同时，联合国建议加强数字技能培训，培养人们的数据使用能力，从而使人们能充分参与到数字经济中。除此之外，联合国在简报中提出，未来要推动数据保护和赋权，呼吁会员国及国际组织制定个人数据和隐私的保护框架、数据权利宣言等，提议由多利益相关方推动制定"全球数据契约"，供会员国审议通过。[1]

2023年5月4日，联合国系统行政首长协调理事会（Chief Executives Board for Coordination，CEB）发布了《国际数据治理：进展的路径》（International Data Governance: Pathways to Progress）报告。[2] 报告由理事会高级别程序委员会（High-Level Committee on Programmes，HLCP）的国际数据治理工作组起草。该工作组由联合国毒品和犯罪办公室及世界卫生组织共同领导，成员来自联合国系统首席统计学家委员会、数据和数字技术方面的政策人员与专家等。报告梳理了当前全球数据治理的进程、困境以及愿景，旨在为各方推进全球数据治理提供参考。

报告指出，目前数据治理监管框架趋于碎片化。同时，由于数据集中化与本地化、公益数据归私营部门所有，以及数据驱动技术快速发展，使不受监管数据的使用范围扩大，成为数据治理的阻碍因素。报告强调联合国在全球数据治理中能发挥关键作用，如协调各国数据治理政策、搭建数据合作交流平台等。报告提出渐进式建立多边数据治理方法的三个阶段：从全球性数据治理的原则宣言到数据契约，再到有约束性的数据条约。2023年《联合国打击网络犯

---

[1] 详见本书第一章"联合国框架下网络空间全球治理进程"，第15—16页。
[2] "International Data Governance–Pathways to Progress"，https://unsceb.org/international-data-governance-pathways-progress，访问时间：2023年12月11日。

罪公约》的谈判也取得了新的进展。[1]谈判会议围绕网络犯罪的定性问题进行讨论，针对数据保护、网络安全等数据治理问题做出规定。[2]

联合国主办的论坛亦将全球数据治理纳入主要议程，特别是关注人工智能治理中的数据问题。2023年10月，在第十八届联合国互联网治理论坛（IGF）[3]上，来自中国、日本、印度、芬兰等国家和地区的专家学者围绕人工智能治理中的数据问题展开讨论。[4]IGF领导小组发布名为《我们想要的互联网》愿景文件，呼吁全球利益相关方应释放数据的发展价值，推动基于信任的数据自由流动，同时确保数据和隐私保护，以促进全球数字经济发展。12月，联合国贸易和发展会议（United Nations Conference on Trade and Development，UNCTAD）举办"电子周"（eWeek）活动，并发布总结报告《关于数字经济未来的日内瓦愿景》（The Geneva Vision on the Future of the Digital Economy）。活动重点关注数据跨境流动议题，强调对数字基础设施和能力建设的投资，呼吁消除对跨境数据的不合理障碍，同时确保隐私和对数据的保护。[5]

（二）世界互联网大会设立数据工作组

2023年10月24日，世界互联网大会在北京成立数据工作组。[6]近40位来自全球数据领域的专家学者以及知名企业代表参加启动会议，就工作组未来的工作计划以及重点关注议题等展开深入研讨。世界互联网大会的有关负责人表示，数据已成为数字经济时代关键的生产要素和基础性资源。近年来，世界上许多国家和地区陆续出台了数据治理领域的相关规则，多个国际组织也正围绕数据议题展开谈判。在此背景下，推动全球层面的数据治理合作并逐步达成

---

1 "UN Cybercrime Treaty Timeline"，https://www.eff.org/pages/un-cybercrime-treaty-timeline#main-content，访问时间：2024年4月6日。

2 详见本书第一章"联合国框架下网络空间全球治理进程"，第39—41页。

3 详见本书第一章"联合国框架下网络空间全球治理进程"，第41—45页。

4 "18th annual meeting Internet Governance Forum 8–12 October"，https://www.intgovforum.org/en/dashboard/igf-2023，访问时间：2024年4月6日。

5 "The Geneva Vision on the Future of the Digital Economy"，https://unctad.org/system/files/information-document/GenevaVision_OutcomeUNCTADeWeek2023.pdf，访问时间：2024年5月30日。

6 "世界互联网大会成立数据工作组"，https://digital.gmw.cn/2023-10/25/content_36918023.htm，访问时间：2024年5月30日。

基本原则共识显得愈加重要。世界互联网大会数据工作组的成立便是为了充分发挥全球互联网共商、共建、共享平台作用，积极促进数据领域的国际交流合作。与会代表认为，在当前数字贸易、生成式人工智能等快速发展的形势下，积极推动数据合作将促进全球数字经济发展。数据工作组汇聚了政、产、学、研等多方力量进行共研共商，有利于凝聚全球数据合作共识、深化国际合作交流、共享数字经济发展红利。

12月22日，世界互联网大会数据工作组在北京召开第二次会议[1]，讨论了拟撰写的研究报告框架。报告对当前国际数据合作面临的主要挑战进行梳理，并在此基础上明确数据合作的原则与共识，进而拟定数据国际合作生态行动计划。此外，框架中还提到，数据工作组将广泛学习行业优秀经验以及实践案例，围绕政策、技术和治理三个方面收集企业数据跨境合作中遇到的痛难点并寻找相应对策。

二、主要国家和地区完善数据治理体系

主要国家和地区积极完善数据治理体系，规范数据应用，力图释放数据价值。中国政府统筹发展与安全，完善数据安全法律法规。欧盟通过《数据法案》（Data Act），促进数据共享和可移植性，并持续推进数据执法。美国转变数据治理国际合作立场，强化数据管控，并以数据安全为名打压他国企业。

（一）中国统筹数据安全保护和有序发展

2023年，中国持续完善数据安全领域的法制建设，陆续颁布了多项数据法规、安全标准以及办法指南，旨在指导与规范重要数据和个人信息保护以及数据跨境传输等工作，并为各地的数据执法活动提供依据。

国家数据局正式挂牌运行。2023年3月，中共中央、国务院印发《党和国家机构改革方案》，提出组建国家数据局。10月25日，国家数据局正式揭牌。

---

1 "世界互联网大会举行数据工作组第二次工作会议"，https://cn.wicinternet.org/2023-12/24/content_37049975.htm，访问时间：2024年4月29日。

国家数据局负责协调推进数据基础制度建设，统筹数据资源整合共享和开发利用，统筹推进数字中国、数字经济、数字社会规划和建设等，由国家发展和改革委员会管理。12月，国家数据局发布《"数据要素×"三年行动计划（2024—2026年）（征求意见稿）》[1]，旨在通过拓展数据要素应用场景的广度和深度，提升数据要素在经济发展中的乘数效应。该稿在数据要素的场景、供给、流通等领域的规划都更为细化，重点针对提升数据供给水平、优化数据流通环境、加强数据安全保障提出具体要求。

中国完善数据安全保护立法。随着生成式人工智能发展带来的数据安全风险日益凸显，2023年7月10日，中国国家互联网信息办公室等部门发布《生成式人工智能服务管理暂行办法》[2]，不仅提出要推动公共训练数据资源平台建设和公共数据分类分级有序开放，还对生成式人工智能服务提供者应当依法开展预训练、优化训练等训练数据处理活动提出明确的规范。[3]

中国还推动规范中国人民银行业务以及企业数据资源相关会计处理。7月24日，中国人民银行发布《中国人民银行业务领域数据安全管理办法（征求意见稿）》公开征求意见。管理办法主要提出了数据分类分级要求、数据安全保护总体要求，明确压实数据处理活动全流程安全合规底线，细化风险监测、评估审计、事件处置等合规要求，并明确中国人民银行及其分支机构可对数据处理者数据安全保护义务的落实情况开展执法检查，明确数据处理者违反规定时对应的法律责任。[4]

8月1日，中国财政部发布《企业数据资源相关会计处理暂行规定》。暂行规定明确其适用范围和数据资源会计处理适用的准则，以及列示和披露要求；要求企业应当根据重要性原则并结合实际情况增设报表子项目，通过表格方式细化披露，并规定企业可根据实际情况自愿披露数据资源（含未作为无形资产或

---

1 《"数据要素×"三年行动计划（2024—2026年）》，https://www.cac.gov.cn/2024-01/05/c_1706119078060945.htm，访问时间：2024年2月6日。

2 《生成式人工智能服务管理暂行办法》，https://www.miit.gov.cn/gyhxxhb/jgsj/cyzcyfgs/bmgz/xxtxl/art/2023/art_4248f433b62143d8a0222a7db8873822.html，访问时间：2024年4月6日。

3 详见本书第二章"人工智能发展与治理"，第51—52页。

4 《中国人民银行关于〈中国人民银行业务领域数据安全管理办法（征求意见稿）〉公开征求意见的通知》，http://www.pbc.gov.cn/tiaofasi/144941/144979/3941920/4993510/index.html，访问时间：2024年3月2日。

存货确认的数据资源）的应用场景，引导企业主动加强数据资源相关信息披露。[1]

延伸阅读

2023年中国的数据执法活动的主要特点

2023年，中国的数据执法活动呈现出以下三个特点：

第一，执法对象呈现明显的扩散和下沉。以往的数据安全执法行动多集中在大型电信和互联网企业。2023年依据《数据安全法》做出的行政处罚决定也陆续见于物业、商旅、燃气、不动产以及医疗等行业中。

第二，更加注重防范数据出境的安全风险。有关部门调查发现，中国某政府信息系统技术承包商违规将大量的中国公民数据和政务数据置于某互联网平台进行测试，而该平台频繁遭到境外设备远程访问，具有数据泄露风险。最终上海市网信办协同相关部门对涉事公司进行重点整改，同时做出行政处罚。2023年12月，国家安全机关会同有关部门表示，将开展地理信息数据的安全风险专项排查治理工作，以防境外的间谍情报机关利用地理信息系统软件窃密。[2] 中国国家安全机关发现，一些行业领域所使用的境外地理信息系统软件存在擅自搜集并外传地理信息数据的情况，这对中国的数据安全以及国家安全构成了严重威胁，因此必须及时开展相关清查工作以免造成重大安全隐患。

第三是执法方式灵活多样。为了追求数据执法行动有更好的落地效果，多地采取多种形式进行合规指引。例如上海网信办在整治消费领域中侵犯个人信息等乱象时，没有直接做出行政处罚，而是通过自律承诺、典型问题清单等方式引导企业自查自改，从而增强企业对整治工作的理解和配合。

---

[1] "财政部印发《企业数据资源相关会计处理暂行规定》"，https://www.gov.cn/lianbo/bumen/202308/content_6899425.htm，访问时间：2024年3月2日。

[2] "国家安全机关会同有关部门开展地理信息数据安全风险专项排查治理"，http://dsjfzj.gxzf.gov.cn/dtyw/t17598235.shtml，访问时间：2024年4月29日。

（二）欧盟推动数据执法和立法

欧洲数据执法活动依旧频繁。2023年3月15日，欧盟数据保护委员会（European Data Protection Board，EDPB）宣布启动2023年的协调执法行动。[1]欧洲经济区的26个数据保护机构参加这一行动，议题关注"数据保护官员（Data Protection Officer，DPO）的指派和职责"。

2023年5月，EDPB宣布爱尔兰数据保护委员会（Data Protection Commission，DPC）对美国社交媒体脸书（Facebook）母公司Meta处以创纪录的12亿欧元罚款[2]，原因是其在从欧盟向美国进行个人数据传输过程中存在违规行为，使得欧洲用户的数据没有得到充分保护。9月15日，DPC又宣布TikTok对儿童数据处理不当，使儿童可能接触到有风险的内容，因此对其处以3.45亿欧元罚款。[3] 截至2023年9月，爱尔兰已创下《通用数据保护条例》（General Data Protection Regulation，GDPR）罚款总额最高纪录，再次位列欧洲国家数据罚款方面的榜首。此外，2023年1月12日，法国国家信息自由委员会（Commission Nationale Informatique & Libertés，CNIL）宣布对短视频平台TikTok处以500万欧元的罚款[4]，理由是其在处理在线追踪的Cookies文件方面存在缺陷，用户需要通过数次点击来拒绝所有的Cookies。7月，瑞典隐私保护局（Integritetsskyddsmyndineten，IMY）在进行数据传输调查后发布公告，称有企业使用谷歌的一款网站流量分析工具——谷歌分析时[5]，致使用户个人数据传输到美国，从而违反了GDPR的相关规定。IMY对其中两家企业进行罚款并警告其他公司不得使用谷歌分析功能。

---

[1] "Launch of coordinated enforcement on role of data protection officers"，https://www.edpb.europa.eu/news/news/2023/launch-coordinated-enforcement-role-data-protection-officers_en，访问时间：2024年4月6日。

[2] "1.2 billion euro fine for Facebook as a result of EDPB binding decision"，https://www.edpb.europa.eu/news/news/2023/12-billion-euro-fine-facebook-result-edpb-binding-decision_en，访问时间：2024年4月6日。

[3] "Irish Data Protection Commission announces €345 million fine of TikTok"，https://www.dataprotection.ie/en/news-media/press-releases/DPC-announces-345-million-euro-fine-of-TikTok，访问时间：2024年4月6日。

[4] "CNIL Fines TikTok 5 Million Euros Over Cookie Infringements"，https://www.huntonprivacyblog.com/2023/01/23/cnil-fines-tiktok-5-million-euros-over-cookie-infringements/，访问时间：2024年4月6日。

[5] "Four companies must stop using Google Analytics"，https://www.imy.se/en/news/four-companies-must-stop-using-google-analytics/，访问时间：2024年4月6日。

欧盟正式通过《数据法案》。2023年11月，欧盟理事会通过《关于公平访问和使用数据的统一规则条例》（Regulation on Harmonised Rules on Fair Access to and Use of Data），简称《数据法案》。[1] 欧盟《数据法案》作为欧洲数据战略的重要组成部分，对数据利用规则加以创新，其主要内容包括：消除数据访问障碍，强化数据的可移植性与数据共享；保护商业机密及知识产权；推动公共部门机构对数据的访问；保障中小企业公平访问和获取数据的权利等。

《数据法案》于2022年2月由欧盟委员会提出，是对已生效的欧盟《数据治理法》（Data Governance Act，DGA）的补充，其目标是推动"数据单一市场"的构建，促进欧盟内部数据共享，提升数据可用性，进而发挥数据在企业和公共机构创新中的重要价值，同时确保数据在存储、共享和处理过程中能够满足欧盟的规则要求。

《数据法案》确保欧盟用户能够及时获取因使用该产品或相关服务而产生的数据，并确保用户能够使用这些数据，包括与其所选定的第三方分享这些数据。从主体层面来看，欧盟《数据法案》的适用范围较为宽泛，它涵盖了欧盟境内注册企业与特定数据流通环节的非欧盟企业等多个主体类型。针对多种数据类型和数据流通场景，《数据法案》制定了不同的监管规则，以规范数据处理活动。与此同时，它还将保护欧洲企业，使其免受数据共享合同中不公平条款的影响，以便调动小型企业参与数据市场的积极性，以保障数据持有者的合法权益。[2]

（三）美国强化数据审查和限制

美国以数据安全为名打压个别企业。2023年2月27日，美国白宫向美国联邦政府机构发布备忘录，要求美国联邦政府机构在30天内从设备中删除TikTok，以确保美国数据的安全。该备忘录还显示，在90天内，各机构必须通过合同解决IT供应商使用TikTok的问题。在120天内，各机构将在所有新的招

---

[1] "Data Act"，https://www.europarl.europa.eu/doceo/document/TA-9-2023-0385_EN.html，访问时间：2024年4月6日。

[2] "欧盟《数据法案》正式生效"，http://chinawto.mofcom.gov.cn/article/jsbl/dtxx/202401/20240103470266.shtml，访问时间：2024年4月6日。

标中禁止使用TikTok。[1] 3月13日，美国众议院以352∶65的压倒性票数通过了一项跨党派法案，要求Tiktok母公司字节跳动在最多一年之内剥离对TikTok的控制权，否则TikTok将被禁止进入美国的手机应用商店和相关平台。尽管有成千上万的美国用户明确反对，但美国政府仍一再以所谓"国家安全"为借口执意对TikTok实施精准"围剿"。此举也再次遭到美国科技界及网民用户的强烈抵制。在美国针对中国企业泛化"国家安全"概念的背景下，截至2023年，美国至少有34个州禁止在政府设备上使用TikTok，至少有50所大学禁止使用校园无线网络和校园电脑登录TikTok。[2]

中方外交部表示，坚决反对美方泛化"国家安全"概念，滥用国家力量，无理打压别国企业的错误做法。美国政府应当切实尊重市场经济和公平竞争原则，停止无理打压有关企业，为各国企业在美国的投资经营提供开放、公平、非歧视的环境。[3]

美国强化数据审查及监管。6月14日，美国参议院重新提出《2023年保护美国人数据免受外国监视法案》（Protecting Americans' Data from Foreign Surveillance Act of 2023，以下简称《法案》）[4]。《法案》拟通过修订《2018年出口管制改革法案》（Export Control Reform Act of 2018），旨在控制将某些敏感类别的美国公民数据共享和传输给可能对美国国家安全造成风险的外国实体。《法案》主要内容包括以下六个方面：一是要求美国商务部（United States Department of Commerce）及其他相关机构协商，确定可能会损害美国国家安全的个人数据类别名单和个人数据数量门槛；二是编制"低风险国家"和"高风险国家"名单进行数据传输管制；三是限制数据经纪人和中介机构，以及TikTok等公司的数据传输行为，包括直接向受限制的外国政府、位于该限制国

---

1 "打压不断！美国参议院通过法案，禁止在政府设备上使用TikTok"，https://world.huanqiu.com/article/4AskEysNA1N，访问时间：2024年4月17日。

2 "'不卖就禁'凸显美霸凌行径"，https://www.chinanews.com.cn/gj/2024/03-15/10180567.shtml，访问时间：2024年4月17日。

3 "2023年2月28日外交部发言人毛宁主持例行记者会"，https://www.fmprc.gov.cn/web/fyrbt_673021/jzhsl_673025/202302/t20230228_11032791.shtml，访问时间：2024年4月30日。

4 "Protecting Americans' Data from Foreign Surveillance Act of 2023"，https://www.wyden.senate.gov/imo/media/doc/protecting_americans_data_from_foreign_surveillance_act_text.pdf，访问时间：2024年4月7日。

家的母公司，和处在国际清算银行（BIS）发布的实体清单中的实体进行数据传输的活动；四是豁免美国国家标准与技术研究院（NIST）批准的技术加密的数据；五是确保新闻业和受美国宪法第一修正案保护的言论不受该法案限制；六是由于未经允许出口美国人个人信息，对相关高管人员实施出口管制处罚。

2023年6月16日，美国商务部发布《确保信息通信技术与服务供应链安全》最终规则（Securing the Information and Communications Technology and Services Supply Chain）[1]。该规则明确：如果相关信息与通信技术及服务交易涉及美国的"个人敏感数据"，且商务部认为交易对美国国家安全带来了严重风险，则有权进行审查，可以要求采取缓行措施，也可以直接否决交易。审查涉及由外国对手拥有、控制或受其管辖/指示的人设计、开发、制造或提供的信息和通信技术及服务交易，以确定这些交易是否对美国或美国公民构成不适当或不可接受的风险。交易包括"获取、进口、转让、安装、交易或使用任何信息和通信技术或服务"，包括正在进行的活动，如托管服务、数据传输、软件更新、维修，或供消费者下载的应用程序的平台化或数据托管。

美国转变跨境数据流动立场。10月25日，在瑞士日内瓦举行的世界贸易组织电子商务联合声明倡议会议期间，美国贸易代表办公室发表声明称，美国在世界贸易组织电子商务规则谈判中，放弃该国长期以来坚持的部分数字贸易主张，其中包括关于跨境数据自由流动的要求，并且美国正在审查其在数据和源代码等敏感领域的贸易规则现行举措。[2] 此前，早在2016年，美国率先在世界贸易组织提交了全面讨论电子商务议题的提案，该提案以美国在《跨太平洋伙伴关系协定》（Trans-Pacific Partnership Agreement，TPP）[3]中总结的"数字24条"为核心内容，首次将跨境数据流动等新议题引入世界贸易组织。

---

[1] "Securing the Information and Communications Technology and Services Supply Chain; Connected Software Applications"，https://www.federalregister.gov/documents/2023/06/16/2023-12925/securing-the-information-and-communications-technology-and-services-supply-chain-connected-software，访问时间：2024年4月5日。

[2] "US Drops Digital Trade Demands at WTO to Allow Room for Stronger Tech Regulation"，https://www.usnews.com/news/top-news/articles/2023-10-25/us-drops-digital-trade-demands-at-wto-to-allow-room-for-stronger-tech-regulation，访问时间：2024年2月6日。

[3] "Text of the Trans-Pacific Partnership"，https://www.mfat.govt.nz/en/about-us/who-we-are/treaties/trans-pacific-partnership-agreement-tpp/text-of-the-trans-pacific-partnership，访问时间：2024年2月6日。

（四）印度和英国修订个人数据保护法案

印度调整细化个人数据保护法案。2023年8月，印度上院通过《2023年数字个人数据保护法案》（Digital Personal Data Protection Bill，DPDP）。[1]印度本次个人数据保护立法从2018年首版法案——《2018年个人数据保护法案》开始，因法案过于严格等问题，经反复修改、撤回以及更名，于2022年11月方才形成了第四版的《2022年数字个人数据保护法案》（以下简称《2022法案》）。本次的DPDP正是在《2022法案》的基础上，在保留数据受托人义务、数据委托人的权利和义务，以及创设印度数据保护委员会等主体立法框架的同时，对"数字个人数据""特征分析""特定合法使用"等关键概念以及数据出境、豁免与违法处罚等规则进行了进一步的调整，从而获取了更广泛的赞成意见，得到通过。

英国更新简化数据保护框架。2023年3月8日，英国下议院提出《数据保护及数字信息（第2号）法案》（Data Protection and Digital Information [No. 2] Bill）。[2]该法案大部分内容与2022年7月18日在下议院提出的《数据保护及数字信息法案》（Data Protection and Digital Information Bill）相同。《数据保护及数字信息（第2号）法案》旨在修订英国现有的《英国通用数据保护条例》（UK General Data Protection Regulation，UK GDPR）和《2018年数据保护法》（Data Protection Act 2018），目的在于更新及简化英国的数据保护框架。法案涵盖以下内容：对已识别以及可识别个人相关信息的处理进行监管；提供服务，包括利用信息查明和核实有关个人的情况；制定有关访问客户数据和业务数据的规则；就隐私和电子通信做出规定；就提供电子签名、电子印章等服务做出规定；就信息披露做出规定以便改进公共服务；对执法目的共享信息的协定做出规定；出生及死亡登记册的维护和存档；就卫生和社会保健的信息标准做出规定；设立信息委员会；就生物特征数据的监督做出规定等。

---

1 《2023年数字个人数据保护法案》，https://www.meity.gov.in/writereaddata/files/Digital%20Personal%20Data%20Protection%20Act%202023.pdf，访问时间：2024年4月5日。

2 "Data Protection and Digital Information Bill"，https://bills.parliament.uk/bills/3430，访问时间：2024年4月5日。

三、数据领域跨境合作持续推进

全球数据治理与数据跨境流动在推动数字贸易发展，促进国际科技合作等方面发挥着越来越重要的作用。2023年，中国、俄罗斯、巴西等国完善数据跨境流动法规，积极推动数据安全有序跨境流动。七国集团持续推动"基于信任的数据自由流动"（DFFT）框架，加强了数字经济的发展与监管合作，美国、欧盟、英国、日本、东盟等积极拓展数据跨境流动及国际合作。中国通过向联合国提交立场文件、承办联合国论坛等，积极构建开放共赢的数据领域国际合作格局。

（一）中国推动构建开放共赢的数据领域国际合作格局

中国积极推动构建开放共赢的数据领域国际合作格局。2023年4月，中国国家统计局、杭州市人民政府承办第四届联合国世界数据论坛（United Nations World Data Forum）。中国国家主席习近平向论坛致贺信，提出中国愿同世界各国一道，在全球发展倡议框架下深化国际数据合作，以"数据之治"助力落实联合国《2030年可持续发展议程》，携手构建开放共赢的数据领域国际合作格局，促进各国共同发展进步。

此次大会共有来自140多个国家的2000多名数据领域专家线下参会，近两万人线上参会，共同探讨如何利用更加优质的数据加速实现可持续发展目标。本次论坛的高级别全体会议探讨多个关键的数据议题，包括数据的使用价值与决策、创新的数据分类、公众数据透明度以及隐私权保护、在不同的数据生态系统中建立伙伴关系、国内外数字统计能力建设等。论坛发布成果文件《杭州宣言》（The Hangzhou Declaration），呼吁国际社会加强对数据与统计的投资，推动数据和统计系统响应社会需求。论坛为中国与世界各国在统计数据生产和利用、数据生态系统创新和协同、大数据等现代信息技术与政府统计融合发展等领域交流互鉴搭建了平台。

为推动联合国《全球数字契约》制定，中国向联合国提交《中国关于全球数字治理有关问题的立场》[1]，强调了数据安全和各国的数据主权的重要性，也

---

[1] 《中国关于全球数字治理有关问题的立场》，https://www.un.org/techenvoy/sites/www.un.org.techenvoy/files/GDC-submission_China.pdf，访问时间：2024年2月27日。

表示应当促进数据依法有序自由流动。该文件强调，面对数字化带来的机遇和挑战，各方应坚持多边主义，坚守公平正义，统筹发展和安全，深化对话合作，完善全球数字治理体系，构建网络空间命运共同体；应以事实为依据，全面客观看待数据安全问题，促进数据依法有序自由流动；反对利用信息技术破坏他国关键基础设施或窃取重要数据，以及利用其从事危害他国国家安全和社会公共利益的行为。[1]

（二）多国完善数据跨境流动法规

中国积极推进安全有序的数据跨境流动。2月，中国国家互联网信息办公室发布《个人信息出境标准合同办法》，并于5月发布《个人信息出境标准合同备案指南（第一版）》，对个人信息出境标准合同备案方式、备案流程、备案材料等具体要求做出说明。[2] 8月至9月，国家互联网信息办公室相继对个人信息保护合规审计管理办法[3]、促进和规范数据跨境流动有关规定[4]向全社会公开征求意见。12月10日，中国国家互联网信息办公室与香港特区政府创新科技及工业局共同发布了《粤港澳大湾区（内地、香港）个人信息跨境流动标准合同实施指引》及其附件《粤港澳大湾区（内地、香港）个人信息跨境流动标准合同》。该指引旨在落实中国国家互联网信息办公室与香港特区政府创新科技及工业局签署的《关于促进粤港澳大湾区数据跨境流动的合作备忘录》中的有关要求。[5]

此外，中国也继续推进加入《全面与进步跨太平洋伙伴关系协定》（CPTPP）和《数字经济伙伴关系协定》（DEPA）。这两个协定均涉及数据跨境流动的内容，要求缔约国允许数据跨境流动，同时承认缔约国针对数据跨境

---

[1] 详见本书第一章"联合国框架下网络空间全球治理进程"，第18—21页。

[2] 《个人信息出境标准合同备案指南（第一版）》，https://www.cac.gov.cn/2023-05/30/c_1687090906222927.htm，访问时间：2024年2月8日。

[3] 《国家互联网信息办公室关于〈个人信息保护合规审计管理办法（征求意见稿）〉公开征求意见的通知》，https://www.cac.gov.cn/2023-08/03/c_1692628348448092.htm，访问时间：2024年3月2日。

[4] 《规范和促进数据跨境流动规定（征求意见稿）》，https://www.cac.gov.cn/2023-09/28/c_1697558914242877.htm，访问时间：2024年2月10日。

[5] 《粤港澳大湾区（内地、香港）个人信息跨境流动标准合同实施指引》，https://www.ogcio.gov.hk/sc/our_work/business/cross-boundary_data_flow/doc/gbascc00_gn_scc_sc.pdf，访问时间：2024年2月11日。

传输的监管权。与中国已经加入的《区域全面经济伙伴关系协定》（RCEP）不同的是，CPTPP和DEPA虽然允许缔约国出于实现公共政策目标的需要而限制数据跨境，但该限制不得基于保护其基本安全利益，并且缔约国实现公共政策目标必要性的判断不再完全掌握在缔约国自身手中，而是可以被争端解决机制审查。

俄罗斯数据跨境流动新规生效。俄罗斯联邦通信、信息技术和大众媒体监督局（Roskomnadzor）宣布，自2023年3月1日起，《联邦个人数据法（修正案）》（Amendments to the Federal Law on Personal Data）[1]中有关向国外转移个人数据的新规定正式生效。法案规定，运营商必须在开始跨境数据传输之前通知俄罗斯联邦通信、信息技术和大众媒体监督局，通知中的信息必须包括经营者、向哪些国家、出于什么目的以及转移哪些数据。2023年8月15日，俄罗斯联邦通信、信息技术和大众媒体监督局启动审查运营商提交的通知文件，并在审查后决定是否禁止或限制将个人数据传输到其他国家及地区。值得注意的是，在提交此类通知文件后十个工作日内，运营商不得擅自将数据传输至无法充分保护个人数据主体合法权利的国家。

巴西完善跨境数据流动政策。巴西数据保护局（The Brazilian National Data Protection Authority，ANPD）就《个人数据国际传输监管和标准合同条款模式》草案[2]及《标准合同条款》[3]征求公众意见。该草案明确其适用于两类数据跨境传输方式，一类是提供符合巴西《通用数据保护法》（Lei Geral de Proteção de Dados Pessoais，LGPD）[4]充分保护水平的国家或国际组织；另一类是"提供并保证遵守LGPD规定的原则、权利和数据保护制度"，包括标准合同条款、全球性企业规则等。草案规定，巴西数据保护局将确定具有充分保护

---

[1] "Федеральный закон от 14.07.2022 № 266-ФЗ"，http://publication.pravo.gov.ru/Document/View/0001202207140080，访问时间：2024年4月3日。

[2] "Regulamento de Transferências Internacionais de Dados Pessoais e do modelo de Cláusulas-Padrão Contratuais"，https://www.gov.br/participamaisbrasil/regulamento-de-transferencias-internacionais-de-dados-pessoais-e-do-modelo-de-clausulas-padrao-contratuais，访问时间：2024年2月2日。

[3] "Aberta Consulta Pública sobre norma de transferências internacionais de dados pessoais"，https://www.gov.br/anpd/pt-br/assuntos/noticias/aberta-consulta-publica-sobre-norma-de-transferencias-internacionais-de-dados-pessoais，访问时间：2024年2月11日。

[4] 巴西《通用数据保护法》是巴西针对个人数据保护的主要法规，由巴西数据保护局负责实施。

水平的国家或地区名单，以允许个人数据在巴西与这些国家或地区之间自由流动。草案明确，巴西数据保护局将优先评估保证巴西互惠待遇的国家或国际组织的数据保护水平。

泰国就跨境数据传输法规草案征询意见。2023年10月27日，泰国个人数据保护委员会（Personal Data Protection Committee，PDPC）分别根据2019年《个人数据保护法》（Personal Data Protection Act，PDPA）第28条和第29条发布了两部跨境数据传输法规草案，以供公众咨询。

根据《个人数据保护法》第28条制定的跨境数据传输法规草案（以下简称"第28条草案"）涉及将个人数据传输到被认为具有适当数据保护标准的目的地国或国际组织的问题。除其他程序性事项外，"第28条草案"规定，数据接收方应根据本草案规定的个人数据保护标准制定适当的数据保护标准（第5条），数据保护标准是否适当将根据某些因素来确定，包括目的地国或国际组织是否存在不低于泰国规定的法律措施或机制等（第6条）。

根据《个人数据保护法》第29条制定的跨境数据传输法规（以下简称"第29条草案"）规定，如果个人数据发送方或转移方与个人数据接收方在同一关联企业或同一企业集团中制定了个人数据保护政策，并经PDPC审查和认证，则位于泰国的数据控制方或数据处理方可将个人数据发送或传输给位于外国且从事同一关联企业或同一企业集团的个人数据接收方（第5条）。PDPC应评估个人数据保护政策的内容和实质，除其他要求外，该政策应具有法律效力和可执行性（第7条）。此外，"第29条草案"规定，如果PDPC没有根据《个人数据保护法》第28条就接收个人数据的目的地国家或国际组织的个人数据保护标准的充分性做出决定，或者（根据第5条约定）相关企业在没有个人数据保护政策的前提下，数据控制者或数据处理者也可以向外国发送或转移个人数据，但必须实施相应的保障措施（第8条）：包括关于收集、使用和披露个人数据的证明，确保根据公认标准采取适当的保障措施，以及在个人数据跨境或国际转移的情况下，在法规或协议中规定数据保护措施，这些法规或协议在泰国国家机构和其他国家的国家机构之间具有法律约束力和可执行性。[1]

---

[1] "泰国针对个人数据跨境流动做出更完善规定"，https://www.secrss.com/articles/60717，访问时间：2024年4月3日。

沙特阿拉伯个人数据保护法及数据跨境条例生效。2023年9月，沙特《个人数据保护法》（Personal Data Protection Law，PDPL）、《个人数据保护法实施条例》（Implementing Regulations of the Personal Data Protection Law）、《个人数据境外传输条例》（Regulations on Personal Data Transfer outside the Geographical Boundaries of the Kingdom）正式生效。以上法案规定，数据控制者仅可在满足下列条件之一时将个人数据转移到沙特境外：一是为保护公共利益、公共卫生、公共安全或保护特定个人的生命或健康安全等进行的数据出境；二是根据沙特王国作为当事方的国际协议而进行的数据出境；三是为服务于王国的利益而进行的数据出境；四是为履行数据主体的义务而进行的数据出境；五是依据PDPL规定下其他允许的目的进行的数据转移。

沙特数据与人工智能管理局（Saudi Data and Artificial Intelligence Authority，SDAIA）是以上法律的主要执法机构。如果经SDAIA或其他授权机构的评估，个人非敏感数据将在沙特王国境外得到足够保护，可被视情允许跨境传输。若以上条件均不满足，个人数据控制者可向SDAIA申请，获得批准后方可向境外传输个人数据。[1]

（三）七国集团持续推动"基于信任的数据自由流动"框架

2023年，七国集团（G7）推动"基于信任的数据自由流动"（DFFT）从概念走向落地。在2023年的数字与技术部长会议上，各方首次同意建立一个常设秘书处，以促进基于信任的数据自由流动。[2] 会议还讨论了促进跨境数据流动和基于信任的数据自由流动、安全和韧性的数字基础设施、互联网治理、新兴和颠覆性技术、人工智能治理、数字竞争等六项议程。会议发布《七国集团数字与技术部长宣言》（G7 Digital and Tech Ministers' Declaration），提出将通过开发和部署多层网络，包括地面网络、海底光缆和卫星网络等加强互联互通；落实"基于信任的数据自由流动路线图和行动计划"，以信任促进跨境数

---

[1] "沙特阿拉伯个人数据跨境传输规则"，https://www.chinacourt.org/article/detail/2024/06/id/7976575.shtml，访问时间：2024年6月30日。

[2] "Results of the G7 Digital and Tech Ministers' Meeting in Takasaki, Gumma"，https://www.digital.go.jp/en/1dd2ad3e-3287-4677-971b-f7e973721367-en，访问时间：2024年4月6日。

据流动和数据自由流动；加强七国集团在人工智能技术标准方面合作等。[1]

延伸阅读

"基于信任的数据自由流动"概念简介

2019年，前日本首相安倍晋三（Abe Shinzo）在达沃斯世界经济论坛（World Economic Forum，WEF）上正式提出"基于信任的数据自由流动"概念，并推动二十国集团大阪峰会（G20 Osaka Summit）达成《大阪数字经济宣言》（Osaka Declaration on Digital Economy），提出推动"基于信任的数据自由流动"。然而，印度、印度尼西亚和南非并未在宣言上签字。

七国集团成为日本推动"基于信任的数据自由流动"的主要平台。2021年10月，七国集团贸易部长会议（G7 Trade Ministers' Meeting）提出了关于基于信任的数据流动的若干原则[2]，明确了跨境数据流动的监管适用范围。2022年5月，七国集团举行数字部长会议，会上通过了《七国集团促进基于信任的数据自由流动行动计划》（G7 Action Plan Promoting Data Free Flow with Trust）[3]，强调七国集团数字部长将继续合作，解决2021年七国集团"基于信任的数据自由流动路线图"中提出的四大核心问题：监管共同运作、数据本地化、政府对私营部门持有的个人数据访问、优化部门的数据共享。

"基于信任的数据自由流动"蕴含两个政策目标：在实现数据跨境自由流动的同时，还要确保对隐私、安全以及知识产权的信任。

七国集团主要通过两个途径来运作"基于信任的数据自由流

---

[1] "Ministerial Declaration The G7 Digital and Tech Ministers' Meeting 30 April 2023"，https://www.digital.go.jp/assets/contents/node/information/field_ref_resources/efdaf817-4962-442d-8b5d-9fa1215cb56a/f65a20b6/20230430_news_g7_results_00.pdf，访问时间：2024年5月30日。

[2] 《全球数据治理白皮书》，http://dsj.luohe.gov.cn/lhmenhu/df07a2e7-5258-4390-aa9d-83d07f45a049/288fc1a6-8b7b-458f-a0b6-7c81c12040b4/全球数字治理白皮书.pdf，访问时间：2024年4月6日。

[3] "Ministerial Declaration: G7 Digital Ministers' Meeting"，http://www.g7.utoronto.ca/ict/2022-declaration.html，访问时间：2024年4月6日。

动"，分别是贸易和监管，具体为积极建立促进基于信任的数据自由流动的贸易规则，以及合作开发监管技术以提升不同数据治理规则框架间的互操作性。

然而，推进"基于信任的数据自由流动"的过程面临着以下几个难点：首先，各国数据治理规则碎片化，全球数字保护主义盛行。在数据治理方面，全球尚未形成统一的国际治理规则和相互协调的数据治理体系。各国根据本国国情与自身利益选择了不同的数据治理模式，致使数据治理呈现碎片化与分裂化的态势，跨境数据贸易变得复杂。

其次，"基于信任的数据自由流动"可能无法获得某些大国支持。以美国为例，其劳工与一些公民社会团体认为，建立有约束力的数字贸易规则将会侵犯国会对新兴数字挑战的"监管权"。

此外，美国还缺乏关于讨论和制定相关规则的组织或机制。

（四）多个经济体签署数据国际合作协议

美国与欧盟签署《欧盟-美国数据隐私框架》（EU-US Data Privacy Framework，DPF）。2023年7月10日，欧盟委员会通过《欧盟-美国数据隐私框架》的充分性决定（Adequacy Decision for the EU-US Data Privacy Framework），[1] 7月17日，美国商务部推出数据流动隐私框架计划网站，公开了美国商务部制定的《欧盟-美国数据隐私框架》。这意味着，无须任何进一步的条件或授权，欧洲经济区的任何公共或私人实体数据可以自由流动到参与《欧盟-美国数据隐私框架》的美国实体。这是欧美之间自《安全港协议》（Safe Harbor Agreement）、《隐私盾协议》（Privacy Shield）之后，就个人数据流动事宜达成的第三次共识。

然而，欧盟内部仍有不少怀疑和反对声音。欧洲议会议员比吉特·西佩尔（Birgit Sippel）认为，"缺乏保护使得欧洲人的个人数据容易受到大规模监视，从而损害了他们的隐私权。该框架没有提供任何有意义的保障措施来防止美国情报机构进行不分青红皂白的监视"。

---

[1] "Adequacy decision for the EU-US Data Privacy Framework", https://commission.europa.eu/document/fa09cbad-dd7d-4684-ae60-be03fcb0fddf_en, 访问时间：2024年2月6日。

延伸阅读

《欧盟-美国数据隐私框架》简介

《欧盟-美国数据隐私框架》体系由两个部分组成：一是美国商务部发布的《隐私框架原则》（Privacy Framework Principles），明确参与框架的美国实体所需遵守的要求。从欧盟《通用数据保护条例》（GDPR）角度看，《欧盟-美国数据隐私框架》是欧盟给美国参与该框架的实体提供的"充分性决定"。二是框架配套文件，包括《关于加强美国信号情报活动保障的行政命令》（Executive Order on Enhancing Safeguards for United States Signals Intelligence Activities）（将美国情报部门对欧盟公民数据的访问限制在保护国家安全所"必要且相称"的范围内）及其他相关规范美国情报机关活动的文件，以此确认美国有关部门（尤其是出于刑事执法和国家安全目的）访问欧盟个人数据时适用的限制和保障。这些配套文件是欧盟做出充分性决定的重要前提。

框架适用于获得《隐私框架原则》认证的实体。美国商务部是《欧盟-美国数据隐私框架》主要运作机构，负责处理认证申请并监督参与公司是否满足认证要求，每年公示认证名单和退出名单。美国联邦贸易委员会是该框架的执法机构。

在个人数据保护原则方面，框架与GDPR相关原则具有一致性，包括：数据处理目的限制和退出选择；对敏感数据的特殊保障和获取明确同意的要求；保障数据准确性、最小化和安全的要求；个人数据权利保障，包括访问权、修正权、退出权、针对自动化处理的相关权利以及限制后续传输的要求等。

欧盟委员会将持续监测美国的相关发展，并定期审查充分性决定。首次审查将在充分性决定生效后的一年内进行，验证美国法律框架所有相关要素是否在实践中有效运作。根据首次审查结果，欧盟委员会将在与欧盟成员国和数据保护机构协商的基础上，决定未来审查周期（审查至少每四年进行一次）。若出现影响美国隐私保护水平的事件，欧盟委员会可调整甚至撤销充分性决定。

7月17日，美国商务部推出《欧盟-美国数据隐私框架》计划官网，符合条件的美国公司可以自我证明遵守框架原则，并在www.dataprivacyframework.gov注册，以参与个人数据跨境传输。此外，美国商务部还将为暂不在框架范围内的美国企业提供关于如何根据新框架进行认证的信息，并基于新框架向在过去三年中持续遵守隐私保护原则的公司提供进一步指导。

延伸阅读

美国数据和隐私安全领域主要执法机构
——美国联邦贸易委员会简介

1995年，在美国国会授权下，美国联邦贸易委员会（FTC）制定与网络隐私有关的政策声明，并于儿童隐私案中正式实施，进入了数据与隐私安全领域的执法阶段。[1] 2000年，美欧达成《安全港协议》，FTC成为《安全港协议》的主要执行机构。FTC也因此确立了在隐私和数据安全领域中主要执法机构的地位。

FTC早期行政执法重点一直以促进企业进行"自我监督"（Self-Regulation）为主，其相信在大多数情况下，企业责任将是保护隐私的最有效方式。但后来FTC认识到若缺乏强有力的隐私保护，人们对网络的信心以及电子商务的发展将会受到影响，于是开始督促企业完善内部合规程序。行政执法和解是FTC在隐私和数据领域执法过程中最常用的解决纠纷的形式，这主要是因为行政执法和解的成本相对诉讼来说更低，能够快速解决矛盾。例如，2019年脸书与FTC达成和解。[2] 在此之前，脸书将8700万用户数据泄露给了政治咨询公司剑桥分析，被用于在2016年总统大选时支持特朗普。FTC认为脸书违反了承诺保护

---

[1] 李蒙：《美国联邦贸易委员会隐私和数据安全领域行政执法和解研究》，上海交通大学硕士学位论文，2022年。

[2] "FTC Imposes \$5 Billion Penalty and Sweeping New Privacy Restrictions on Facebook"，https://www.ftc.gov/news-events/news/press-releases/2019/07/ftc-imposes-5-billion-penalty-sweeping-new-privacy-restrictions-facebook，访问时间：2024年4月6日。

用户隐私的协议并给用户数据带来风险。双方最终于2019年7月达成和解，之后脸书进行了相应的整改工作，并支付给FTC50亿美元的罚款。

2020年FTC同视频会议软件公司Zoom达成和解[1]，此后Zoom回应将制定全面的信息安全计划来解决该公司涉嫌的欺诈与不公平行为的指控。2023年，FTC更加注重对数字健康数据的广泛保护。其指控美国基因检测公司1 Health（2020年10月由Vitagene公司改名）出于广告目的未经授权披露个人健康数据，并称其将对这些"欺诈""不公平"行为进行执法。[2]

美国和英国建立"数据桥"（UK-US data bridge）。2023年9月21日，英国正式建立"英美数据桥"[3]。"英美数据桥"又称《欧盟-美国数据隐私框架的英国扩展》（The UK Extension to EU-US Data Privacy Framework）。根据规定，自10月12日起，英国企业可以开始根据《英国通用数据保护条例》（UK GDPR）第45条，将个人数据传输至获得《欧盟-美国数据隐私框架的英国扩展》认证的美国组织，而无须再签署其他国际数据跨境协议或采取进一步的保障措施。

日本与欧盟达成数据协议。2023年10月28日，日本与欧盟在七国集团贸易部长会议期间就数据跨境流动达成了协议。[4] 该协议主要包括以下方面：一是禁止保护主义性质的限制；二是促进数据的创新利用和共享；三是建立合作机制和争端解决机制。该协议将取消数据本地化要求，使金融服务、运输和电子商务等多个行业的企业受益。一旦获得批准，商定的条款将被纳入《欧盟-日

---

[1] "FTC and Zoom Reach Settlement over Alleged Privacy and Data Security Misrepresentations", https://www.goodwinlaw.com/en/insights/publications/2020/11/11_18-ftc-and-zoom-reach-settlement-over-alleged，访问时间：2024年4月6日。

[2] "FTC Says Genetic Testing Company 1Health Failed to Protect Privacy and Security of DNA Data and Unfairly Changed its Privacy Policy", https://www.ftc.gov/news-events/news/press-releases/2023/06/ftc-says-genetic-testing-company-1health-failed-protect-privacy-security-dna-data-unfairly-changed，访问时间：2024年4月6日。

[3] "UK-US data bridge: supporting documents", https://www.gov.uk/government/publications/uk-us-data-bridge-supporting-documents，访问时间：2024年2月6日。

[4] "EU and Japan conclude landmark deal on cross-border data flows at High-Level Economic Dialogue", https://ec.europa.eu/commission/presscorner/detail/en/ip_23_5378，访问时间：2024年4月2日。

本经济伙伴关系协定》（EU-Japan Economic Partnership Agreement，EPA）。

英国与新加坡2023年6月28日签署《数据合作谅解备忘录》（The Memorandum of Understanding on Data Cooperation），进一步深化两国在网络安全、人工智能方面的数据和技术研究合作。

《数据合作谅解备忘录》承诺：推动双边数字贸易，相互学习应用数据改善公共服务和政府效率的经验；建立新的政府间战略对话，讨论国内数据监管、数据保护和国际数据传输等问题；分享关于使用数据提升公共服务质量、促进经济增长的研究和实验；制定一套关于发布匿名化政府数据集的新标准，改善全球合作；分享政府以及政府与企业之间数据管理的最佳实践经验。

此次签署的备忘录以2022年《英国-新加坡数字经济协议》（UK-Singapore Digital Economy Agreement，UKSDEA）和2020年《英国-新加坡自由贸易协议》（UK-Singapore Free Trade Agreement，UKSFTA）为基础。通过加强数据方面的合作，进一步推动两国在数字贸易、数字身份、网络安全等方面的发展。[1]

东盟和欧盟联合发布《东盟示范合同条款和欧盟标准合同条款的联合指南》（The Joint Guide to ASEAN Model Contractual Clauses and EU Standard Contractual Clauses）。为帮助在东盟和欧盟运营的公司了解双方数据跨境传输的异同，推进东盟和欧盟数字经济合作，2023年5月24日，欧盟和东盟联合发布《东盟示范合同条款和欧盟标准合同条款的联合指南》。该指南比较《东盟跨境数据流动示范合同条款》（ASEAN Model Contractual Clauses for Cross Border Data Flows，MCCs）和欧盟"标准合同条款"的异同，提出公司满足双方数据保障要求的实施建议。[2]

---

[1] "UK-Singapore data and tech agreements to boost trade and security"，https://www.gov.uk/government/news/uk-singapore-data-and-tech-agreements-to-boost-trade-and-security，访问时间：2024年1月25日。

[2] "Joint Guide to ASEAN Model Contractual Clauses and EU Standard Contractual Clauses"，https://asean.org/wp-content/uploads/2024/02/Joint-Guide-to-ASEAN-Model-Contractual-Clauses-and-EU-Standard-Contractual-Clauses.pdf，访问时间：2024年1月26日。

第四章　数字贸易规则建构与国际合作

2023年，全球数字贸易规则共识进一步凝聚，全球性、双多边的数字贸易合作取得诸多成果。全球层面，世界贸易组织为衡量数字贸易发布新版《数字贸易测度手册》，并就数字贸易规则谈判总体达成"实质结论"；区域层面，以《区域全面经济伙伴关系协定》（RCEP）、《数字经济伙伴关系协定》（DEPA）、《全面与进步跨太平洋伙伴关系协定》（CPTPP）等为代表的全球高标准数字贸易规则的影响范围不断扩大，如RCEP已对15个签署国全面生效，韩国实质性加入DEPA，英国加入CPTPP；双多边层面，欧盟、东盟以及日美等在数字贸易领域开展多次合作谈判，签订一系列数字伙伴关系协定，而中国则着重以电子商务为着力点推进数字贸易合作。在数字服务税收方面，"双支柱"方案下国际规则的制定基本完成，但相关规则的最终生效和落地实施仍面临诸多挑战。

一、世界贸易组织全球数字贸易规则谈判取得实质进展

2023年，世界贸易组织发布了新版《数字贸易测度手册》，为衡量数字贸易提供了框架和实用指导。同时，包括中国、美国、欧盟在内的90个世贸组织成员已实质性结束部分全球数字贸易规则谈判，这是自2019年1月启动的与贸易有关的电子商务议题谈判达成的一个重要里程碑。

（一）世界贸易组织发布新版《数字贸易测度手册》

在2019年发布第一版《数字贸易测度手册》的基础上，2023年7月28日，世界贸易组织发布了由世界贸易组织、国际货币基金组织、经济合作与发展组织和联合国贸易和发展会议联合撰写的新版手册，全面总结了数字贸易统计中涉及的各方面问题，为衡量数字贸易提供了框架和实用指南。新版手册侧

重于两个关键要素：数字订购贸易和数字交付贸易，还强调了数字中介平台（Digital Intermediation Platform，DIP）在促进数字贸易方面的重要作用。该手册旨在帮助统计编制者衡量和监测数字贸易，解决测度数字贸易所面临的固有挑战，并通过建立统一的规范，提高在各国之间获得可比对数据的便利性，将帮助政策制定者应对全球贸易数字化转型带来的挑战和机遇。[1]

延伸阅读

《数字贸易测度手册（第二版）》基本情况

《数字贸易测度手册（第二版）》共分为六个章节，包括"衡量数字贸易的概念框架""数字订购贸易""数字交付贸易""数字中介平台""实例探究"等，分别从概念、定义、核算框架、编制方法等角度进行核算指导，并讨论了核算实践中各个方面的影响。新版手册指出，编制数字贸易数据应整合不同来源信息进行核算；同时，定义了数字支付贸易，确定了数字支付贸易数据的编制步骤，并提供了一个报告模板，建议通过"调查信息和通信技术使用情况"以及全面收集相关信息来保证数字贸易总额估算的准确性。[2]

（二）世界贸易组织结束部分全球数字贸易规则谈判

12月20日，新加坡、日本、澳大利亚作为世界贸易组织电子商务谈判召集方，发布新闻稿及三方部长声明，宣布包括中国、美国、欧盟在内的90个世贸组织成员实质性结束部分全球数字贸易规则谈判，并呼吁参加方尽快在2024年全面结束谈判。

三方部长声明指出，参加方已就电子签名和认证、在线消费者保护、无纸

---

[1] "Handbook on Measuring Digital Trade"，https://www.wto.org/english/res_e/booksp_e/digital_trade_2023_e.pdf，访问时间：2024年3月6日。

[2] "数字贸易的界定和统计"，https://www.comnews.cn/m/content/2023-11/23/content_34613.html，访问时间：2024年3月20日。

贸易、电子交易框架、电子合同等13个议题形成基本共识，将推动电子支付、电信服务、使用密码的信息与通信技术（ICT）产品、发展等议题尽快达成共识，并力争就电子传输免征关税做出高水平承诺，增加协定的商业意义。未来，参加方还将继续讨论数据流动、计算设施本地化、源代码以及水平性议题，尽快全面结束谈判。[1]

在此次谈判中，虽然世贸组织成员国就部分议题达成了共识，但对于电子传输免关税永久化、跨境数据流动、源代码保护、数据本地化等争议较大的问题，仍未达成共识。例如，关于电子传输关税，世贸组织在电子商务谈判启动之前，就电子传输暂时免关税已经达成共识，即每召开一次世贸组织部长级会议，就把电子传输暂时免关税的约定延续两年到下一届部长级会议。"暂时免关税"意味着仍保留征税的权利，即以后如果技术可行，还可以征税。但此次以美国为代表的经济体主张电子传输永久免关税，即在此方面永久放弃征税的权利，这也是成员间的矛盾点。关于跨境数据流动，目前世贸组织框架下数据流动方面并没有规则，在这次电子商务谈判中才被纳入谈判，且不同的经济体对此议题的认知不一样。美国起初想把"美墨加协定"（The United States-Mexico-Canada Agreement，USMCA）框架下数据跨境流动的规则直接落到世贸组织框架下进行拓展适用，但其他成员方认为数据流动关乎国家安全、隐私保护、产业安全、数据安全等，还应对数据流动设置更多的限制。[2] 2023年10月25日，在瑞士日内瓦举行的世贸组织电子商务联合声明倡议会议期间，美国撤回了包括数据跨境流动在内的一系列规则诉求。

二、数字服务税"双支柱"方案生效和实施仍面临挑战

2023年经济合作与发展组织（OECD）"双支柱"方案的谈判取得重要进展，但"双支柱"方案正逐步驶向两个独立的轨道。支柱一的效力和实施存在不确定性；支柱二已经进入立法阶段，对于各国的挑战主要体现在税收征

---

[1] "世贸组织实质性结束部分全球数字贸易规则谈判"，http://www.mofcom.gov.cn/article/syxwfb/202312/20231203462166.shtml，访问时间：2024年3月6日。

[2] "达成高标准平衡包容的数贸规则是众望所归"，http://chinawto.mofcom.gov.cn/article/ap/p/202401/20240103464135.shtml，访问时间：2024年4月1日。

管层面，如引入反税基侵蚀规则时存在不确定性。OECD推动制定征管指南、多边包容性框架，为各国协调一致地实施支柱二提供支持。[1]与此同时，联合国在《在联合国促进包容和有效的国际税务合作》报告中，提出了在联合国主导下改进国际税务合作的三个备选方案，在OECD主导的"双支柱"方案框架外提供了新的国际税务合作选项。

（一）经济合作与发展组织为"金额A多边公约"签署生效做好准备

2023年11月10日，经济合作与发展组织数字经济工作组（Task Force on the Digital Economy，TFDE）发布了《实施支柱一金额A的多边公约》（Multilateral Convention to Implement Amount A of Pillar One，以下简称"金额A多边公约"）。[2]该公约更新了国际税收框架，以协调向市场管辖区重新分配征税权，提高税收确定性，并取消数字服务税。该公约的发布推动国际社会朝着最终确定"双支柱"解决方案迈进了一步，以应对经济数字化和全球化带来的税收挑战。

"金额A多边公约"由总则、定义、利润分配和征税、消除双重征税、征管和确定性、各缔约方已采取措施的处理及最后条款等7个章节，53项条款和9个附件组成。金额A的第一支柱协调市场管辖区，对在其市场中运营的最大和最赚钱的跨国企业的利润份额进行征税权的重新分配，无论其实际存在于何处。它还确保废除和防止数字服务税及相关类似措施的扩散，确保避免双重征税的机制，并增强国际税收体系的稳定性和确定性。

作为对新征税权的交换，"金额A多边公约"要求各辖区必须撤销现有数字服务税及其他类似措施，并避免引入新的措施。这一条款将使那些已宣布开征或准备开征数字服务税及相关税收的国家，如法国、奥地利、意大利、英国、西班牙、突尼斯、土耳其、印度等，对其税收利益进行再权衡。巴西、印

---

[1] 朱青、白雪苑：《OECD"双支柱"国际税改方案：落地与应对》，载《国际税收》，2023年第7期，第3—10页。

[2] "Multilateral Convention to Implement Amount A of Pillar One (MLC)"，https://www.oecd.org/en/topics/sub-issues/reallocation-of-taxing-rights-to-market-jurisdictions/multilateral-convention-to-implement-amount-a-of-pillar-one.html，访问时间：2024年3月6日。

度等对该公约中的某些措施表示担忧，美国也已宣布不准备签署该公约，这将对"金额A多边公约"的签署产生负面影响。

此外，"金额A多边公约"的生效需要至少30个税收辖区的批准，且要至少占到规则适用范围内跨国企业母公司所在辖区的60%。这些条件的实现需要一定的时间。即使已批准公约的辖区也需要一定的时间再决定公约何时生效。"金额A多边公约"何时生效和真正落地实施存在诸多不确定性。

（二）经济合作与发展组织基本完成支柱二规则的相关技术工作

2023年，经济合作与发展组织（OECD）已基本完成支柱二规则的相关技术工作，连续发布多份支柱二相关技术文件，进一步完善支柱二的征税体系。多国税收辖区积极推进支柱二相关规则的实施。根据OECD的消息，已有包括德国、法国、意大利、比利时、爱尔兰、卢森堡、韩国、日本、越南、马来西亚、加拿大、印度等58个税收管辖区通过公众咨询、财政预算案、立法草案等形式，对全球最低税的实施进行相关立法。

2月2日，OECD/G20税基侵蚀和利润转移（Base Erosion and Profit Shifting，BEPS）包容性框架发布《支柱二全球反税基侵蚀（Global Anti-Base Erosion，GloBE）规则征管指南》（第一套），以协助各国政府实施国际税收制度改革。该指南包括适应范围、GloBE所得和税款、GloBE规则对保险公司的适用、过渡性规则以及合格国内最低补足税（Qualified Domestic Minimum Top-Up Tax，QDMTT）等五个主要部分，主要解决了重新调整GloBE规则中的货币门槛、实体合并测试、合并递延所得税金额、合格国内最低补足税等问题。

7月11日，OECD/G20 BEPS包容性框架召开第十五次全体成员大会，138个成员就实施"双支柱"方案达成一份《解决经济数字化带来的税收挑战的两大支柱解决方案成果声明》（Outcome Statement on the Two-Pillar Solution to Address the Tax Challenges Arising from the Digitalisation of the Economy）。[1] 声

---

[1] "Outcome Statement on the Two-Pillar Solution to Address the Tax Challenges Arising from the Digitalisation of the Economy"，https://www.oecd.org/content/dam/oecd/en/topics/policy-issues/beps/outcome-statement-on-the-two-pillar-solution-to-address-the-tax-challenges-arising-from-the-digitalisation-of-the-economy-july-2023.pdf，访问时间：2024年3月25日。

明总结了BEPS包容性框架为解决"双支柱"方案剩余要素而制定的一揽子可交付成果,对目前所取得的重要进展表示认可,并允许各辖区持续推进国际税收制度改革。

延伸阅读

《解决经济数字化带来的税收挑战的两大支柱解决方案成果声明》内容概要

引言

简要介绍OECD/G20税基侵蚀和利润转移包容性框架成立的背景,以及应对经济数字化带来的税收挑战的重要性和紧迫性。同时,概述"双支柱"解决方案的提出及其在解决税收挑战方面的核心作用。

第二支柱:全球最低税实施成果

详细阐述第二支柱下全球最低税的实施进展和成果,包括确立全球最低税率标准(15%),确保跨国企业在各司法管辖区公平纳税的具体措施和成效。同时,介绍已覆盖的司法管辖区数量(50多个)以及国际税收合作与协调的推动情况。

第一支柱:剩余利润征税权建立与规则制定

介绍第一支柱在建立剩余利润征税权方面的进展,包括针对特定市场管辖区建立征税权的具体做法和目的。同时,阐述已完成的应税规则(Subject to Tax Rule,STTR)及其实施框架的制定情况,以及这些规则在防止双重征税、减轻合规负担、增强国际税收体系稳定性方面的作用。

一揽子计划及其组成部分:概述包容性框架成员提供的一揽子计划的主要内容,包括关于第一支柱数额A的多边公约、第一支柱的B金额、第二支柱下的应税规则以及实施支持等四个部分。介绍这些组成部分的具体内容和目标,以及它们在完善国际税收体系、促进税收公平与效率方面的作用。

利益平衡与广泛接受:强调包容性框架在推进两大支柱解决方案

过程中注重利益平衡和广泛参与。介绍不同司法管辖区、发展中国家和发达国家以及来源和居住管辖区之间的妥协与合作情况，以及这些努力在推动国际税收改革方面的积极影响。

成果总结与展望：总结"双支柱"解决方案在解决经济数字化税收挑战方面取得的显著成果，以及这些成果对国际税收体系公平性和稳定性的贡献。同时，展望未来的国际税收合作与发展方向，强调继续完善"双支柱"解决方案、加强国际合作的重要性。

7月17日，OECD发布一系列文件，包括《经济数字化带来的税收挑战——全球反税基侵蚀立法模板征管指南（支柱二）》《经济数字化带来的税收挑战——GloBE信息报告表（支柱二）》《经济数字化带来的税收挑战——应税规则（支柱二）》等。至此，支柱二规则的相关技术工作已经基本完成。《经济数字化带来的税收挑战——全球反税基侵蚀立法模板征管指南（支柱二）》是继2月2日之后，包容性框架发布的第二套征管指南。该指南在第一套的基础上，进一步完善了一些技术事项，包括设置合格国内最低补足税安全港（永久安全港）、设置低税支付规则（Undertaxed Payment Rule，UTPR）安全港（过渡安全港），以及阐明基于实质的所得排除（Substance-based Income Exclusion，SBIE）的应用等。《经济数字化带来的税收挑战——GloBE信息报告表（支柱二）》旨在通过引入全球最低企业税率，为企业所得税竞争设置底线；同时，为税务机关提供充足且全面的信息，以便对跨国企业集团的税务情况进行评估和监管。文件规定了标准化的信息报告表，包含跨国企业集团进行有效税率和补足税等税务计算所需的信息，以及税务管理部门评估成员实体GloBE纳税义务正确性和进行适当风险评估所需的信息。制定这一标准化报告表的目的是确保信息收集标准统一且透明，以避免企业重复申报，并保证申报结果的一致性和确定性。《经济数字化带来的税收挑战——应税规则（支柱二）》包含使应税规则生效的协定范本条款以及解释应税规则目的和操作的附带注释。应税规则将使发展中国家能够更新双边税收协定，对某些集团内部在另一辖区被征收低税或名义税的所得"追征税款"。

10月3日，OECD/G20 BEPS包容性框架发布了《促进实施第二支柱税收规则的多边公约》(Multilateral Convention to Facilitate the Implementation of the Pillar Two Subject to Tax Rule，STTR MLI)[1]，以保护发展中国家权利，确保跨国企业对包括服务在内的广泛跨境集团内部支付缴纳最低水平的税款，防止跨国企业利用低税地进行税收规避，确保税收的公平性和合理性。STTR MLI为各国提供了一个统一的框架，用于在现有双边税收协定中实施第二支柱税收规则。参与该公约的国家可以直接利用这一框架，而无须再与其他国家逐一进行双边谈判，不仅节省了时间和资源，也提高了税收规则的全球一致性和可预测性。这一多边包容性框架是2023年7月发布的成果声明的一部分。

10月11日，OECD发布了《最低税制实施手册》(Minimum Tax Implementation Handbook [Pillar Two])[2]，这是一份关于全球最低税制度的详细指南，旨在协助各辖区政府考虑并推进全球最低税的实施。手册详细阐述了在国内（境内）法中引入GloBE规则的具体步骤和要求。GloBE规则要求跨国企业以辖区为基础计算其所得及应缴税款，并确保其有效税率不低于设定的最低标准（通常为15%）。如果计算出的有效税率低于这一标准，跨国企业需要缴纳补足税，以确保其在各辖区承担的税负达到最低要求。为了实施这一制度，手册提出了两种主要的补足税征收方式：一是低税辖区自身根据合格国内最低补足税（QDMTT）进行征收；二是在没有QDMTT适用的情况下，由另一个实施辖区通过收入纳入规则（Income Inclusion Rule，IIR）或低税支付规则（UTPR）来征收。总的来说，《最低税制实施手册》提供了一个详细的指南，有助于推动全球最低税制度的顺利实施，促进国际税收合作，维护国际税收体系的公平和稳定。

总体而言，支柱二的实施有较大进展，但也存在不确定性。首先，支柱二在严重依赖税收优惠政策吸引投资的发展中国家难以推行。支柱二没有明显区分税收竞争类型，而是采取"一刀切"做法，导致发展中国家需要通过税收优惠来吸引外资的做法也在此支柱的打击范围内，引发了发展中国家的强烈不

---

[1] "Multilateral Convention to Facilitate the Implementation of the Pillar Two Subject to Tax Rule"，https://www.oecd.org/tax/beps/multilateral-convention-to-facilitate-the-implementation-of-the-pillar-two-subject-to-tax-rule.htm，访问时间：2024年3月6日。

[2] "Minimum Tax Implementation Handbook (Pillar Two)"，https://www.oecd.org/tax/beps/minimum-tax-implementation-handbook-pillar-two.htm，访问时间：2024年3月6日。

满。其次，美国在是否实施支柱二方案上仍然态度不明。虽然拜登政府积极参与"双支柱"谈判，表示支持支柱二的推出，但美国国会中的一部分共和党议员仍强烈反对支柱二的推行。考虑到依据美国法律，支柱二要想在美国立法实施，必须获得国会的批准，如果最终改变不了美国共和党的态度，国际社会可能面临一个没有美国参与的支柱二。未来在支柱二问题上国际社会可能将面临两难选择，需要在探索中继续推进。[1]

（三）联合国提出国际税收备选方案

2023年8月30日，联合国秘书长安东尼奥·古特雷斯发布了《在联合国促进包容和有效的国际税务合作》的报告。[2] 报告内容涵盖对国际税务合作包容性和有效性的界定、对经济合作与发展组织在促进国际税务合作方面作用的分析，以及在联合国主导下改进国际税务合作的三个备选方案。

该报告分析认为，支柱一金额A的量化范围太窄，规则过于复杂，各国可以向少数跨国公司征收金额A，却必须放弃向所有企业征收数字服务税的权利。因此，该报告提出了多边税收公约、国际税务合作框架公约和国际税务合作框架三个促进包容和有效的国际税务合作的方案。三个方案分别具有"监管""组成"和"自愿"的性质，但并不相互排斥。

多边税收公约又称"标准多边税收公约"，是指达成一项具有法律约束力的公约，可涵盖广泛的税务问题。该公约具有"监管"性质，因为它将制定具体的规则和义务，包括可能对行使征税权施加限制的规则。此类公约的许多条款可能与双边税收协定中的条款类似。公约还将建立一个监督机制，以确保缔约方遵守信息报告和交换规则，以及遵守解决争议的程序。如果选择该方案，下一步将是成立一个由成员国牵头的政府间特设咨询专家组，为该公约的谈判拟定职权范围。专家组可审查公约可能涵盖的问题以及公约处理这些问题的必要性，以便就公约的范围提出建议——要么是一项全面的多边税收公约，要么是一项侧重于具体国际税务合作的公约。

---

1 《朱青谈支柱二落地：道路曲折，前景可期》，《中国税务报》2024年2月28日，第B1版。
2 "Promotion of inclusive and effective international tax cooperation at the United Nations: report of the Secretary-General", https://digitallibrary.un.org/record/4019360?v=pdf，访问时间：2024年3月6日。

国际税务合作框架公约也是一项具有法律约束力的多边公约，但具有"组成"性质，因为它是在国际税务合作框架的基础上制定的，将建立一个国际税收治理的整体系统。因此，框架公约将概述未来国际税务合作的核心原则，包括国际税务合作的目标、指导合作的主要原则以及合作框架的治理结构。框架公约还可设立一个供各国讨论的全体论坛，该论坛有权通过更多规范性文书，各国随后可成为这些文书的缔约国。框架公约的议定书可以提供更多监管方面的内容，对特定主题做出更详细的承诺，使各国能够根据自己的优先事项和能力选择加入或退出。框架公约具有灵活性，可以通过谈判解决若干不同的问题。框架公约允许缔约方在整体解决方案上还没有达成共识的前提下，逐步解决某个问题。如果选择该方案，接下来的步骤将与方案一类似。

国际税务合作框架具有"自愿"性质，是不具约束力的多边议程，以便各辖区在国际、国家、区域和双边各级，就改善税收规范和能力采取协调行动。有些问题如消除非法资金流动，需要采取全球行动，因为少数管辖区的单边行动可能会破坏大多数辖区的努力。税收征管的改进自然是在国家层面进行的，但这些改进可以而且经常得到多边和区域进程的支持。通过该框架运作的管辖区将分析税收问题，以确定在哪一层面或哪几个层面采取协调行动最为有效。从实质上讲，这一框架与第二个方案相似，因为它将确立国际税务合作的原则或模式，但这些原则或模式不会成为法律承诺的主题。[1]

三、主要国际高标准数字贸易规则影响范围逐步扩大

2023年，《区域全面经济伙伴关系协定》（RCEP）相继对印度尼西亚和菲律宾正式生效。至此，RCEP协定对15个签署国全面生效，将为区域内数字贸易的发展注入强大动力。此外，RCEP各成员国税则转版工作逐步落地实施，推动区域经贸合作走深向实。《数字经济伙伴关系协定》和《全面与进步跨太平洋伙伴关系协定》分别伴随着韩国和英国的加入，影响力不断扩大。

---

[1] "联合国发布促进包容和有效的国际税务合作报告"，http://www.ctaxnews.com.cn/2023-09/12/content_1031174.html，访问时间：2024年3月6日。

（一）《区域全面经济伙伴关系协定》对15个签署国全面生效

2023年1月2日，《区域全面经济伙伴关系协定》（RCEP）正式对印度尼西亚生效。[1] 印度尼西亚作为东盟的重要成员，加入RCEP将进一步促进区域内的贸易和投资，提高区域经济一体化水平。6月2日，RCEP自贸协定对菲律宾正式生效[2]，这标志着RCEP对15个成员国全面生效，世界经贸规模最大的自由贸易区正式形成。

2023年8月21日，RCEP第二次部长系列会议在印尼三宝垄举行。[3] 会议对RCEP全面生效的重要性给予了高度评价，强调各成员国应高水平履行RCEP义务并承诺加快完成关税税则转版工作，确保降税顺畅到位，进一步降低区域内的贸易壁垒，促进商品和服务的自由流通。会议通过了RCEP秘书机构职责范围和筹资安排，并指示RCEP联合委员会及其附属机构继续高质量开展后续工作。会议重申了RCEP的开放性和包容性，鼓励各方继续讨论并及时达成新成员加入程序。

中国商务部表示，RCEP区域总人口、GDP总值、货物贸易金额均占全球比重的约30%，协定对15国全面生效标志着全球人口最多、经贸规模最大、最具发展潜力的自由贸易区进入全面实施的新阶段。[4] RCEP的全面生效充分体现了15国支持开放、自由、公平、包容和以规则为基础的多边贸易体制的决心和行动，将为区域经济一体化注入强劲动力，全面提升东亚贸易投资自由化、便利化水平，助力地区和全球经济长期稳定发展。[5]

---

[1] "RCEP正式对印度尼西亚生效"，http://asean.mofcom.gov.cn/article/zthdt/rcep/202301/20230103376964.shtml，访问时间：2024年3月6日。

[2] "RCEP对15个签署国全面生效，为区域经济一体化注入强劲动力"，https://www.gov.cn/yaowen/liebiao/202306/content_6885018.htm，访问时间：2024年1月30日。

[3] "《区域全面经济伙伴关系协定》（RCEP）第二次部长级会议在印尼三宝垄举行"，http://file.mofcom.gov.cn/article/xwfb/xwbldhd/202308/20230803435208.shtml，访问时间：2024年3月30日。

[4] "商务部国际司负责人就《区域全面经济伙伴关系协定》（RCEP）对所有签署国全面生效答记者问"，http://www.mofcom.gov.cn/article/syxwfb/202306/20230603413693.shtml，访问时间：2024年4月30日。

[5] "《区域全面经济伙伴关系协定》（RCEP）对15个签署国全面生效"，http://tradeinservices.mofcom.gov.cn/article/news/ywdt/202306/149247.html，访问时间：2024年4月30日。

（二）《数字经济伙伴关系协定》完成韩国加入实质性磋商

2023年6月8日，经合组织部长会期间，新西兰、新加坡、智利三方部长会晤韩方贸易部长，共同宣布完成韩国加入《数字经济伙伴关系协定》（DEPA）实质磋商，四方发表联合声明。[1] 韩国于2021年9月正式申请加入DEPA，2021年10月成立韩国加入工作组，新加坡担任工作组主席。在经过6轮协商，完成加入所需的国内法律、制度的研究和调整之后，达成了实质性的磋商结果。[2] 工作组一致认为，韩国已展示了其将遵守协议高标准的方式，在电子发票、消费者保护、贸易文件电子化传输和跨境数据流动等领域与三方有巨大合作潜力。[3] 在遵守协议的高标准规定，如数据流动、网络开放、电子认证、电子发票、消费者保护等的同时，韩国也与DEPA其他成员国在电子商务基础设施出口、数字内容和服务等领域开展合作项目，共同参与DEPA的未来发展和扩展。

DEPA作为全球首份数字经济区域协定，其发展对于构建一个更加包容和高效的全球数字贸易环境至关重要。对韩国而言，加入DEPA是提高其数字贸易应对能力，引领电子商务全球规则，拓展数字经济市场的重要举措。对DEPA而言，韩国作为亚洲的数字经济强国，加入DEPA有利于增加其影响力、扩大其优惠范围、增加其多样性和包容性、推动其发展和创新，同时也会吸引更多有意愿的其他经济体加入。

（三）英国成为首个《全面与进步跨太平洋伙伴关系协定》欧洲成员

2023年3月31日，英国首相里希·苏纳克（Rishi Sunak）宣布，英国已获准加入《全面与进步跨太平洋伙伴关系协定》（CPTPP）[4]，并完成了与CPTPP成

---

[1] "《数字经济伙伴关系协定》完成韩国加入实质磋商"，http://nz.mofcom.gov.cn/article/jingmaotongji/202306/20230603415678.shtml，访问时间：2024年4月3日。

[2] "韩国首批加入《数字经济伙伴关系协定》"，http://busan.mofcom.gov.cn/article/jmxw/202307/20230703423301.shtml，访问时间：2024年4月3日。

[3] "《数字经济伙伴关系协定》完成韩国加入实质磋商"，http://nz.mofcom.gov.cn/article/jingmaotongji/202306/20230603415678.shtml，访问时间：2024年2月25日。

[4] "UK strikes deal to join major free trade bloc in Asia-Pacific"，https://www.gov.uk/government/news/uk-strikes-deal-to-join-major-free-trade-bloc-in-asia-pacific，访问时间：2024年1月30日。

员国的双边谈判，以及与CPTPP委员会的多边谈判，获得了所有成员国的一致同意，成为其第12个成员国，也是CPTPP首个非亚太地区成员国。英国整体上承诺维持CPTPP的高标准规则，并就数字贸易方面强调，将支持跨境数据自由流动，禁止不合理的数据本地化要求以及确保对个人数据的高标准保护；保证英国与CPTPP成员国进行跨境交易，提高相互之间数字贸易的安全性和信任度，同其他成员国一道推进数字贸易标准的协调，建立更加完善的数字贸易标准合作机制，从而提升英国在亚太地区数字贸易领域的影响力。

延伸阅读

《全面与进步跨太平洋伙伴关系协定》的数字经贸规则构建

《全面与进步跨太平洋伙伴关系协定》（CPTPP）是一个在加拿大、澳大利亚、日本等11个国家之间生效的自由贸易协定。

CPTPP的电子商务章节明确界定了电子商务涵盖的内容，制定了一系列规则，包括但不限于承诺不对电子传输征收关税、保护个人信息以及就电子商务中重要的安全性问题加强合作等，并要求实施数字产品的非歧视待遇。此外，CPTPP强制要求允许通过电子方式进行跨境数据传输，其中包括个人信息传输。更加重视服务贸易相关规则，并在市场准入、国民待遇、政策透明度等诸多方面均做出了严格的规定。

值得一提的是，CPTPP是首个包含源代码条款的区域协定。在协定的第十四章中明确规定，缔约国不得要求转让或获取另一方个人所拥有的软件源代码，作为在其领土内进口、分销、销售或使用该软件或含有该软件的产品的前提条件。此外，在电信服务规则方面，CPTPP采取了"准入前国民待遇+负面清单"的市场准入模式，旨在推动电信服务市场在成员国之间的全面开放。

从数字贸易规则的广度来看，CPTPP提出了电信服务规则及源代码等独有条款，使得其规则范围更为广泛。从数字贸易规则的深度来看，CPTPP对缔约方的强制性要求更为严格，规则标准也相对较高。

延伸阅读

英国申请加入《全面与进步跨太平洋伙伴关系协定》的背景

自英国正式脱欧以来，其积极申请加入《全面与进步跨太平洋伙伴关系协定》（CPTPP）成了"全球英国"战略的显著体现，表明英国外交战略重心正逐渐转向亚太地区。早在2021年2月，英国就向CPTPP递交了正式申请。同时，英国已与日本、加拿大、智利等CPTPP成员国生效了双边自由贸易协定，为其加入CPTPP奠定了良好的谈判基础。

此外，作为发达经济体，英国市场开放程度高，在电子商务和知识产权等规则方面与CPTPP的数字经贸规则并无实质性冲突，反而在隐私保护方面拥有更高的规则标准。根据英国国际贸易部发布的关于加入CPTPP的官方报告，英国明确表示愿意整体承诺并维持CPTPP的高标准经贸规则，在消除货物贸易壁垒、服务市场开放及数字贸易等领域对CPTPP做出确切承诺。CPTPP各成员国对英国的加入持开放态度，他们认为英国的加入将进一步加强高标准经贸规则的执行，符合CPTPP的扩员要求。

四、欧盟签署系列数字经济相关对外协定

作为全球最大的数字市场之一，欧盟全面加强数字经济治理和数字贸易规则建设，在推进单一数字市场建立的基础上，将数字贸易作为欧盟经济发展的重要战略任务，积极寻求开展数字贸易领域国际合作。2023年，欧盟与新加坡、韩国、日本、美国等达成协议。

（一）欧盟和新加坡签署数字伙伴关系协定及数字贸易原则

2023年2月1日，新加坡和欧盟正式签署《欧盟-新加坡数字伙伴关系协定》

（EU-Singapore Digital Partnership，EUSDP）[1]，促进双边数字领域的合作，寻求进一步加强新加坡作为全球商业中心和数字中心的地位。该协定提供了一个总体框架，涵盖了许多跨境数字经济的核心领域，包括促进数字贸易便利、可靠的数据流通、电子支付、标准和一致性等方面。这个框架涉及的新兴领域，包括人工智能、数字身份以及5G和6G等技术；旨在通过提升员工的数字技能，以及推动企业和公共服务的数字化转型，来促进更广泛的数字经济合作。这一伙伴关系是欧盟印太战略实施的又一关键步骤。同时，双方也签署了数字伙伴关系的第一个具体成果《数字贸易原则》(Digital Trade Principles)[2]，旨在促进数字经济中商品和服务的自由流动，并保护隐私。

7月20日，欧盟和新加坡就数字贸易协定启动谈判[3]，着重就为端到端的数字贸易提供确定性的法律、加强民众和企业在数字交易中的保护等展开讨论。该协定将促进社会的数字化转型，并深化和补充现有的优惠贸易框架。

（二）欧盟和美国发布数字贸易联合声明

2023年5月31日，美国-欧盟贸易和技术委员会（US-EU Trade and Technology Council, TTC）举行第四次部长级会议，发布《美国-欧盟贸易和技术委员会联合声明》，强调双方致力于在新兴技术方面持续开展跨大西洋合作，促进美国-欧盟的联合领导；在促进贸易和投资的可持续性与新机会等方面强化合作，其中在促进全球数字贸易原则方面，双方重申，在数字贸易原则的基础上，将确定双方数字贸易政策的其他共同点，与其他贸易伙伴共同努力，推动这些原则，以确保全球数字服务和技术贸易符合双方共同价值观。双方打算在全球贸易挑战工作组（Global Trade Challenges Working Group）内，就影响数字贸易的非市场政策和做法以及与非市场经济数字公司带来的风险相关的各自政策交换信息。

---

1 "EU-Singapore Digital Partnership"，https://digital-strategy.ec.europa.eu/en/library/eu-singapore-digital-partnership，访问时间：2024年3月4日。

2 "Digital Trade Principles"，https://circabc.europa.eu/rest/download/f9c3019e-de0f-4a56-8c7b-adc167c868c8，访问时间：2024年3月4日。

3 "Joint Statement on the launch of negotiations for an EU-Singapore digital trade agreement"，https://policy.trade.ec.europa.eu/news/joint-statement-launch-negotiations-eu-singapore-digital-trade-agreement-2023-07-20_en，访问时间：2024年3月16日。

（三）欧盟与日本就数字贸易和经济安全达成合作

2023年6月27日，欧盟与日本举行了第三次高级别经济对话，双方就促进国家和地区数据自由流动的《欧盟-日本数字贸易原则》（EU-Japan Digital Trade Principles）达成协议。首先，对话重申了欧盟与日本之间战略合作的重要性，认为在当前充满挑战的地缘政治背景下，有必要在双边和多边层面开展经济安全合作；同时，讨论了在反胁迫、出口管制和投资审查等相关工具方面可能的合作领域。其次，双方一致认为，有必要在战略领域建立有弹性的供应链。最后，双方还探讨了在《联合声明倡议》（Joint Statement Initiative，JSI）下加强电子商务双边合作的可能性，并保持更好地利用数字贸易机遇的势头。[1]

（四）欧盟与韩国启动数字贸易协定谈判

10月31日，《韩国-欧盟自由贸易协定》贸易委员会在首尔召开会议，宣布双方正式开始数字贸易协定谈判。[2] 双方计划以"数字贸易原则"为基础，达成高水平的数字贸易协定，以引领全球数字贸易规则的制定。韩国产业部期待通过数字贸易协定的签署，为韩国企业和消费者构建一个可信赖、开放、公正的数字贸易环境，从而为他们提供更多商机，增强韩国数字经济的竞争力。

（五）欧盟和新西兰签署自由贸易协定

7月9日，欧盟和新西兰签署《欧盟-新西兰自由贸易协定》（该协定将在2024年5月1日生效）。[3] 待自贸协定生效后，金融等关键领域将开放新西兰服务市场，加强网络安全、保护数字身份、加强金融科技领域合作、保护和执行符合欧盟标准的知识产权等。值得注意的是，在数据领域，该协议将在促进数

---

[1] "EU and Japan strengthen cooperation on digital trade and economic security", https://ec.europa.eu/commission/presscorner/detail/en/IP_23_3530，访问时间：2024年2月25日。

[2] "韩国欧盟启动数字贸易协定谈判", http://kr.mofcom.gov.cn/article/jmxw/202311/20231103450948.shtml，访问时间：2024年3月4日。

[3] "欧盟理事会通过签署欧盟新西兰自由贸易协定决议", http://tradeinservices.mofcom.gov.cn/article/news/gjxw/202306/149985.html，访问时间：2024年3月14日。

据流动和数字贸易的同时，保持高标准的个人数据保护。[1] 在人工智能、线上消费者保护、中小企业合作、数字包容性等方面亦提供了更好的信任环境。

五、中国依托双多边机制推进数字贸易国际合作

2023年，中国政府以电子商务为着力点，积极推进数字贸易双多边合作，已同30个国家签署电子商务合作备忘录。同时，积极推动中国加入《数字经济伙伴关系协定》进程，与高标准国际数字规则兼容对接。扩大与共建"一带一路"国家数字贸易合作，积极探索反映发展中国家利益和诉求的规则体系，为全球数字贸易规则制定贡献力量。

（一）中国与东盟国家签署电子商务合作文件

1月4日，中国商务部部长与菲律宾贸易与工业部部长在北京签署了《中华人民共和国商务部和菲律宾共和国贸易与工业部关于电子商务合作的谅解备忘录》。双方将建立电子商务合作机制，开展政策沟通，分享最佳实践和创新经验，通过电子商务促进优质产品贸易，加强企业、地方、智库合作，共同为双边经贸关系注入新动力。[2]

9月6日上午，第26次中国-东盟（10+1）领导人会议在印度尼西亚雅加达召开。会议就"一带一路"倡议同东盟印太展望互利合作发表了联合声明，同时宣布通过《中国-东盟关于加强电子商务合作的倡议》[3]。根据倡议文件，双方将开展以下合作：一是推进更密切的企业合作，探索加强双方主要电商平台合作，开展符合双方利益的电商促消费活动，促进双方企业特别是可受益于电商的中小微企业在消费者保护、知识产权保护等领域密切合作。二是共同开展能力建设，助力东盟国家缩小电子商务发展差距，以建设健康、现代、有竞争力

---

[1] "The EU and New Zealand seal ambitious trade agreement", https://ec.europa.eu/commission/presscorner/detail/en/ac_24_22，访问时间：2024年2月25日。

[2] "中国与菲律宾签署电子商务合作谅解备忘录"，http://www.mofcom.gov.cn/article/syxwfb/202301/20230103377797.shtml，访问时间：2024年3月6日。

[3] 《中国-东盟关于加强电子商务合作的倡议》，https://www.fmprc.gov.cn/web/gjhdq_676201/gjhdzz_681964/lhg_682518/zywj_682530/202309/t20230906_11139355.shtml，访问时间：2024年3月6日。

和可持续的电子商务市场；同时，支持《东盟电子商务协议》和《斯里巴加湾路线图：加快东盟经济复苏与数字经济一体化的东盟数字转型议程》的有效实施。三是共同促进跨境电商行业发展及相关活动，支持双方为跨境电商提供便利，促进东盟国家与中国电子商务开展互惠互利的合作方式。

9月8日，中国国务院总理李强访问印度尼西亚期间，中国商务部部长与印度尼西亚经济统筹部部长共同签署了《中华人民共和国商务部和印度尼西亚共和国经济统筹部关于电子商务合作的谅解备忘录》。[1] 根据该备忘录，双方将建立电子商务合作机制，加强政策沟通和经验分享，支持两国企业开展电子商务全产业链合作，开展人员培训和联合研究，不断提升贸易投资便利化水平，拓展数字经济合作领域，共同为双边经贸关系注入新动能。

至此，中国已与菲律宾、老挝[2]、泰国[3]、巴基斯坦[4]、新加坡[5]、白俄罗斯[6]、塞内加尔[7]、乌兹别克斯坦[8]、瓦努阿图[9]、萨摩亚[10]、哥伦比亚[11]、意大

---

[1] "中国和印度尼西亚签署《中华人民共和国商务部和印度尼西亚共和国经济统筹部关于电子商务合作的谅解备忘录》"，http://www.mofcom.gov.cn/article/xwfb/xwbldhd/202309/20230903438919.shtml，访问时间：2024年3月6日。

[2] "中国与老挝签署电子商务合作谅解备忘录"，http://file.mofcom.gov.cn/article/xwfb/xwbldhd/202212/20221203371849.shtml，访问时间：2024年5月7日。

[3] "中国与泰国签署电子商务合作谅解备忘录"，https://wangwentao.mofcom.gov.cn/zyhd/art/2022/art_0671b294a15a4bfb87a7dea37d113cdb.html，访问时间：2024年5月7日。

[4] "中国与巴基斯坦签署电子商务合作谅解备忘录"，http://pk.mofcom.gov.cn/article/jmxw/202211/20221103364642.shtml，访问时间：2024年5月7日。

[5] "中国与新加坡签署电子商务合作谅解备忘录"，https://wangwentao.mofcom.gov.cn/zyhd/art/2022/art_4fe354cbc793436cac23423c3b55f1cc.html，访问时间：2024年5月7日。

[6] "中国与白俄罗斯签署电子商务合作谅解备忘录"，https://swt.fujian.gov.cn/xxgk/jgzn/jgcs/dzswhxxhc/yjzx/202209/t20220930_6009708.htm，访问时间：2024年5月7日。

[7] "中国和塞内加尔签署电子商务合作谅解备忘录"，http://www.mofcom.gov.cn/article/xwfb/xwbldhd/202112/20211203222694.shtml，访问时间：2024年5月7日。

[8] "中乌签署电子商务合作谅解备忘录"，https://www.yidaiyilu.gov.cn/p/108409.html，访问时间：2024年5月7日。

[9] "中国和瓦努阿图签署《中华人民共和国商务部和瓦努阿图共和国外交、国际合作与对外贸易部关于电子商务合作的谅解备忘录》"，http://www.mofcom.gov.cn/article/ae/ai/201910/20191002906158.shtml，访问时间：2024年5月7日。

[10] "中国和萨摩亚签署《中华人民共和国商务部和萨摩亚独立国工商劳工部关于电子商务合作的谅解备忘录》"，http://tradeinservices.mofcom.gov.cn/article/news/ywdt/201910/92709.html，访问时间：2024年5月7日。

[11] "中国与哥伦比亚签署电子商务合作谅解备忘录"，https://www.gov.cn/xinwen/2019-07/31/content_5417672.htm，访问时间：2024年5月7日。

利[1]、巴拿马[2]、阿根廷[3]、冰岛[4]、卢旺达[5]、阿联酋[6]、科威特[7]、俄罗斯[8]、哈萨克斯坦[9]、奥地利[10]、匈牙利[11]、爱沙尼亚[12]、柬埔寨[13]、澳大利亚[14]、巴西[15]、越南[16]、新西兰[17]、

---

[1] "中意签署电子商务合作谅解备忘录",https://www.gov.cn/xinwen/2019-03/24/content_5376385.htm,访问时间:2024年5月7日。

[2] "中国和巴拿马签署《关于电子商务合作的谅解备忘录》",http://www.mofcom.gov.cn/article/xwfb/xwrcxw/201812/20181202813410.shtml,访问时间:2024年5月7日。

[3] "中国与阿根廷签署《中华人民共和国商务部和阿根廷共和国生产和劳工部关于电子商务合作的谅解备忘录》",http://www.mofcom.gov.cn/aarticle/ae/ai/201812/20181202813352.html,访问时间:2024年5月7日。

[4] "中国与冰岛签署关于电子商务合作的谅解备忘录",https://www.yidaiyilu.gov.cn/p/99758.html,访问时间:2024年5月7日。

[5] "中国和卢旺达签署《关于电子商务合作的谅解备忘录》",http://www.mofcom.gov.cn/article/ae/ai/201807/20180702768882.shtml,访问时间:2024年5月7日。

[6] "中国与阿联酋签署《中华人民共和国商务部和阿拉伯联合酋长国经济部关于电子商务合作的谅解备忘录》",http://www.mofcom.gov.cn/aarticle/ae/ai/201807/20180702768293.html,访问时间:2024年5月7日。

[7] "中国与科威特签署《中华人民共和国商务部和科威特国商工部关于电子商务合作的谅解备忘录》",http://www.mofcom.gov.cn/aarticle/ae/ai/201807/20180702764159.html?test,访问时间:2024年5月7日。

[8] "中俄签署《关于电子商务合作的谅解备忘录》",https://www.gov.cn/xinwen/2018-06/10/content_5297587.htm,访问时间:2024年5月7日。

[9] "中国和哈萨克斯坦签署《中华人民共和国商务部和哈萨克斯坦共和国国民经济部关于电子商务合作的谅解备忘录》",http://www.mofcom.gov.cn/article/ae/ai/201806/20180602753447.shtml,访问时间:2024年5月7日。

[10] "中国和奥地利签署《关于电子商务合作的谅解备忘录》",http://www.mofcom.gov.cn/article/ae/ai/201804/20180402729795.shtml,访问时间:2024年5月7日。

[11] "中匈两国签署关于电子商务合作谅解备忘录",http://www.mofcom.gov.cn/article/ae/ai/201711/20171102677948.shtml?from=groupmessage,访问时间:2024年5月7日。

[12] "中国与爱沙尼亚签署《关于电子商务合作的谅解备忘录》",http://www.mofcom.gov.cn/aarticle/ae/ai/201711/20171102676927.html?test,访问时间:2024年5月7日。

[13] "中国与柬埔寨签署《中国商务部和柬埔寨商业部关于电子商务合作的谅解备忘录》",http://www.mofcom.gov.cn/aarticle/ae/ai/201711/20171102668543.html,访问时间:2024年5月7日。

[14] "中国和澳大利亚签署《关于电子商务合作的谅解备忘录》",http://www.mofcom.gov.cn/article/ae/ai/201709/20170902644867.shtml?from=singlemessage&isappinstalled=0,访问时间:2024年5月7日。

[15] "中华人民共和国商务部与巴西工业外贸和服务部签署关于电子商务合作的谅解备忘录",http://www.mofcom.gov.cn/article/ae/ai/201709/20170902637877.shtml,访问时间:2024年5月7日。

[16] "中国商务部和越南工贸部签署《关于成立电子商务合作工作组的谅解备忘录》",http://www.mofcom.gov.cn/article/ae/ai/201711/20171102669338.shtml,访问时间:2024年5月7日。

[17] "中国和新西兰签署《中华人民共和国商务部和新西兰外交贸易部关于电子商务合作的安排》",https://www.yidaiyilu.gov.cn/p/99770.html,访问时间:2024年5月7日。

智利[1]、印度尼西亚[2]共30个国家[3]建立了双边电子商务合作机制。

（二）中国加入《数字经济伙伴关系协定》工作组取得新进展

自2022年8月18日，中国加入《数字经济伙伴关系协定》（DEPA）[4]工作组正式成立以来，已于2023年开展了四轮技术磋商和三次首席谈判，以全面推进中国加入DEPA。

3月28日，中国加入DEPA工作组（以下简称"工作组"）第一次技术磋商已就无纸贸易、国内电子交易框架、物流、电子发票、快运货物、电子支付等商业和贸易便利化议题同DEPA成员方开展深入交流。[5]

4月25日，工作组第二次首席谈判代表会议在新加坡举行，商务部国际司代表与智利、新西兰和新加坡负责DEPA事务的代表参加会议。[6]

6月20日，工作组第二次技术磋商在线举行，中方同DEPA成员方就电子传输免征关税、个人信息保护等议题开展深入交流。[7]

8月24日至25日，工作组第三次首席谈判代表会议及第三次技术磋商在北京举行。中方同DEPA成员智利、新西兰、新加坡就数字产品待遇、数据问

---

[1] "中国与智利签署《中华人民共和国商务部和智利外交部关于电子商务领域合作的谅解备忘录》"，http://www.mofcom.gov.cn/aarticle/ae/ai/201611/20161101910175.html，访问时间：2024年5月7日。

[2] "中国和印度尼西亚签署《中华人民共和国商务部和印度尼西亚共和国经济统筹部关于电子商务合作的谅解备忘录》"，http://www.mofcom.gov.cn/article/xwfb/xwbldhd/202309/20230903438919.shtml，访问时间：2024年3月6日。

[3] "'丝路电商'——电子商务国际合作"，https://www.yz.gov.cn/yzsswj/xxgkdwjmhz/202301/37b26f0d619f4817b873228de4a9b930.shtml，访问时间：2024年3月25日。

[4] DEPA由新西兰、新加坡、智利于2019年5月发起，并于2020年6月线上签署，是全球首份数字经济区域协定，涵盖了数字贸易领域的部分议题，并且致力于推动数字贸易便利化、新兴技术创新驱动以及数字经济包容性发展。2021年，中国正式提出加入DEPA申请。2022年8月，中国加入DEPA工作组正式成立。

[5] "中国加入《数字经济伙伴关系协定》（DEPA）工作组第一次技术磋商在线举行"，http://gjs.mofcom.gov.cn/article/dongtai/202304/20230403401106.shtml，访问时间：2024年3月25日。

[6] "中国加入DEPA谈判工作组第二次首席谈判代表会议在新加坡举行"，http://gjs.mofcom.gov.cn/article/dongtai/202305/20230503407860.shtml，访问时间：2024年3月25日。

[7] "中国加入《数字经济伙伴关系协定》（DEPA）工作组第二次技术磋商在线举行"，http://gjs.mofcom.gov.cn/article/dongtai/202306/20230603419183.shtml，访问时间：2024年3月25日。

题、更广泛的信任环境、商业和消费者信任等议题，以及贸易单据数字化等拟在DEPA框架下开展的合作进行深入交流。[1]

12月6日，工作组第四次技术磋商在线举行，中方同DEPA成员方就数字身份、新兴趋势和技术、创新和数字经济、中小企业合作、数字包容性等议题开展深入交流。[2]

（三）中国依托"一带一路"平台积极参与数贸规则制定

10月17日至18日，"一带一路"国际合作高峰论坛在北京举行。论坛形成了89项多边合作成果文件清单及369项务实合作项目清单，其中包括高级别论坛成果《"一带一路"数字经济国际合作北京倡议》[3]及专题论坛成果《数字经济和绿色发展国际经贸合作框架倡议》[4]。《"一带一路"数字经济国际合作北京倡议》旨在加强数字经济领域的合作，释放数字经济在落实联合国《2030年可持续发展议程》方面的巨大潜力。中国、阿根廷、柬埔寨、科摩罗、古巴、埃塞俄比亚、冈比亚、肯尼亚、老挝、马来西亚、缅甸、巴勒斯坦、圣多美和普林西比、泰国提出二十条倡议。倡议包括提升农业现代化水平、推动工业数字化转型、提升公共服务数字化水平、促进数字化转型和绿色转型协同发展、支持数字创新创业等内容。

《数字经济和绿色发展国际经贸合作框架倡议》是第三届"一带一路"国际合作高峰论坛贸易畅通专题论坛期间，中国与阿富汗、阿根廷等35个国家共同发布的倡议。倡议内容包括数字领域经贸合作、绿色发展合作、能力建设、落实与展望四个部分，设置构建开放而安全的环境、提高贸易便利化程度、缩

---

[1] "中国加入《数字经济伙伴关系协定》工作组第三次首席谈判代表会议及第三次技术磋商在北京举行"，http://gjs.mofcom.gov.cn/article/dongtai/202308/20230803436639.shtml，访问时间：2024年3月25日。

[2] "中国加入《数字经济伙伴关系协定》（DEPA）工作组第四次技术磋商在线举行"，http://gjs.mofcom.gov.cn/article/dongtai/202312/20231203461351.shtml，访问时间：2024年3月25日。

[3] 《"一带一路"数字经济国际合作北京倡议》，http://jp.china-embassy.gov.cn/chn/gzzgnew/202310/P020231019680044766978.pdf，访问时间：2024年3月17日。

[4] 《数字经济和绿色发展国际经贸合作框架倡议》在京发布"，http://www.mofcom.gov.cn/article/syxwfb/202310/20231003446762.shtml，访问时间：2024年3月1日。

小数字鸿沟、增进消费者信任、创造有利于绿色发展的政策环境、促进绿色可持续发展的贸易合作，以及推动绿色技术与服务的交流和投资合作七个支柱。该倡议为各国有序开展电子商务领域国际合作、经贸合作提供了坚实基础，将推动形成有利于跨境电商发展的国际环境，得到了联合国贸发会议、联合国工发组织、国际贸易中心等国际组织的积极支持。

第五章　数字货币治理

与2022年的低迷相比，2023年是数字货币行业强劲复苏的一年。根据CoinGecko2023年的数字货币行业报告，私人数字货币交易量在2023年持续攀升，全年总市值增长108.1%。特别是第四季度，投资者乐观情绪升温以及美国有望批准比特币现货交易所交易基金（Exchange Traded Fund，ETF）的消息，迅速将市值从1.1万亿美元推升至1.6万亿美元。总体而言，2023年是数字货币行业快速复苏并逐渐迈入成熟的一年。各国政府对数字货币执法和监管也越来越严格。各国监管政策逐渐明晰，争议案件尘埃落定，新的数字货币应用不断涌现，风险规制技术创新发展，主流投资机构资金注入，为数字货币进一步发展注入持续动力。

一、全球私人数字货币的安全风险态势

2023年，国际冲突影响私人数字货币的大规模应用，主要原因：一是私人数字货币基于区块链技术或其他匿名技术，可以减少募集资金的时间和交易成本；二是私人数字货币具有监管少、去中心化、匿名性强等特征，使其成为规避他国制裁、支持武器装备交易的重要方式；三是冲突期间，冲突国家和其他国家、地区的法定货币币值均出现不同程度的波动，出现了汇率市场的不稳定、兑换金额限制等现象，这导致公众对私人数字货币评价上升，认为私人数字货币"价值相对稳定""交易灵活限制少""全球自由流通"等。与此同时，私人数字货币因币值不断提升再次成为不法分子的犯罪工具。

（一）加密货币成为国际冲突的关注焦点

在巴以冲突发生后，多个社交媒体均曾出现为哈马斯（Hamas）募集数字货币捐款的帖子。其中，与哈马斯等组织相关的捐款项目大约有150个。以色

列国家网络局执行主任汤姆·亚历山德罗维奇声称,在此次"战争"时期,数字货币资助"恐怖主义活动"成为一个严重问题。以色列试图命令数字货币交易所关闭可疑账户并提供相关账户信息,以此切断数字货币市场对哈马斯组织的资金供给。私人数字货币交易所币安(Binance)称,在遵循国际公认的制裁规则的前提下,已冻结了部分用户的交易账户。[1]

美国作为以色列的盟友,除对以色列的军事援助外,巴以冲突爆发后,美国一直试图切断哈马斯的资金来源。美国从资金投资和加密货币筹资"双管齐下",分别和海湾合作委员会成员国,以及全球著名中心化交易所展开广泛合作,打击哈马斯的投资组合和切断哈马斯在加密货币上的资金来源。2023年,因怀疑哈马斯利用数字货币筹集资金和从事洗钱,美国参议院银行委员会拟通过立法工作打击非法加密货币交易。杰克·里德(Jack Reed)、迈克·朗兹(Mike Rounds)和伊丽莎白·沃伦(Elizabeth Warren)等参议员提出,通过反洗钱和经济制裁规则对加密数字资产进行规制。[2] 美国参议院银行委员会主席谢罗德·布朗(Sherrod Brown)认为,私人数字货币平台不应该继续适用"以往的一般性防护措施",两党应联手避免加密货币被非法利用。[3]

延伸阅读

以色列国防机构阻止加密货币资金流向哈马斯

加密货币成为巴以冲突的另一重要战场。一方面,以色列Fireblocks、MarketAcross、Blockchain B7等多家区块链企业共同设立了"加密货币援助以色列"项目,截至2023年10月9日,援助额已超过24万美元。[4] 另一方

---

1 "Israel Authorities Freeze Hamas-Linked Crypto Accounts on Binance", https://decrypt.co/200837/israel-authorities-freeze-hamas-linked-crypto-accounts-binance,访问时间:2023年11月4日。

2 "Crypto fight looms in 2024 race that could flip Senate", https://www.politico.com/news/2023/12/21/sherrod-brown-ohio-senate-cryptocurrency-00132834,访问时间:2023年11月23日。

3 "Brown: To Fight Terrorism, We Must Expose How Terrorists Finance Their Attacks", https://www.brown.senate.gov/newsroom/press/release/sherrod-brown-fight-terrorism-expose-terrorists-finance-attacks,访问时间:2023年11月9日。

4 "Charity campaign Crypto Aid Israel launches fundraising effort following Hamas attacks", https://blockworks.co/news/crypto-aid-israel-humanitarian-support-fundraise,访问时间:2024年2月25日。

面，自冲突爆发以来，以色列国防机构大力阻止加密货币资金流向哈马斯。以色列定位和拦截与哈马斯相关的加密钱包，截至2023年10月17日，已冻结约100个账户。[1]

早在2022年，有媒体披露哈马斯通过投资土耳其、沙特阿拉伯、阿尔及利亚和苏丹的房地产及建筑公司，设法筹集了超过5亿美元的资金。近年来，哈马斯也开始大量使用比特币等加密货币来规避制裁，从而获取更多资金。在双方冲突发生之前，哈马斯通过和巴勒斯坦伊斯兰圣战组织、真主党的合作收到了大量数字货币。根据区块链分析公司Elliptic和特拉维夫软件公司BitOK出具的详细调查报告，与巴勒斯坦伊斯兰圣战组织有关的数字钱包在2021年8月至2023年6月积累了价值多达9300万美元的加密货币。[2]该调查报告结果显示，与哈马斯有关联的钱包在相同时间范围内，收到大约4100万美元的加密货币。

数字货币在资助恐怖主义活动方面的作用到底如何仍有不少的争论。《华尔街日报》报道称，在2021年8月至2023年6月期间，哈马斯的分支机构巴勒斯坦伊斯兰圣战组织筹集多达9300万美元的数字货币。对此，以马萨诸塞州民主党参议员伊丽莎白·沃伦和堪萨斯州共和党参议员罗杰·马歇尔（Roger Marshall）为首的立法者还多次要求拜登政府"提供有关其防止使用数字货币资助恐怖主义计划的更多细节"。[3]区块链分析公司Chainalysiss认为，媒体对数字货币在恐怖主义融资中发挥作用的宣传有耸人听闻之嫌。它指出，在涉及数字货币的非法交易中，恐怖主义融资只是"冰山一角"。在区块链技术的支持下，数字货币交易的透明度决定其不会成为恐怖组织的最佳选择。[4]数据分

---

[1] "Israel Freezes 100 Binance Accounts Over Suspected Hamas Links: FT", https://www.coindesk.com/policy/2023/10/17/israel-freezes-100-binance-accounts-over-suspected-hamas-links-ft/，访问时间：2024年1月17日。

[2] "Terrorist Financing: Hamas and Cryptocurrency Fundraising", https://crsreports.congress.gov/product/pdf/IF/IF12537，访问时间：2024年2月13日。

[3] "美媒：加密货币成激进组织筹资渠道", https://ckxxapp.ckxx.net/pages/2023/10/13/b704436c61254260a2b58826297b3c0b.html，访问时间：2024年5月14日。

[4] "Correcting the Record: Inaccurate Methodologies for Estimating Cryptocurrency's Role in Terrorism Financing", https://www.chainalysis.com/blog/cryptocurrency-terrorism-financing-accuracy-check/，访问时间：2023年11月9日。

析公司Elliptic也在上述《华尔街日报》报道后发表文章称，没有证据表明加密筹款已筹集到9300万美元的资金。[1]

（二）私人数字货币安全风险受到高度关注

能源消耗问题。2023年，全球比特币年耗电量约占全球加密货币交易耗电总量的六成以上。比特币单笔交易消耗1449度电，相当于一个美国家庭平均50天的耗电量，需要约173美元的电费。[2] 美国拥有全球最大的比特币挖矿产业，占比特币全网哈希率[3]的38%以上。[4]《纽约时报》调查显示，比特币矿场的能源消耗惊人，挖矿业务的耗电量足以为300多万户美国家庭供电，并且未来将不断有更大兆瓦的设备投入使用。[5]

隐私保护风险。7月，开放人工智能首席执行官萨姆·奥尔特曼创办的数字货币项目世界币基金（Worldcoin Foundation）正式推出。[6] 该项目的一个核心产品是World ID，其自带的人眼图像获取设备Orb对用户的虹膜进行扫描，将虹膜图像转化为一串数字代码，从而为每位用户创建个人账户。[7] 但是，鉴于美国对利用加密数字货币进行投机和欺诈犯罪行为的严厉打击，以及监管机构的严苛管理，世界币基金项目暂时不会进入美国市场。[8] 8月2日，肯尼亚内政部发布声明，称有关机构已经开始调查世界币基金项目的用户隐私保护、财

---

[1] "Wall Street Journal corrects article misciting Hamas' crypto terrorism funding data", https://cointelegraph.com/news/wall-street-journal-corrects-article-misciting-hamas-crypto-terrorism-funding-data, 访问时间：2023年11月4日。

[2] "Bitcoin Energy Consumption Index", https://digiconomist.net/bitcoin-energy-consumption, 访问时间：2023年11月22日。

[3] 度量比特币网络处理能力的重要指标，即计算机（CPU）计算哈希函数输出的速度。

[4] "60+ Bitcoin Mining and Energy Consumption Statistics for 2024", https://www.techopedia.com/bitcoin-mining-and-energy-statistics, 访问时间：2023年11月9日。

[5] "US authorities monitor China-linked Bitcoin miners amid national security concerns: Report", https://cointelegraph.com/news/authorities-monitor-china-mining-national-security, 访问时间：2023年11月22日。

[6] "OpenAI创始人的世界币，会是ChatGPT后的又一场科技风暴吗？", https://www.chinastarmarket.cn/detail/1414462, 访问时间：2023年11月22日。

[7] "OpenAI's Sam Altman launches Worldcoin crypto project", https://edition.cnn.com/2023/07/24/tech/worldcoin-crypto-project-launch/index.html, 访问时间：2023年11月22日。

[8] "首日就暴涨90%！OpenAI奥特曼的'世界币'全球上线，'终极使命'是区分人类和AI", https://wallstreetcn.com/articles/3693941, 访问时间：2024年9月4日。

务和数据安全等问题，在确认项目合规之前暂时停止其运营。[1] 在欧洲，德国巴伐利亚数据监管保护办公室也正在对世界币基金用户数据的安全管理进行评估。[2] 除此之外，德国联邦金融监管局（BaFin）要求对世界币基金的财务情况进行调查。[3] 8月上旬，针对世界币基金处理用户敏感信息的技术和手段，阿根廷数据保护局（AAIP）启动对该项目的调查。[4,5]

信息技术风险。数字货币依赖于计算机网络、云计算、区块链等信息技术，这些技术在一定程度上存在缺陷和漏洞，例如区块链技术和应用存在软硬分叉风险与密钥丢失风险，易受黑客攻击，可能导致系统瘫痪、数据被窃取篡改或资产被盗等严重后果。密码算法是数字货币的核心技术之一，算法有效性决定了数字货币的效用，但现有的密码算法仍然面临风险。一方面，密码分析技术和计算能力的提升带来破解威胁，例如对密码算法的暴力碰撞破解；另一方面，密码算法本质上是数学问题，随着量子计算和人工智能的发展，数学分析攻击能力不断提升，此类算法更加容易破解。

关联犯罪风险。勒索软件是与数字货币密切相关的一类犯罪活动。犯罪分子在受害者计算机上安装恶意软件，加密用户计算机内容，使其不可用。此外，犯罪分子还可能以曝光个人数据威胁用户。加密货币还有可能被用于盗窃和欺诈犯罪，并且资金难以追回。由于区块链技术具有分布式特性和加密属性，所以存入的数据内容不可篡改或伪造，并且可以匿名写入。[6] 因此，这种技术可能会被用于创建分布式、永久存储的非法内容。[7] 例如，比特币网络存

---

[1] "Interior CS Kindiki suspends Worldcoin collection of data", https://nation.africa/kenya/news/interior-cs-kindiki-suspends-worldcoin-collection-of-data--4323750，访问时间：2023年11月22日。

[2] "Worldcoin 的隐私与监管风波"，https://foresightnews.pro/timeline/detail/165，访问时间：2023年11月23日。

[3] "Finanzaufsicht Bafin ermittelt zu Digitalwährung Worldcoin", https://www.finanznachrichten.de/nachrichten-2023-08/59791730-finanzaufsicht-bafin-ermittelt-zu-digitalwaehrung-worldcoin-003.htm，访问时间：2023年11月23日。

[4] "Argentina's AAIP Investigates Worldcoin", https://iapp.org/news/a/argentinas-aaip-investigates-worldcoin/，访问时间：2023年11月23日。

[5] "Worldcoin signs up over 9K users in Argentina in a single day despite criticism", https://cointelegraph.com/news/worldcoin-signs-up-over-9000-users-argentina-single-day-despite-criticism，访问时间：2023年11月23日。

[6] 马明亮、徐明达：《数字资产刑事处置的公私协作平台建设》，载《数字法治》，2023年第4期，第127—144页。

[7] "加密货币和区块链给执法带来的挑战及应对之策"，https://13115299.s21i.faiusr.com/61/1/ABUIABA9GAAg686LowYokNDF6gY.pdf，访问时间：2023年11月23日。

在大量暴力虐童、儿童色情等非法内容。

洗钱、恐怖主义融资威胁持续受到关注。加密数字货币、代币、稳定币等新型资产和流通货币一经问世，就以其隐匿性和便利性吸引洗钱和恐怖融资犯罪分子的目光。金融行动特别工作组（FATF）曾就打击洗钱与恐怖融资等的国际标准提出四十项建议。亚太反洗钱小组、欧亚反洗钱与反恐怖融资小组等也曾针对相关问题开展研究。[1]中国香港海关关长在2023年10月表示，在虚拟资产交易平台"绿石"（JPEX）被曝出监督不力、管理不善的丑闻后，香港必须重视并加快解决数字货币兑换交易中潜藏的洗钱风险，加强打击涉数字货币洗钱犯罪领域的国际执法合作。[2]

（三）涉数字货币犯罪侦办面临严峻挑战

打击涉数字货币犯罪的困难在于四方面：一是不同数字货币平台之间信息共享和公开机制仍未建立，不同平台之间的壁垒为案件相关嫌疑人的身份确认、情报的收集、信息的研判造成困难；二是由于大部分数字货币平台的服务器设立在不同的国家，域外数字取证仍然面临标准不统一、流程启动困难、效率低下等问题；三是数字货币犯罪手段变化快，新方式、新手段层出不穷，对办案人员的专业技术和应变能力提出挑战；四是跨境冻结、执行和处置涉案数字货币存在法律法规的空白，有待国际司法协助予以解决。[3]

二、私人数字货币监管不断加强

2022年美国私人数字货币交易所FTX"爆雷"的余波仍在持续发酵，数字

---

[1] 李晓明、汪鸿哲、李晓晨：《反洗钱和反恐怖融资合规的评估指标体系》，载《犯罪研究》，2023年第3期，第15—26页。

[2] "Hong Kong Customs Chief Addresses Money-Laundering Risks in Crypto Exchanges Post JPEX Scandal"，https://cryptonews.com/news/hong-kong-customs-chief-addresses-money-laundering-risks-in-crypto-exchanges-post-jpex-scandal.htm，访问时间：2023年11月4日。

[3] "中科链源SAFEIS安全研究院关于涉虚拟货币犯罪侦办难点与解决路径的思考"，https://news.pedaily.cn/20230606/59797.shtml，访问时间：2023年11月4日。

货币行业"假合规"的问题依然是2023年各个国家和地区金融监管的重点议题。其中，严格执法、完善立法成为应对数字货币行业风险的主要方式。与数字货币行业有关的诉讼、逮捕、定罪、和解、破产案件接连发生，各国的监管政策和立法法规更加明确和完善。

（一）强监管逐渐成为全球监管共识

私人数字货币的弊端和负面影响正在金融市场、投资主体、资源环境等领域以不同方式显现，这促使世界各国家和地区政府加大监管力度。即使对私人数字货币持友好态度的国家和地区依然强调对数字货币创新力的保护，但也会广泛接受通过监管沙盒等方式对数字货币的运营进行试验，并且加快制定法律法规，对数字货币及其交易市场进行规制，从而预防和制止私人数字货币带来的风险和危害。例如加拿大、意大利、墨西哥和沙特阿拉伯将监管沙盒作为降低数字货币风险的重要方式之一。[1]

（二）打击执法力度更加严厉

此前，虽然很多国家和地区已颁布了私人数字货币监管法律，但真正依法实施处罚的案例依然比较少。为真正震慑违法经营者，2023年成为对数字货币行业采取法律行动最为积极、处罚最为严厉，也是私人数字货币公司和平台遭到巨额诉讼次数最多的一年。

2023年上半年，美国证券交易委员会（United States Securities and Exchange Commission，SEC）陆续指控私人数字货币交易所币安和Coinbase从事非法证券交易。9月7日，FTX的前高管瑞安·萨拉姆（Ryan Salame）在法院听证会上承认与FTX创始人、前首席执行官萨姆·班克曼-弗里德（Sam Bankman-Fried，SBF）合谋非法政治捐款，并经营未经许可的汇款业务。[2] 11月2日，陪

---

[1] "加密货币国际监管机构、监管要点汇总"，https://blocking.net/international-cryptocurrency-regulatory-agencies-overview.html，访问时间：2023年11月2日。

[2] "Turkish crypto boss sentenced to over 11,000 years in prison"，https://www.seattletimes.com/business/turkish-crypto-boss-sentenced-to-over-11000-years-in-prison/，访问时间：2023年11月8日。

审团成员认定针对SBF的七项刑事指控全部成立，最高可判处110年刑期。[1] 11月22日，币安创始人赵长鹏在与美国司法部达成的协议中认罪，同意个人支付5000万美元的罚款，币安向美国政府支付43亿美元的罚款和赔偿金。12月18日，美国商品期货交易委员会（Commodity Futures Trading Commission，CFTC）宣布对币安及赵长鹏实施28.5亿美元的处罚。

其他国家和地区也加大对涉及私人数字货币的欺诈、未履行透明度和相关披露义务等行为的打击和处罚力度。9月7日，土耳其伊斯坦布尔法院宣布，私人数字货币交易所Thodex经营者法鲁克·法提赫·奥泽尔（Faruk Fatih Ozer）欺诈等罪名成立，应判处11196年监禁。9月18日，中国香港警方开展针对无牌虚拟资产交易平台JPEX案的大型执法行动[2,3]。该案涉款逾15亿港元[4]，是近年来香港涉及受害人最多、损失金额最大的诈骗案。

（三）各国（地区）监管动作更加频繁

1. 美国监管执法行动不断，监管立法迟滞

2023年，美国是对大规模私人数字货币公司和项目采取法律行动最频繁的国家之一，美国商品期货交易委员会在执法总结报告中指出，2023年与数字资产相关的案件约占案件总量的50%。同时，美国证券交易委员会强调，"与加密相关的不当行为，包括欺诈、未注册、非法兜售等"是2023年的执法重点。接二连三的高额处罚体现了美国执法监管的严厉性。另外，美国各金融监管部门也出台了一定的监管政策，用以弥补立法的不足。8月8日，美联储宣布新版的数字货币监管计划，加强对银行开展涉及数字资产和区块链技术活动的

---

[1] "In closing arguments, lawyers spin a tale of two very different Sam Bankman-Frieds", https://edition.cnn.com/2023/11/01/investing/bankman-fried-lied-to-you-prosecutors-tell-jury/index.html，访问时间：2023年11月7日。

[2] "JPEX诈骗案：被捕者名单曝光，负责人至今未现身"，http://www.hkcna.hk/docDetail.jsp?id=100474299&channel=2803，访问时间：2023年11月9日。

[3] "Statement on JPEX"，https://www.sfc.hk/en/News-and-announcements/Policy-statements-and-announcements/Statement-on-JPEX，访问时间：2023年11月4日。

[4] "涉JPEX交易平台在港诈骗案被捕人数增至18人"，https://www.chinanews.com.cn/dwq/2023/09-29/10087170.shtml，访问时间：2023年11月16日。

管理[1]，明确要求州银行在获得美联储批准后方可发行、持有或交易稳定币，同时银行必须能够证明自身具备应对相关风险的能力[2]。美国财务会计准则委员会（Financial Accounting Standards Board，FASB）提出新的加密资产标准[3]，旨在改变一般公认会计准则（Generally Accepted Accounting Principles，GAAP）规定的报告方式，为投资者提供更准确的信息。3月23日，美国证券交易委员会发布警示，确保加密投资者和加密市场获得与其他证券市场同等的保护。[4]

虽然美国对数字货币行业的执法力度不断加大，但与欧盟地区相比，美国尚未出台专门针对数字货币行业的法律法规，相较于其他国家全面的监管框架，美国在私人数字货币监管立法问题上较为迟疑。以上的处罚大部分是相关违法行为发生后，再通过事后的诉讼和执法监管来实现的。世界币创始人兼开放人工智能CEO萨姆·奥尔特曼曾公开表示，虽然监管是必要的，但是美国政府试图对数字货币进行绝对控制的方式令人感到悲哀。[5] 这表明美国立法界仍未与民众、科技界就数字货币监管方式和力度等问题达成共识。2024的总统大选年即将到来，加上联邦政府意见较难统一，美国完成数字货币行业专门立法的难度较大。

2. 中国金融管理机构职能调整，加强涉数字货币犯罪打击力度

2023年3月16日，根据中共中央、国务院印发的《党和国家机构改革方案》，中国设立中央金融委员会办公室，作为中央金融委员会的办事机构，列入党中央机构序列。9月24日，经报党中央、国务院批准，将国务院金融稳定发展委员会办公室职责，划入中央金融委员会办公室，并将设在中国人民银

---

1 "美联储称将对银行涉及加密货币活动加强监管"，https://usstock.jrj.com.cn/2023/08/10014837749725.shtml，访问时间：2023年11月4日。

2 "美联储针对加密数字货币活动宣布新版监管计划，银行业将面临更加严苛的监管"，https://www.cls.cn/detail/1427526，访问时间：2023年11月4日。

3 "Long-Awaited Bitcoin Accounting Rules to Capture Rises, Dips (2)"，https://news.bloombergtax.com/financial-accounting/long-awaited-bitcoin-accounting-rules-to-capture-rises-dips，访问时间：2023年11月15日。

4 "FASB Proposes New Crypto Accounting Standards, SEC Alert Reinforces 'Securities' Enforcement Authority"，https://www.ballardspahr.com/Insights/Alerts-and-Articles/2023/03/FASB-Proposes-New-Crypto-Accounting-Standards-SEC-Alert-Reinforces-Securities-Enforcement-Authority，访问时间：2023年11月15日。

5 "OpenAI's Sam Altman Sounds Alarm on U.S. Government's Crypto Stance"，https://www.binance.com/ru/square/post/1282213，访问时间：2024年9月14日。

行的国务院金融稳定发展委员会办公室秘书局一并划入中央金融委员会办公室。[1] 为了从根源上控制私人数字货币的相关风险，中国不断加大对利用数字货币洗钱、跨境赌博以及假借区块链名义诱骗投资等违法犯罪行为的打击力度。2023年以来，在公安部的部署下，全国公安机关成功打掉一批民族资产解冻类诈骗项目。[2] 其中，直接与数字货币有关的项目至少有七个，如"中央数字货币YNBC""央数钱包""五行云数币""WXB数字币""北京数字资产""YSM国际数字货币"等。[3]

3.欧盟监管法案获得通过，各方推动相应调整举措

5月16日，欧洲理事会（The European Council）通过《加密资产市场监管法案》（Markets in Crypto Assets，MiCA）[4]。该法案被称为"全球首部全面规范加密货币市场法规"，预计2024年7月在全欧盟范围内逐步推广实施。[5] 欧盟轮值主席国瑞典财政部部长伊丽莎白·斯万特松（Elisabeth Svantesson）表示，FTX倒闭事件说明了制定规则的必要性和紧迫性，必须更好地保护投资人，防止滥用数字货币。MiCA将通过提高透明度、为发行人和服务提供商建立全面的框架来保护投资者，包括遵守反洗钱规则。新规则不仅涵盖了实用型代币、资产参考代币和所谓的"稳定币"的发行人，还涵盖服务提供商，例如交易场所和持有加密资产的钱包。该监管框架旨在保护投资者、维护金融稳定、允许创新并保持加密资产行业的吸引力。[6]

---

1 《中共中央办公厅、国务院办公厅关于调整中国人民银行职责机构编制的通知》，https://www.gov.cn/zhengce/202310/content_6908730.htm，访问时间：2023年11月8日。

2 民族资产解冻类项目指不法分子打着国家、民族旗号，通过伪造国家机关公文、证件、印章，编造国家相关政策等手段，虚构各类"投资项目"和不法组织，谎称只需投入极少资金就能获得高额回报，诱骗受害人参与投资，从而实施诈骗。

3 "公安部公布78个民族资产解冻类诈骗项目"，https://www.mps.gov.cn/n2253534/n2253535/c9374251/content.html，访问时间：2024年3月4日。

4 "Markets in Crypto-Assets Regulation (MiCA)"，https://www.esma.europa.eu/esmas-activities/digital-finance-and-innovation/markets-crypto-assets-regulation-mica，访问时间：2023年11月9日。

5 "欧洲议会批准加密资产规范法案"，http://www.news.cn/world/2023-04/21/c_1212139675.htm，访问时间：2023年11月9日。

6 "Digital finance: Council adopts new rules on markets in crypto-assets (MiCA)"，https://www.consilium.europa.eu/en/press/press-releases/2023/05/16/digital-finance-council-adopts-new-rules-on-markets-in-crypto-assets-mica/，访问时间：2023年11月9日。

为落实和推行该法案的相关规定，欧盟的其他金融财政机构陆续颁布了相应的技术标准和相关规定。10月17日，欧盟财政部正式通过数字货币税收数据共享新规《欧盟行政合作指令》第八版（DAC8）。新规将各种数字资产（包括稳定币、NFT、DeFi代币以及数字货币质押收益）纳入数字货币公司的报告范围。[1] 欧洲银行管理局（European Banking Authority，EBA）就加密资产市场监管下监管技术标准（RTS）草案展开三轮磋商，磋商将持续至2024年2月8日。[2] 欧洲中央银行（European Central Bank，ECB）的临时文件指出，去中心化自治组织（DAO）在金融领域的后续发展须以完善监管为前提。[3]

由于各国和各机构的适用行动需要一定的时间，这一法案预计到2024年12月全面适用。不过，各家与数字货币业务相关的公司已经开始研究新的法案和新的规则，其中Coinbase已经正式在爱尔兰申请MiCA通用许可证，获得批准后，Coinbase可将服务扩展到德国、法国、意大利和荷兰等其他欧盟国家。各国政府、数字货币投资市场及其运营者都正在适应MiCA带来的巨大变化。MiCA法案的实际运行效果究竟是否可以达到欧盟的预期，有待进一步观察。

4. 英国首次完成相关立法，国际合作成为下一步重点

2月1日，英国财政部制定监管加密货币计划以保护消费者。[4] 英国监管加密资产的规则草案显示，将加强加密货币交易平台规则，建立一个健全的、全球首创的加密货币贷款制度。草案规定加密货币交易场所负责定义准入和披露文件的详细内容要求，确保加密货币交易所拥有公平和稳健的标准。

6月29日，英国国王正式批准《金融服务和市场法案》（Financial Service

---

[1] "DAC8 adopted-an extension of existing tax transparency obligations", https://www.pwc.lu/en/newsletter/2023/the-council-of-the-eu-adopts-dac8.html, 访问时间：2023年11月9日。

[2] "Shaping the future of MiCAR: The EBA's third consultation package on MiCAR", https://www.aoshearman.com/en/insights/ao-shearman-on-fintech-and-digital-assets/shaping-the-future-of-micar-the-ebas-third-consultation-package, 访问时间：2023年11月9日。

[3] "The future of DAOs in finance", https://www.ecb.europa.eu/pub/pdf/scpops/ecb.op331~a03e416045.en.pdf, 访问时间：2023年11月9日。

[4] "UK sets out plans to regulate crypto and protect consumers", https://www.gov.uk/government/news/uk-sets-out-plans-to-regulate-crypto-and-protect-consumers, 访问时间：2024年3月11日。

and Markets Act）。该法案将私人数字货币视为一种受监管的活动，将稳定币视为一种支付手段，并赋予金融管理机构对包括数字货币在内的金融体系更大的监管权力。该法案是英国首次正式通过的数字货币立法，一方面是为了在退出欧盟后进一步控制和完善自身的金融服务规则，另一方面是为了使加密货币资产能够在安全监管下进一步发展。英国首相苏纳克领导下的保守党政府正着手实施立法，将数字货币交易纳入监管。[1] 10月30日，英国政府确认了这一计划，并在咨询文件中宣布，将在2024年之前将数字货币交易活动正式纳入法律规制。[2] 7月28日，英国和新加坡已同意共同制定和实施数字货币及数字资产的全球监管标准。

5. 韩国、新加坡、中国香港、巴西等其他国家和地区制定强有力的监管框架

韩国通过新法案加强对数字货币市场监管，以确保用户及其资产受到更加严格的保护。2023年6月29日，韩国国民议会全体会议通过《虚拟资产用户保护法》，旨在保护加密货币用户资产，确保交易透明度和维护市场秩序。该法案将成为韩国自《特定金融交易信息法》以来第一个与数字货币和虚拟资产相关的立法，目的是保护投资者的利益，规范市场秩序，赋予金融监督委员会相应的监管权力。该法案将虚拟资产定义为具有经济价值，并能够交易或转让的电子代币，但不包括央行数字货币。该法案还规定了虚拟资产不公平交易的损害赔偿请求和处罚措施，以打击利用未公开资讯、操纵市场价格、非法交易等手段的不正当行为。该法案将于2024年开始实施，标志着韩国在建立数字资产基础设施和监管框架过程中迈出的重要一步。

新加坡进一步加强对虚拟货币服务商的监管，并成立专门工作组应对数字货币相关犯罪。10月18日，新加坡总检察署副首席检察官表示，总检察署已成立科技罪案工作组（AGC Technology Crime Task Force）和虚拟货币工作组

---

[1] "EU Member States Accept World's First Sweeping Crypto Rules"，https://www.investopedia.com/eu-member-states-accept-new-crypto-rules-7498756，访问时间：2023年11月9日。

[2] "英国确认通过正式立法监管加密货币行业"，https://m.jrj.com.cn/madapter/24h/2023/10/30230238160814.shtml，访问时间：2023年11月4日。

（AGC Cryptocurrency Task Force），并部署约20名检察官。[1] 其中，虚拟货币工作组专职负责数字货币引起的各种违法犯罪问题，包括协助新加坡警察部队追踪、起获和处置数字货币资产等。为降低投机风险，新加坡加大对数字货币服务商的监管力度，涵盖消费者准入、商业行为要求、技术和网络风险三大领域。11月23日，新加坡金融管理局（MAS）发布公告，要求"数字支付代币"（Digital Payment Token，DPT）服务商在消费者准入的领域中，不可为零散交易的客户提供任何交易激励措施，不可提供融资、保证金或杠杆等服务，不接受新加坡发行的信用卡被用于支付数字货币交易等。相关的法规及指南将于2024年中期分阶段生效。

中国香港特区政府积极拥抱区块链相关技术，成立Web3.0发展专责小组。此前，香港已出台《有关香港虚拟资产发展的政策宣言》《适用于虚拟资产交易平台营运者的指引》等文件，为虚拟资产市场提供清晰的监管框架和指引。2023年，香港大力打造新的数字货币交易中心。4月，香港财政司长陈茂波批准拨款5000万港元用于Web3.0的生态建设。[2] 香港证券及期货事务监察委员会批准瑞士加密货币银行（SEBA Bank）在港提供数字货币服务。此外，SEBA获批管理传统证券和虚拟资产账户，并提供相关咨询服务。[3] 11月2日，香港金融管理局（Hong Kong Monetary Authority，HKMA）公布央行数字货币零售和批发等领域取得阶段性研究成果[4]，多边央行数字货币桥项目已进入"最简可行产品"（MVP）开发阶段，预计2024年可正式投入使用[5]；金融科技监管沙盒3.0和沙盒3.1试验计划中已有多个项目成功获批，未来将为反洗钱行动提供技术

---

[1] "新加坡总检察署成立虚拟货币工作组，专注于虚拟货币作为资产所引起的各种问题"，https://www.techflowpost.com/newsletter/detail_32365.html，访问时间：2023年11月9日。

[2] "香港特区政府财政预算案：五大助力推动香港高质量发展"，http://www.news.cn/fortune/2023-02/22/c_|1129386819.htm，访问时间：2023年11月9日。

[3] "具备虚拟资产能力的瑞士银行SEBA，在香港开设地区办事处"，https://www.investhk.gov.hk/zh-hk/news/swiss-headquartered-bank-virtual-assets-capabilities-opens-regional-office-hong-kong/，访问时间：2023年11月16日。

[4] "Experimenting with a multi-CBDC platform for cross-border payments"，https://www.hkma.gov.hk/media/eng/doc/key-functions/financial-infrastructure/mBridge_publication.pdf，访问时间：2023年11月17日。

[5] "新动向！多边央行数字货币桥项目预计明年初进入MVP阶段"，https://www.chinatimes.net.cn/article/128606.html，访问时间：2023年11月17日。

支持；金管局同证券及期货事务监察委员会联合发出关于中介人虚拟资产活动的最新通函，并针对银行经营数码资产的业务指引广泛咨询业界意见[1]。

巴西将数字货币监管权力授予巴西中央银行。6月14日，巴西总统卢拉（Luiz Inácio Lula da Silva）、财政部部长费尔南多·阿达（Fernando Haddad）以及巴西中央银行行长罗伯托·坎波斯·内托（Roberto Campos Neto）共同签署相关法令，授权巴西中央银行成为数字货币市场的监管机构。该法令于6月20日开始生效，授予央行规范化管理本国虚拟资产服务的权力，允许其授权与监督数字金融服务商，赋予其审议涉及该产业各种问题的职责。巴西证券交易委员会（Comissão de Valores Mobiliários，CVM）关于"证券型数字代币"的相关规则将继续适用。[2]

延伸阅读

稳定币最新发展动态

由于私人数字货币币价波动过大，且交易价值受到流通范围的严格限制，价格与法币挂钩的稳定币应运而生。顾名思义，稳定币可以通过锚定法币来维持币价的相对稳定[3]，并充当连通虚拟货币世界与法币世界的媒介，有助于解决私人数字货币的有效交易问题，并便于控制其流动速率[4]。稳定币一经问世便引来了全球监管机构的关注，部分国家正在研究发行本国的稳定币。

一、稳定币市场概况

稳定币在加密市场中占据重要地位，总体呈增长态势。截至2023

---

[1] "香港金融科技周2023"，https://www.hkma.gov.hk/chi/news-and-media/press-releases/2023/11/20231102-4/#2，访问时间：2023年11月17日。

[2] "巴西央行正式成为该国加密货币市场的监管机构"，https://china2brazil.com/2023/06/15/巴西央行正式成为该国加密货币市场的监管机构/，访问时间：2024年3月2日。

[3] "使用Chainlink储备金证明增强稳定币的稳定性"，https://blog.chain.link/stablecoins-and-proof-of-reserve-zh/，访问时间：2023年11月17日。

[4] "对比各国稳定币监管现状，展望未来政策走向"，https://www.panewslab.com/zh/articledetails/7xau5jo2.html，访问时间：2023年11月17日。

年12月，加密货币市场数据聚合平台CoinGecko平台数据显示，稳定币市场总市值约为1300亿美元，排名前五的稳定币（USDT、USDC、BUSD、DAI和TUSD）共占据96%以上的份额，其中Tether（USDT）占据约70%，USDC占据约20%。

二、稳定币法规

金融稳定委员会（Financial Stability Board，FSB）和巴塞尔银行监管委员会（Basel Committee on Banking Supervision，BCBS）等国际标准制定机构出台数字资产监管有关规定。国际清算银行（BIS）认为，稳定币是"价值与法定货币或其他资产挂钩的加密货币"[1]，计划启动一个针对稳定币资产负债情况的监测项目，以便中央银行对稳定币实施监管。BIS在和支付与市场基础设施委员会（The Committee on Payments and Market Infrastructures，CPMI）联合发布的文件中指出，当前对稳定币的监督措施可能不足以应对面临的风险与挑战。[2]

三、全球主要国家和地区对稳定币的监管举措

（一）中国香港

香港金融管理局曾发布《加密资产和稳定币讨论文件的总结》（Conclusion of Discussion Paper on Crypto-assets and Stablecoins），要求稳定币应全额支持和允许面值赎回，体现稳定币具有高流动性；但是基于套利或算法的稳定币将被拒绝流通，以免除DAI、LUNA等稳定币给投资者带来的潜在风险。[3,4]

9月4日，金管局与财资市场公会共同举行2023财资市场高峰会，专门讨论稳定币相关议题。据会议消息，金管局将发布公众咨询文件，

---

[1] "浅谈全球稳定币监管", https://www.panewslab.com/zh/articledetails/2bb1qf4dwzlb.html, 访问时间：2023年11月17日。

[2] "CPMI publishes report on consideration for the use of stablecoin arrangements in cross-border payments", https://www.nortonrosefulbright.com/en/inside-fintech/blog/2023/11/cpmi-publishes-report-on-consideration-for-the-use-of-stablecoin-arrangements-in-cross-border, 访问时间：2023年11月17日。

[3] "香港稳定币监管最新拟议方案出炉，一文速览关键内容", https://new.qq.com/rain/a/20230131A079F100, 访问时间：2023年11月17日。

[4] "Conclusion of Discussion Paper on Crypto-assets and Stablecoins", https://www.hkma.gov.hk/media/gb_chi/doc/key-information/press-release/2023/20230131e9a1.pdf, 访问时间：2023年11月17日。

就稳定币发行人的监管模式及要素提出立法建议，并收集意见。[1]

（二）美国

4月，美国众议院金融服务委员会发布《稳定币法案（草案）》[2]，一定程度上揭示了美国加密货币监管的立法趋势[3]。草案从支付功能、价值保证、币额稳定性等方面明确了稳定币的概念范畴。草案规定，无论成立于美国国内或者境外，非银行类发行机构均须申请牌照后，方可持牌发行稳定币，否则将会受到法律制裁。草案还提出了针对不同种类算法的稳定币应区分监管方式的理念。草案中提到的"资产隔离"旨在确保稳定币用户权益不因债权人诉求而受损，即禁止将用户资金进行再抵押等。为了提前判断和应对风险，草案要求稳定币发行人每月通过官网公开其资产组成，并由发行机构首席执行官向联邦监管机构汇报。

（三）欧盟

5月16日，欧盟通过《加密资产市场监管法案》，将在27个成员国内生效实施。[4]这也意味着欧盟将成为全球首个实施统一加密法的司法辖域，展现了它渴望成为"全球标准制定者"的野心。该法案将加密资产定义为"能够使用分布式账本技术（Distributed Ledger Technology，DLT）或类似技术以电子方式传输和存储的价值或权利的数字表示"[5,6]，在平台信息披露标准、代币销售监督、消费者风险告知等方面做出规定。此外，该法案规定，只有在欧盟成员国内注册的公司才被允许在欧盟境内提供加密服务。

---

1 "2023财资市场高峰会"，https://www.hkma.gov.hk/gb_chi/news-and-media/press-releases/2023/09/20230904-6/，访问时间：2023年11月17日。

2 "House Financial Services Committee Reports Digital Asset, ESG Legislation to Full House for Consideration"，https://financialservices.house.gov/news/documentsingle.aspx?DocumentID=408944，访问时间：2023年11月20日。

3 "Memorandum"，https://docs.house.gov/meetings/BA/BA21/20230419/115753/HHRG-118-BA21-20230419-SD002.pdf，访问时间：2023年11月20日。

4 "欧洲议会批准MiCA法规，全球加密监管模板来了？"，https://www.panewslab.com/zh/articledetails/vjzq6uh5.html，访问时间：2023年11月20日。

5 "Markets in Crypto-Assets Regulation (MiCA)"，https://www.esma.europa.eu/esmas-activities/digital-finance-and-innovation/markets-crypto-assets-regulation-mica，访问时间：2023年11月20日。

6 欧盟《加密资产市场监管法案》（MiCA）解读：实施背景、主要内容及同类型比较"，https://www.panewslab.com/zh/articledetails/f0gv0hx6.html，访问时间：2023年11月20日。

三、央行数字货币的发展动态

据大西洋理事会数据[1]显示，全球已有130多个国家正在探索央行数字货币（CBDC），其中11个国家已经全面推出央行数字货币，其余大部分国家尚处于研究或者试点运行阶段。央行数字货币的推广需要数据公司、金融机构、第三方支付营运商、研究机构、人工智能等技术平台以及私人数字货币的充分合作，如何在央行数字货币体系中明确各主体的监管责任和义务，是当前推行央行数字货币的重要问题。央行数字货币采取的是中心化的管理模式，这在一定程度上保障了国家货币主权以及央行对法定货币的管理职能，这也是央行数字货币与去中心化的私人数字货币之间的根本差异。今后，央行数字货币与私人数字货币、稳定币，去中心化平台与中心化平台之间是否存在流通、兑换渠道，去中心化与法定性是否存在冲突，如何进行协调和管理，这些都是未来值得持续关注的重要议题。

（一）央行数字货币整体概况

如果将央行数字货币项目分为研究、开发、试点运行、正式发行以及取消五个阶段，已经正式发布的央行数字货币有四个：2021年10月尼日利亚推出的"电子奈拉"（eNaira）、2020年10月巴哈马首次发布的"沙元"（Sand Dollar）、牙买加银行在2022年第一季度正式推出的JAM-DEX，以及津巴布韦在2023年10月发布的"用于交易目的"的黄金支持数字代币 ZiG[2]。需要说明的是，一个国家央行有可能就几个央行数字货币项目展开研究。据不完全资料统计，截至2023年12月，各经济体央行数字货币项目发展进度如下表所示。[3]

---

[1] Central Bank Digital Currency Tracker，https://www.atlanticcouncil.org/cbdctracker，访问时间：2024年3月4日。

[2] "Introduction of the Zimbabwe Gold-backed Digital Token (ZiG) as a Means of Payment"，https://www.rbz.co.zw/documents/press/2023/October/Press_Statement-_Introduction_of_ZiG_as_a_Means_of_Payment_-_5-10-2023.pdf，访问时间：2024年8月19日。

[3] Central Bank Digital Currency Tracker，https://www.atlanticcouncil.org/cbdctracker，访问时间：2024年3月15日。

表2　各经济体央行数字货币项目发展进度

央行数字货币项目进展	国家或地区名称	国家或地区数量
已被取消（Cancelled）	菲律宾、肯尼亚、丹麦、库拉索岛、新加坡、厄瓜多尔、芬兰	7
正在研究推进（Research）	英国（3）[1]、印度尼西亚、斯里兰卡、西班牙、埃及、白俄罗斯、中国台湾地区、亚美尼亚、卢旺达、秘鲁、马尔代夫、加拿大、韩国（2）、澳大利亚（2）、阿根廷、不丹、瑞士、法国、毛里塔尼亚、洪都拉斯、哥伦比亚、阿联酋、埃斯瓦蒂尼、毛里求斯、新加坡（3）、黑山、科威特、坦桑尼亚、墨西哥、阿尔及利亚、蒙古、津巴布韦、阿曼、瑞典、挪威、尼泊尔、纳米比亚、以色列（2）、美国（4）、多米尼加共和国、科特迪瓦、智利、中非经济和货币共同体、斐济、博茨瓦纳、孟加拉国、阿塞拜疆、苏丹、特立尼达和多巴哥、马来西亚（2）、赞比亚、也门、乌干达、沙特阿拉伯（2）、卡塔尔、伊拉克、丹麦、约旦、巴拉圭、法国、危地马拉、马达加斯加、哥斯达黎加、越南、瓦努阿图、汤加、所罗门群岛、巴勒斯坦、奥地利、南非（2）、波兰、巴基斯坦、中国澳门、海地、摩洛哥、捷克、黎巴嫩、澳大利亚（3）、巴林、瑞士（3）、突尼斯、冰岛、中国香港（2）、日本、欧元区（3）	85
处于概念验证阶段（Proof of concept）	土耳其、日本、帕劳、挪威、所罗门群岛、格鲁吉亚、瑞典、美国、以色列、伊朗、乌克兰、老挝、澳大利亚、韩国、新西兰、马来西亚、中国香港（2）、泰国（3）、新加坡、加拿大（2）、巴西（2）	21
已开始试行（Pilot）	俄罗斯联邦、印度、泰国、中国香港、中国内地、哈萨克斯坦、东加勒比经济和货币联盟、瑞士、加纳、韩国、匈牙利、新加坡、突尼斯、法国（2）、阿联酋（2）、沙特阿拉伯、乌拉圭	17
已正式推出（Launched）	牙买加、津巴布韦、尼日利亚、巴哈马	4

（二）主要经济体央行数字货币发展进程

央行数字货币受地缘政治因素影响较为突出。为提升国际金融市场影响力，中国、美国、欧盟积极推出和应用央行数字货币，即数字人民币、数字美元和数字欧元。

1　由于同一个国家可能对不同的数字货币项目展开研究，括号内数字对应该国家或地区的央行数字货币项目数量。

数字人民币覆盖范围不断扩大，跨境支付成为发展重点。中国是第一个在2019年推出央行数字货币试点的主要经济体，数字人民币覆盖超2.6亿人。近年来，中国大力发展多边央行数字货币桥项目，旨在解决跨境资金转移中的高成本、低效率等障碍问题。10月12日，中国国家外汇管理局副局长陆磊在2023中国（北京）数字金融论坛上指出，多边央行数字货币桥项目正处在良好发展阶段，有望取得新突破。不同于传统双边代理型跨境支付模式，在基于央行数字货币建立的跨境支付网络中，用户交易更便捷、支付更安全、交易透明度更高、成本更低。[1、2] 考虑到数字货币具有可编程性，如果在央行数字货币上增设有关利率的智能合约，由货币政策调节利率，央行数字货币可能会转化为广义货币，从而实现央行数字货币的宏观调控。与此同时，技术创新给金融业带来的非传统风险需要得到高度重视，高度频繁的智能化金融交易可能会加剧信息信任、隐私保护、数据鸿沟和金融排斥等问题，增添金融市场的不稳定因素。[3]

数字美元与预期相比进展较慢。2020年5月，数字美元项目发布首份白皮书。2023年9月20日，美国众议院金融服务委员会提出关于限制央行数字货币发行的法案，要求美联储必须在获得国会批准后方可开展央行数字货币的发行和试验，同时要求联邦银行不得将央行数字货币运用于一些特定的银行业务和产品中。同时，美国普通民众依然对美元可能会产生的数据隐私问题、权力移交联邦政府等存在质疑，未能形成支持或反对数字美元的多数共识。因此，美联储仍在进行多项研究、试点测试和实验，以确定数字美元的机遇及其潜在的风险。尽管数字美元的准备工作、设计和发行比预期缓慢，但考虑到全球去美元化的趋势，逆全球化现象越发严重，数字美元的正式推出依然值得期待。

数字欧元处于筹备阶段，计划2025年正式发行。2021年10月，数字欧元项目启动，旨在为欧盟提供最安全、最可靠的货币形式，计划2025年推出。2023年5月，欧洲中央银行公布报告显示，有不同类型的构造和技术设计方案可用

---

1 "欧洲议会批准MiCA法规，全球加密监管模板来了？"，https://www.panewslab.com/zh/articledetails/vjzq6uh5.html，访问时间：2023年11月20日。
2 "陆磊：央行数字货币将有机会成为广义货币"，https://www.chinanews.com.cn/cj/2023/10-12/10093102.shtml，访问时间：2023年11月9日。
3 "外汇局副局长陆磊：数字货币的可编程性，为丰富货币政策工具提供了创新空间"，https://finance.sina.com.cn/roll/2023-10-12/doc-imzqvqyp3003620.shtml，访问时间：2023年11月23日。

于开发数字欧元。欧洲央行正密切关注数字欧元的筹备过程,并进行各项详细而复杂的调查。为按计划发行,欧盟需要通过欧洲经济货币联盟、资本市场联盟等组织得到所有成员国的支持。各经济体在2023年有关央行数字货币的动态如下表所示:

表3 2023年各国央行数字货币(CBDC)发展动态

时间	央行数字货币动态
2023年1月	阿尔及利亚宣布采用CBDC作为法定货币并展开研究[1]
2023年1月	欧洲央行宣布将建立一个数字欧元计划规则开发小组[2]
	沙特阿拉伯央行表示已经进入CBDC的开发实验研究阶段[3]
	英国财政部和英格兰银行宣布启动数字英镑或CBDC研究工作[4]
2023年2月	格鲁吉亚央行表示将发布"数字拉里"白皮书以便收集微调建议[5]
	老挝央行宣布与日本区块链技术公司索拉米津(Soramitsu)就CBDC试验验证达成合作[6]
2023年4月	白俄罗斯央行宣布CBDC试点,"数字白俄罗斯卢布"即将发布[7]
	科威特央行宣布已经组织团队开始对CBDC进行研究[8]

---

1 "Algerian Central Bank to adopt CBDC for national currency", https://laraontheblock.blogspot.com/2023/01/algerian-central-bank-to-adopt-cbdc-for.html,访问时间:2024年3月25日。

2 "Call for expressions of interest in participation in the digital euro scheme Rulebook Development Group", https://www.ecb.europa.eu/press/intro/news/html/ecb.mipnews230103.en.html,访问时间:2024年2月25日。

3 "Saudi Central Bank Continues CBDC Experimentations", https://www.sama.gov.sa/en-US/News/Pages/news-812.aspx,访问时间:2024年8月19日。

4 "HM Treasury and Bank of England consider plans for a digital pound", https://www.bankofengland.co.uk/news/2023/february/hm-treasury-and-boe-consider-plans-for-a-digital-pound,访问时间:2024年3月25日。

5 "The National Bank of Georgia Advances Digital Lari Project and Finalizes Expression of Interest Phase for Companies", https://nbg.gov.ge/en/media/news/the-national-bank-of-georgia-advances-digital-lari-project-and-finalizes-expression-of-int,访问时间:2024年3月25日。

6 "老挝中央银行试推数码货币", https://research.hktdc.com/sc/article/MTMxNTE1OTEzNA,访问时间:2024年3月25日。

7 "Будет ли в Беларуси цифровой рубль? Нацбанк рассказал о перспективах", https://www.belta.by/economics/view/budet-li-v-belarusi-tsifrovoj-rubl-natsbank-rasskazal-o-perspektivah-562154-2023/,访问时间:2024年3月25日。

8 "Kuwait's central bank crafts sustainable development strategy", https://www.thebanker.com/Kuwait-s-central-bank-crafts-sustainable-development-strategy-1680507179,访问时间:2024年3月25日。

续表一

时间	央行数字货币动态
2023年4月	毛里求斯央行表示已经展开研究并将发布有关CBDC公众咨询文件[1]
	黑山央行表示与区块链初创公司瑞波（Ripple）签署CBDC试点开发协议[2]
	秘鲁央行在官网宣布已经完成CBDC功能性和互操作研究工作[3]
	津巴布韦宣布引入金本位的CBDC[4]
	美联储就批发型CBDC可能用于某些金融市场交易进行研究[5]
2023年5月	中国香港金管局宣布开展数字港元试点计划[6]
	匈牙利央行认为，虽然没有立即推出CBDC的迫切需要，但是会积极探索其适用的可能性[7]
2023年6月	哥伦比亚央行将与瑞波合作探索CBDC平台试用案例[8]
	匈牙利央行开始CBDC的试点工作
	肯尼亚央行决定不再将CBDC视为近期的优先事项[9]

[1] "Keynote Address by Mr Harvesh Kumar Seegolam, Governor of the Bank of Mauritius at the International Monetary Fund/World Bank Community of Central Bank Technologists workshop on the theme of 'The Future of Central Bank Money in a Digital World'", https://www.bom.mu/media/speeches/keynote-address-mr-harvesh-kumar-seegolam-governor-bank-mauritius-international-monetary-fundworld，访问时间：2024年3月25日。

[2] "Montenegro's Central Bank to Test CBDC With Ripple", https://www.coindesk.com/policy/2023/04/11/montenegros-central-bank-to-develop-cbdc-pilot-with-ripple/，访问时间：2024年3月25日。

[3] "Peru's CBDC could enhance financial inclusion but structural challenges remain", https://www.ledgerinsights.com/peru-cbdc-financial-inclusion/，访问时间：2024年3月25日。

[4] "RBZ introduces gold-backed digital currency", https://www.sundaymail.co.zw/rbz-introduces-gold-backed-digital-currency，访问时间：2024年3月25日。

[5] "美联储理事鲍曼：零售型央行数字货币或弊大于利", https://finance.jrj.com.cn/2023/04/191155374875514.shtml，访问时间：2024年3月25日。

[6] "Commencement of the e-HKD Pilot Programme", https://www.hkma.gov.hk/eng/news-and-media/press-releases/2023/05/20230518-4/，访问时间：2024年3月25日。

[7] "Hungarian Central Bank Sees No Imminent Need for e-Forint", https://www.coindesk.com/policy/2023/05/10/hungarian-central-bank-sees-no-imminent-need-for-e-forint/，访问时间：2024年3月25日。

[8] "Ripple partners with Colombia's central bank to explore blockchain use cases", https://www.theblock.co/post/234629/ripple-partners-with-colombias-central-bank-to-explore-blockchain-use-cases，访问时间：2024年3月25日。

[9] "Issuance of Discussion Paper on Central Bank Digital Currency: Comments from the Public", https://www.centralbank.go.ke/uploads/press_releases/103592893_Press%20Release%20-%20Issuance%20of%20Discussion%20Paper%20on%20Central%20Bank%20Digital%20Currency%20-%20Comments%20from%20the%20Public.pdf，访问时间：2024年8月19日。

续表二

时间	央行数字货币动态
2023年6月	新加坡金管局提出CBDC使用条件及其相关技术标准[1]
	毛里求斯银行（Bank of Mauritius）发布有关CBDC数字卢比的公共咨询文件[2]
	菲律宾中央银行（Bangko Sentral ng Pilipinas, BSP）表示将放弃零售型CBDC发行计划[3]
	泰国银行将和其他支付服务商合作开发和推出零售型CBDC[4]
	瑞士国家银行将在SIX数字交易所试点批发型CBDC发行[5]
2023年7月	帕劳与瑞波以向政府雇员支付稳定币的方式进行CBDC试点第一阶段[6]
	韩亚银行开始探索基于区块链的存款代币并扩大参与CBDC实验[7]
2023年8月	匈牙利央行推出实时CBDC项目Perfinal
	洪都拉斯央行正对发行CBDC可行性进行研究，已就零售CBDC潜力展开公众咨询[8]
	俄罗斯银行透露将开始测试有关数字卢布的CBDC项目操作[9]
	菲律宾中央银行开始研究瑞典e-Krona作为批发级别的原型CBDC[10]

[1] "新加坡金管局提出数码货币使用条件的标准"，https://www.sgnews.co/83375.html，访问时间：2024年3月2日。

[2] "Public Notice: Public Consultation paper on the Central Bank Digital Currency: The Digital Rupee"，https://www.bom.mu/media/media-releases/public-notice-public-consultation-paper-central-bank-digital-currency-digital-rupee，访问时间：2024年3月25日。

[3] "The Current Philippine Digital Landscape: What's Next Beyond the Digital Payments Transformation Roadmap"，https://www.bsp.gov.ph/SitePages/MediaAndResearch/SpeechesDisp.aspx?ItemId=1034，访问时间：2024年3月25日。

[4] "Thailand banks team up for digital revolution: Collaboration to launch retail CBDC"，https://thethaiger.com/news/business/thailand-tests-retail-cbdc-with-krungsri-scb-and-2c2p-collaboration，访问时间：2024年3月25日。

[5] "SNB to launch digital currency pilot"，https://www.reuters.com/markets/currencies/snb-launch-digital-currency-pilot-chairman-2023-06-26/，访问时间：2024年3月25日。

[6] "Republic of Palau And Ripple Labs Mint First Stablecoin (PSC)"，https://bitcoinist.com/republic-palau-ripple-labs-mint-first-stablecoin/，访问时间：2024年3月25日。

[7] "韩国韩亚银行探索存款代币"，https://www.coinlive.com/zh/news/Korea-s-Hana-Bank-exploring-deposit-tokens，访问时间：2024年3月25日。

[8] "Honduras launches CBDC consultation for financial inclusion"，https://www.ledgerinsights.com/honduras-cbdc-consultation-financial-inclusion/，访问时间：2024年3月25日。

[9] "俄罗斯将与13家银行携手开始CBDC试验"，https://cn.cointelegraph.com/news/russia-cbdc-digital-ruble-trials-banks，访问时间：2024年3月25日。

[10] "菲律宾计划于明年发行央行数字货币"，https://bole90.com/portal.php?mod=view&aid=3500，访问时间：2024年3月25日。

续表三

时间	央行数字货币动态
2023年10月	新加坡创新中心、新加坡金融管理局、澳洲储备银行、韩国银行、马来西亚国家银行联合推行"曼陀罗项目"[1]
	韩国央行发布以批发型CBDC为基础的未来货币体系可行性项目公告[2]
	津巴布韦正式发布"用于交易目的"的黄金支持数字代币ZiG[3]
2023年11月	哈萨克斯坦宣布启动"数字坚戈"交易试点工作[4]
	马尔代夫称将引入CBDC项目"鲁菲亚"[5]
	卢旺达国际银行行长称已经完成发行CBDC的必要性研究[6]
	所罗门群岛与索拉米津合作启动CBDC试点项目"博科洛现金"[7]
2023年12月	帕劳宣布已完成CBDC试点计划的第一阶段[8]
	中国台湾地区称正在探索基于分布式账本技术（DLT）的零售CBDC的技术可行性[9]
	亚美尼亚央行正在就引进CBDC进行研究讨论[10]

---

1 "亚洲多家央行联合推行曼陀罗项目"，https://research.hktdc.com/sc/article/MTUyNzA4OTc5Mg，访问时间：2024年3月25日。

2 "韩国银行将启动CBDC试点"，https://cn.cointelegraph.com/news/cbdc-bank-of-korea-to-start-infrastructure-pilot，访问时间：2024年3月25日。

3 "Introduction of the Zimbabwe Gold-backed Digital Token (ZiG) as a Means of Payment"，https://www.rbz.co.zw/documents/press/2023/October/Press_Statement-_Introduction_of_ZiG_as_a_Means_of_Payment_-_5-10-2023.pdf，访问时间：2024年8月19日。

4 "Алматыда Қаржыгерлер конгресінде Цифрлық теңге пилоттық режимде іске қосылды"，https://nationalbank.kz/kz/news/informacionnye-soobshcheniya/16081，访问时间：2024年3月25日。

5 "Maldives to introduce Rufiyaa's digital currency version"，https://atolltimes.mv/post/news/1328，访问时间：2024年3月25日。

6 "Rwanda: Digital Currency Development Process Underway–Central Bank Governor"，https://allafrica.com/stories/202311280334.html，访问时间：2024年3月25日。

7 "Solomon Islands CBDC PoC goes live"，https://www.finextra.com/pressarticle/98982/solomon-islands-cbdc-poc-goes-live?utm_source=pocket_reader，访问时间：2024年3月25日。

8 "帕劳向数字货币迈出大胆一步：瑞波支持的风险投资"，https://www.coinlive.com/zh/news/palau-s-bold-step-into-digital-currency-a-ripple-backed-venture，访问时间：2024年3月25日。

9 "朱美丽副总裁112年12月7日出席财金公司112年度金融资讯系统年会专题演讲'货币支付的演进及未来'"，https://www.cbc.gov.tw/tw/cp-302-164924-0423d-1.html，访问时间：2024年3月25日。

10 "Central Bank of Armenia sees no need to hurry in introduction of digital dram"，http://www.armbanks.am/en/2023/12/18/152318/，访问时间：2024年3月25日。

（三）央行数字货币的国际流通

现行央行数字货币的国际流通或跨境支付仍存在较大进步空间。目前，正在开展数字货币跨境支付的项目共有13个，其中包括2023年新增的两个项目："北极星计划"和"曼陀罗项目"。2月，国际清算银行创新中心北欧中心出台"北极星计划"，探索央行数字货币系统的安全性和韧性。11月，国际清算银行创新中心新加坡中心在澳大利亚、韩国、马来西亚和新加坡四地共同启动"曼陀罗计划"。该项目旨在通过制定一项共同协议，使跨境支付自动化和简化遵守特定管辖区的监管要求，提高效率、透明度和国际交易的完整性，从而实现跨境支付的革命性变革。

四、数字货币的国际治理

洗钱、恐怖融资和逃税已经成为全球性公害，严重威胁世界金融秩序和经济发展。国际组织高度关注数字货币带来的安全风险问题，加大严格监管讨论和合作，将打击数字货币违法犯罪行为作为完善世界经济金融秩序的重要组成部分。

（一）经济合作与发展组织

经济合作与发展组织（OECD）在7月发布《涉税信息自动交换国际标准：加密资产涉税信息报告框架及2023年更新的修订共同申报准则》，提及"加密资产涉税信息报告框架"总体框架中的四大方面及具体相关规则，分析了加密资产对当下经济和社会发展的意义及影响，介绍了共同申报准则的修订情况等。[1] 9月9日至10日，二十国集团领导人峰会在新德里举行，峰会宣言呼吁成员国共同关注"加密资产生态系统"继续演化所面临的风险，并希望在成员国之间开展金融监管、反洗钱等方面的跨国协作[2]，团结共建"适应21世纪需要的现代国

---

[1] "经合组织发布涉税信息自动交换国际标准报告"，http://www.ctaxnews.com.cn/2023-07/11/content_1029554.html，访问时间：2023年11月23日。

[2]《二十国集团领导人新德里峰会宣言（摘要）》，http://www.news.cn/world/2023-09/10/c_1129855256.htm，访问时间：2023年11月23日。

际税收体系",并要求尽快落实加密资产涉税信息报告框架,继续修订完善共同申报准则[1]。

(二)二十国集团

二十国集团国家希望加快实施"加密资产报告框架"(Crypto Asset Reporting Framework,CARF)和共同报告标准(Common Reporting Standard,CRS)的修正案。[2] 该标准允许税务机关之间进行信息共享与交换,并要求有关组织对加密货币和数字资产交易类型进行披露,披露途径不限于中介机构或服务提供商,OECD计划最晚于2027年启动信息交换协议。11月10日,多国发布联合声明,将CARF纳入国内法体系。[3]

2023年9月7日,国际货币基金组织(IMF)和二十国集团金融稳定委员会(FSB)联合发布的一份报告表示,加密货币尚未证明自己像支持者声称的那样有用,并且可能对世界金融体系构成危险,但它们的使用应该受到控制而不是禁止。[4] 该报告提出了先进的政策和监管建议,以识别和应对与加密资产相关的宏观经济和金融稳定风险。[5]

(三)金融行动特别工作组

2023年6月21日至23日,金融行动特别工作组(FATF)第三十三届第三次全会在法国巴黎召开。全球200多个FATF及区域性反洗钱组织成员和观察员出席会议,中国人民银行、外交部组成中国代表团现场参会。会议审议通过卢森堡反洗

---

[1] "二十国集团敦促推进加密资产涉税信息交换",http://www.ctaxnews.com.cn/2023-10/09/content_1031647.html,访问时间:2023年11月4日。

[2] "India to Push Crypto Regulation Talks at Final FMCBG Meet in Morocco", https://cryptonews.com/news/india-push-crypto-regulation-talks-at-final-fmcbg-meet-morocco.htm,访问时间:2023年11月4日。

[3] "47 countries pledge to authorize Crypto-Asset Reporting Framework by 2027", https://cointelegraph.com/news/47-countries-authorize-crypto-asset-reporting-framework-2027,访问时间:2023年11月16日。

[4] "IMF, FSB Lay Out Roadmap To 'Address Risks' Posed by Crypto to Financial Stability", https://decrypt.co/155281/imf-fsb-lay-out-roadmap-to-address-the-risks-posed-by-crypto-to-financial-stability,访问时间:2023年11月8日。

[5] "IMF-FSB Synthesis Paper: Policies for Crypto-Assets", https://www.fsb.org/2023/09/imf-fsb-synthesis-paper-policies-for-crypto-assets/,访问时间:2023年11月8日。

钱和反恐怖融资互评估报告，决定将喀麦隆、克罗地亚和越南纳入"应加强监控的国家或地区"名单（即FATF"灰名单"）。会议还修订了第五轮评估方法，讨论区域性反洗钱组织为下一轮互评估所做的准备工作。会议审议通过《加强与犯罪资产追缴网络（ARIN）合作》第二阶段进展报告，通过《提高洗钱犯罪调查和起诉有效性行动计划》概念文件。会议听取"滥用投资移民项目洗钱""网络诈骗与洗钱和恐怖融资""众筹恐怖融资"三个类型研究项目进展情况汇报。[1]

2023年10月23日至27日，FATF第三十三届第四次全会及工作组会议通过中国第四次强化后续报告，决定结束中国本轮评估程序。会议修订FATF建议4（没收与临时措施）和建议38（冻结和没收的双边司法协助）等资产追缴相关标准，修订建议8（非营利组织）、建议24（法人的透明度和受益所有权）和建议25（法律安排的透明度和受益所有权）等受益所有权透明度相关评估方法。会议通过巴西反洗钱和反恐怖融资互评估报告，报告拟于2023年12月发布。会议更新公开声明，保加利亚进入"灰名单"，阿尔巴尼亚、约旦、开曼群岛和巴拿马退出"灰名单"。会议决定印尼成为FATF第40名正式成员。会议审议通过《网络诈骗中的非法资金流动》《众筹恐怖融资》《滥用投资移民项目》三份类型研究报告。10月27日，开曼群岛从FATF"灰名单"中被移除。10月30日，FATF将巴拿马从"灰名单"中移出。[2]

（四）巴塞尔银行监管委员会

10月17日，CoinDesk报道，根据国际标准制定组织巴塞尔银行监管委员会（BCBS）周二发布的指导草案，银行必须披露有关其加密货币活动的定量和定性信息。这些计划增加了委员会已经施加的巨额资本要求，以阻止银行持有像比特币和以太坊等无担保加密货币，此前加密货币相关贷款机构如签名银行（Signature Bank）和硅谷银行（Silicon Valley Bank）的动荡引起了混乱。根据这些将于2025年生效的建议，"银行将被要求披露有关其加密资产相关活

---

[1] "中国代表团参加金融行动特别工作组第三十三届第三次全会"，http://www.pbc.gov.cn/fanxiqianju/135153/135241/135244/5007097/index.html，访问时间：2023年11月8日。

[2] "Jurisdictions No Longer Subject to Increased Monitoring by the FATF", https://www.fatf-gafi.org/content/fatf-gafi/en/publications/High-risk-and-other-monitored-jurisdictions/Increased-monitoring-october-2023.html，访问时间：2023年11月8日。

动的定性信息，以及有关加密资产风险敞口及相关资本和流动性需求的定量信息。采用统一的披露格式将有助于加强市场纪律，并有助于减少银行和市场参与者之间的信息不对称"。[1]

（五）国际证监会组织

2023年2月17日，CoinDesk报道，数字资产行业协会GBBC Digital Finance（GDF）已作为附属成员加入国际证监会组织（International Organization of Securities Commissions，IOSCO）。GDF表示，将与IOSCO合作，为IOSCO加密资产路线图的两个工作组、加密和数字资产（Cryptocurrencies and Digital Assets，CDA）以及去中心化金融（Decentralized Finance，DeFi）提供帮助。[2] 5月17日，路透社报道，IOSCO主席让–保罗·塞尔维斯（Jean-Paul Servais）在巴黎管理基金协会举办的一次活动中表示，"私人金融将成为IOSCO2023年工作的新重点"。[3]

目前IOSCO横跨130个国家，覆盖全球95%的金融市场。2023年5月，IOSCO发布指导方针[4]，要求各国监管当局加强加密行业监管标准，其中共计18点计划，涵盖利益冲突、披露规则和治理等领域。IOSCO秘书长马丁·莫罗尼（Martin Moloney）表示，IOSCO无权强制监管机构采纳这些规则，但"有信心"让这些提议由IOSCO的成员实施。[5]

（六）支付与市场基础设施委员会

CoinDesk报道，国际标准制定组织支付与市场基础设施委员会（CPMI）

---

1 "Disclosure of cryptoasset exposures"，https://www.bis.org/bcbs/publ/d556.htm，访问时间：2023年11月8日。
2 "Crypto Industry Body GBBC Digital Finance Joins Securities Regulator Group IOSCO as Affiliate Member"，https://www.coindesk.com/policy/2023/02/16/blockchain-industry-association-gbbc-digital-joins-international-securities-regulator-iosco/，访问时间：2023年11月8日。
3 "Global securities watchdog to propose rules for cryptoassets"，https://www.reuters.com/technology/global-securities-watchdog-propose-rules-cryptoassets-2023-05-16/，访问时间：2023年11月8日。
4 "Policy Recommendations for Crypto and Digital Asset Markets Consultation Report"，https://www.iosco.org/library/pubdocs/pdf/IOSCOPD734.pdf，访问时间：2023年11月8日。
5 "IOSCO calls on global regulators to be faster and bolder on crypto markets"，https://www.ft.com/content/ea3806e3-d4e2-4823-a391-b84ee17c6039，访问时间：2023年11月8日。

在10月31日发布的一份报告中表示[1]，稳定币可能会降低成本、加快支付速度、鼓励竞争并提高透明度，为跨境转账"开辟机会"[2]，但潜在的缺点可能大于好处。挑战可能包括协调、竞争、网络规模和市场结构，以及缺乏国际一致和有效的监管与监督。报告表示："为了应对这些挑战，仅对稳定币安排（Stablecoin Arrangement，SA）进行监管和监督可能不足以减轻此类风险。"[3]

（七）埃格蒙特集团

埃格蒙特集团（Egmont Group）的成员来自世界各地的166家金融信息机构，埃格蒙特集团是166个金融信息机构之间的协调机构。它是金融信息共享的主要平台，支持国内和国际反洗钱/打击资助恐怖主义措施。埃格蒙特集团的金融情报机构（Financial Intelligence Units，FIUs）旨在促进双边和多边信息共享，提高成员的信息技术能力，目前的任务是开展一个关于新兴金融技术、虚拟货币和反洗钱/打击资助恐怖主义标准风险的项目。[4]

延伸阅读

现实世界资产的"代币化"

现实世界资产（Real World Assets，RWA）是指那些具有内在价值、有形的或本质上具有物质载体的、存在于物理世界中的资产。RWA的范围很广，包括从房地产、葡萄酒、商品、艺术品和车辆等有形资产，

---

[1] "Considerations for the use of stablecoin arrangements in cross-border payments", https://www.bis.org/cpmi/publ/d220.htm，访问时间：2023年11月8日。

[2] "Drawbacks of Stablecoin Cross-Border Use Outweigh Benefits: Global Payments Watchdog", https://www.coindesk.com/policy/2023/10/31/drawbacks-of-stablecoin-cross-border-use-outweigh-benefits-global-payments-watchdog/?utm_content=editorial&utm_medium=social&utm_source=telegram&utm_term=organic&utm_campaign=news，访问时间：2023年11月8日。

[3] "Considerations for the use of stablecoin arrangements in cross-border payments", https://www.bis.org/cpmi/publ/d220.pdf，访问时间：2023年11月8日。

[4] "Summary of International Regulatory Agencies and Regulatory Points for Cryptocurrencies", https://gamblingchain.com/international-regulatory-agencies-and-points-for-cryptocurrency-regulation-summary.html，访问时间：2023年11月2日。

到合同权利、法律权利（如专利和版权）的所有内容。他们经常构成不同投资场景中投资组合的一部分，并作为贷款抵押物，成为机构基金或投资个体的主要投资标的。[1]

RWA 的分类

1. 有形资产

有形资产是指由于其本质和特性而具有固有价值的实物资产。例如房地产、机械设备、大宗商品（如黄金和石油）、汽车和实物艺术品等。

2. 无形资产

无形资产通常是基于合同性权利或其他法定权利而被赋予价值的，通常包括专利、著作权、品牌名、商标等知识产权类型。

（一）RWA 的应用场景

1. 传统投资领域

RWA 在传统投资领域中有着不可或缺的地位。房地产、大宗商品、艺术品等 RWA 为投资者提供了股票和债券之外的投资组合。比如，通过租赁，房地产可以为投资者提供稳定的收入；遇到通货膨胀时，大宗商品可以被用来进行风险对冲；而艺术品的价值可能随着时间的推移而上升。

2. 贷款领域

在贷款领域，RWA 经常被用作担保来支持贷款。以 RWA 作为抵押物会降低贷款人的风险，在借款人违约的情况下，贷款人有权扣押和出售资产以收回贷款。常见例子有，以房屋、汽车为抵押物担保贷款，以及贷款购车等。

3. RWA 代币化与去中心化金融（DeFi）

在区块链技术的支持下，RWA 可以通过数字化标记进行加密。代币化允许部分所有权的存在，降低了 RWA 借贷准入门槛，并增强了 RWA 的资产流动性。因为投资者可以只买卖一小部分房产或艺术品，而不是整个资产。此外，这些代币化资产可以被投放到 DeFi 平台上，

---

[1] "What is Real World Assets (RWA)?"，https://blockchain.news/wiki/What-is-Real-World-Assets-RWA-bb61b465-c361-44da-8c9e-ac0820480561，访问时间：2023年11月15日。

以点对点的方式创建贷款、借款和赚取利息的途径。

（二）RWA面临的挑战

1. 流动性差

RWA的主要挑战之一是流动性不足。RWA很难实现低成本快速变现，这会给投资者快速调整投资组合或获取现金造成困难。

2. 维护成本高

RWA需要进行长期的维护和管理。例如，房屋、地产都需要维护，机器需要定期维修，知识产权也需要法律保护。这些都增加了拥有此类资产的成本。

3. 监管困难

对RWA的代币化，以及投放DeFi平台的监管情况比较复杂。在大多数司法辖域中，代币化往往处于监管责任尚未明确的灰色地带，因此未来可能会受到不断发展的法律监管框架的影响。

（三）2023年RWA发展动态

2023年，RWA成了加密货币领域增长最快的赛道。截至2023年10月，RWA已经成为DeFi中的第六大品类，其总锁定价值（Total Value Locked，TVL）高达570亿美元，增长率达到653%。

币安、高盛（Goldman Sachs）、汉领资本（Hamilton Lane）、西门子（Siemens）等品牌，以及一些链上美债协议纷纷入局RWA。[1]去中心化自治组织MakerDAO作为DeFi的重要参与者，其发行的链上美债和稳定币DAI，是目前RWA的常见用例。MakerDAO2023年多次上调DAI存款利率，远高于美债收益率。在高存款利率的推动下，MakerDAO的存款规模大幅增加。除了MakerDAO，致力于RWA代币化的组织还有Maple Finance、Open Trade、Ondo Finance和RWA Finance等。[2]

Security Token Advisors研究总监彼得·加夫尼（Peter Gaffney）发

---

[1] "RWA图谱：一览10大头部项目进展和20个早期项目概要"，https://www.chaincatcher.com/article/2096718，访问时间：2023年11月15日。

[2] "币安、高盛等大机构争相布局的RWA，是DeFi下轮增长引擎还是昙花一现？"，https://www.chaincatcher.com/article/2091887，访问时间：2023年11月15日。

文称，链上分析显示30亿美元的资产已经被代币化，预计RWA的规模在2030年将达到16万亿美元，纽约梅隆银行（BNY Mellon）、摩根大通（J.P.Morgan Chase & Co.）和贝莱德（BlackRock）等公司均推出了代币化项目。[1]

虚拟资产交易平台"矩阵端点"（Matrixport）业务开发总监表示："随着链上收益率的压缩与美国联邦储备委员会利率的上升，链上和链下利率分化明显，RWA也许可以予以弥补。"

2022年11月，新加坡中央银行的"守护者项目"（Project Guardian）已将DeFi引入批发融资市场，进行外汇交易和政府债券交易试验。[2]德意志银行在以太坊公共网络上测试代币化基金，RWA采用率在迅速增长。清算策略和智能算法的持续创新将为RWA的进一步发展提供技术支持，并有望于2023年下半年实现重大突破。[3]

德意志交易所（Deutsche Börse）将于2024年成立加密货币交易所，同时对加密货币交易实施监管。它还计划进军稳定币、代币化证券、基金和另类资产领域，并与德国商业银行共同设立了房地产、艺术品、音乐作品等资产代币化平台360X。[4]

---

[1] "Relevance of on-chain asset tokenization in 'crypto winter'", https://web-assets.bcg.com/1e/a2/5b5f2b7e42dfad2cb3113a291222/on-chain-asset-tokenization.pdf，访问时间：2023年11月15日。

[2] "First Industry Pilot for Digital Asset and Decentralised Finance Goes Live", https://www.mas.gov.sg/news/media-releases/2022/first-industry-pilot-for-digital-asset-and-decentralised-finance-goes-live，访问时间：2023年11月15日。

[3] "传统机构跃跃欲试，RWA终于火起来", https://new.qq.com/rain/a/20230922A05EHM00?suid=&media_id=，访问时间：2023年11月15日。

[4] "Deutsche Börse to launch cryptocurrency exchange in 2024", https://www.ledgerinsights.com/deutsche-borse-launch-cryptocurrency-exchange/，访问时间：2023年11月16日。

第六章　数字技术发展与国际合作

当前，世界百年未有之大变局加速演进，主要国家和地区都把强化技术创新作为实现经济复苏、塑造竞争优势的重要战略选择，积极抢占未来科技制高点，数字技术创新发展已经成为国际竞争和大国博弈的主要战场。半导体技术作为数字技术的根本硬件支撑，在美国不断挥舞制裁大棒，破坏全球分工合作的背景下，各国纷纷推出强化本土半导体技术产业的战略政策。随着5G技术的成熟与组网的加快，全球产业正在迈入大发展阶段，同时多国6G研发布局也相继开展。卫星互联网已成为天地一体网络的重要部分，产业化应用正快速在全球布局和推进。总体而言，数字技术仍然在创新发展，全球范围内的双多边数字技术合作也在持续推进。

一、主要国家和地区推动半导体产业本土化

经过多年发展，半导体产业已经成长为国际分工明确的全球化产业，而全球半导体技术也在国际化合作中快速发展，推动了国际信息技术创新。但是，随着近两年部分国家肆意推行逆全球化、泛安全化，以及各种形式的单边主义、保护主义，半导体产业的国际分工合作遭到严重破坏。面临越发不确定的国际形势，世界各国纷纷发布半导体战略，试图发展本土半导体产业。

（一）美国不断强化在半导体领域的全球领先地位

1. 支持美国本土半导体产业创新与发展

提供拨款及税收抵免，支持企业发展。2023年2月，美国商务部为《芯片和科学法案》（CHIPS and Science Act，简称"CHIPS"）中390亿美元的半导体制造激励措施提供首批拨款。该款项用于建设、扩建现代化生产半导体设施，以及对半导体材料生产和制造设备的生产设施进行大额投资的项目提供

资金。截至2023年8月，美国商务部已经收到来自42个州的460多家公司的项目意向书。[1]为支持CHIPS激励计划各个方面的实施，商务部还成立了CHIPS for America团队，由140余人组成。除了美国商务部的大力支持外，美国财政部（U.S. Department of the Treasury）于2023年3月发布了一项拟议规则，为先进制造业投资税收抵免提供指导，即为从事半导体制造和生产半导体制造设备的公司提供25%投资税收抵免。此外还于2023年6月发布了一项拟议规则，允许企业从国税局直接支付全额先进制造业投资税收抵免。

2. 与盟友合作构建以美国为主的半导体供应链

积极构建半导体同盟。在实施CHIPS法案的过程中，美国与许多合作伙伴和盟友保持密切联系，包括韩国、日本、英国、印度和欧盟等。2023年2月，美国拉拢韩国、日本和中国台湾组建的CHIP4联盟召开了首次高级官员视频会议，会议讨论重点主要聚焦在如何维持半导体供应链的韧性、建立预警机制，以及探索未来各方可能的合作方向。2023年3月，美国宣布与加拿大计划建立北美半导体制造走廊，该行动以IBM的投资项目作为起点，以开发和扩展芯片封装测试能力。同月，美国国务院宣布将负责管理国际技术安全与创新基金（International Technology Security and Innovation Fund）计划，以支持半导体供应链的安全和多样化。[2]此外，美国国务院已经宣布同哥斯达黎加、巴拿马和经济合作与发展组织（OECD）建立合作伙伴关系，探索全球半导体供应链合作的机会。

3. 推动半导体领域的投资创新

投入大量资金用于半导体技术研发。2023年4月，美国国家标准与技术研究院（NIST）发布《国家半导体技术中心的愿景与战略》。国家半导体技术

---

[1] "Explainer: The CHIPS and Science Act 2022", https://www.ussc.edu.au/explainer-the-chips-and-science-act-2022, 访问时间：2024年5月10日。

[2] "Department of State Announces Plans to Implement the CHIPS Act International Technology Security and Innovation Fund", https://www.state.gov/department-of-state-announces-plans-to-implement-the-chips-act-international-technology-security-and-innovation-fund/, 访问时间：2024年5月10日。

中心（National Semiconductor Technology Centre，NSTC）是美国《芯片和科学法案》研发部分的一个重要方面，美国将拨款110亿美元资金用于研发，其重点是建立NSTC，以支持和扩大美国半导体研究、设计、工程和制造。为支持NSTC发展，美国商务部还发布了NSTC战略概述，涉及美国在半导体创新方面的领导地位、缩短商业化时间，以及建立强大的微电子人才队伍。此外，商务部还在继续推动其110亿美元研发资金计划的其他部分，包括计量计划（Metrology Programme）、国家先进封装制造计划（National Advanced Packaging Manufacturing Programme，NAPMP）等。2023年11月20日，NIST发布《国家先进封装制造计划愿景》报告，指出加强美国先进封装技术能力对美国的半导体产业及其在全球市场中的竞争力至关重要。美国商务部将投资约30亿美元推进国家先进封装制造计划，并将优先投资六大关键领域。NAPMP初步融资将在2024年初启动，将首先投资于封装材料和衬底领域。NAPMP将与其他项目紧密合作、强强联合，共同推动技术创新发展，确保美国在全球半导体市场的持续领先地位。[1]

4. 为美国工人创造就业机会和培养人才

加大力度推动半导体人才培养。美国政府成立五个半导体行业就业中心，为美国人提供半导体行业就业途径。此外，白宫还宣布了一项全国冲刺计划，重点是为包括半导体行业在内的先进制造业创造就业机会。2023年，已经有50余所社区大学宣布新增或扩大半导体人才培养项目。2023年7月，白宫在俄亥俄州哥伦布市启动了第一个就业中心，哥伦布州立社区学院宣布与英特尔建立新的合作伙伴关系，将在秋季开设新的半导体技术员资格认证课程。美国国家科学基金会也通过专注制造业工人、支持研究人员和课程开发的新举措，如与主要的半导体和科技公司建立合作关系等，加大对美国半导体人才的培养。[2]

---

[1] "A Vision and Strategy for the National Semiconductor Technology Center", https://www.nist.gov/chips/vision-and-strategy-national-semiconductor-technology-center，访问时间：2024年5月10日。

[2] "FACT SHEET: CHIPS and Science Act Will Lower Costs, Create Jobs, Strengthen Supply Chains, and Counter China", https://www.whitehouse.gov/briefing-room/statements-releases/2022/08/09/fact-sheet-chips-and-science-act-will-lower-costs-create-jobs-strengthen-supply-chains-and-counter-china/，访问时间：2024年5月10日。

5. 以维护安全为由滥用出口管制措施

2023年1月27日，美、日、荷就限制向中国出口先进芯片制造设备达成协议，将把美国于2022年10月采取的一些出口管制措施扩大到荷兰和日本的企业。另外，2023年3月，美国商务部发布了一项拟议规则，实施CHIPS中规定的国家安全"护栏"，旨在防止该计划资助的技术和创新被受关注的外国国家滥用。9月22日，根据美国国家标准与技术研究院官网发布的最终规定，"护栏"规则禁止获得美国芯片资金的实体在授予之日起的10年内，在所谓"受关注国家"实质性地扩大当地尖端和先进设施半导体制造能力，晶圆生产也包括在内；限制其在有关国家扩建和新建生产设施，禁止增设新的生产线使该设施产能扩大超过10%。[1] 台积电创始人张忠谋称，芯片行业的全球化实际上已经结束，美国遏制中国的努力导致全球供应链分裂。

中国外交部表示，美国为了维护自己的霸权私利，滥用出口管制，胁迫诱拉一些国家组建遏制中国的小圈子，将科技经贸问题政治化、武器化，严重破坏市场规则和国际经贸秩序，中方对此坚决反对。这种做法损人不利己，破坏全球产供链稳定，国际上不乏担忧之声。许多企业界人士都表示，滥用出口管制将造成混乱，影响效率和创新。中方将密切关注有关动向，坚决维护自身正当利益。有关方面应从自身长远利益和国际社会共同利益出发，审慎行事。[2]

（二）欧洲积极推动本土半导体产业发展

为支持本土芯片生产线建设，促使先进技术研究向产品市场的转化，夺回其在全球半导体产业生态系统中的重要地位，欧盟也推出欧洲《芯片法案》。2023年6月，欧盟批准了"欧洲共同利益重点项目"（Important Projects of Common European Interest，IPCEI），其中81亿欧元国家援助计划涉及来自

---

[1] "Biden-Harris Administration Announces Final National Security Guardrails for CHIPS for America Incentives Program"，https://www.nist.gov/news-events/news/2023/09/biden-harris-administration-announces-final-national-security-guardrails，访问时间：2024年5月10日。

[2] "2023年1月30日外交部发言人毛宁主持例行记者会"，https://www.mfa.gov.cn/web/fyrbt_673021/jzhsl_673025/202301/t20230130_11016413.shtml，访问时间：2024年5月10日。

56家公司的68个项目，用于援助"欧洲制造"的半导体生产。[1] 2023年7月，欧盟理事会批准了"加强欧洲半导体生态系统"的法规，即欧洲《芯片法案》。9月21日，法案正式生效。法案中明确欧盟计划在2030年之前投入430亿欧元财政补贴，其中110亿欧元将用于研发先进制程芯片技术。具体而言，欧盟将在2027年本期财政框架内，在现有的26亿欧元补贴之外，额外投入33亿欧元预算，额外的资金则来自于各成员国的国家预算。法案旨在通过补贴刺激，将欧洲芯片生产的全球份额从目前的9%提升至20%。其中也包括未来一年内，融资建设3条价值10亿欧元至20亿欧元的试点生产线。

强化基础研究产业化发展能力。欧盟实施"芯片联合承诺"（Chips Joint Undertaking）等研发计划，重点支持2nm以下先进技术、人工智能、量子芯片、超低功耗处理器、3D集成和先进封装、设备和材料等技术研发与创新，着力将研发成果转化为产业效益。如在欧盟层面建立创新虚拟平台以提升大规模集成电路设计能力，支持使用现有的试验线，对新设计、新概念进行实验、测试和验证，加快下一代新兴技术向工业化生产能力转变；同时，建设量子芯片设计库、试验线和量子元件的实验测试设施，以形成面向前沿颠覆性技术的研发和工程能力。

注重成员国间协调行动和对外合作。在欧盟层面设立欧洲半导体委员会，同时加强与美国、日本、韩国等合作，协同推进出口管制和危机预警机制。如在危机监测和应对方面，在欧洲半导体委员会层面建立特别会议制度，用于评估是否启动芯片供应危机应对机制，并代表欧盟与相关的第三方国家进行协商合作，解决供应链中断问题。与美国成立美国-欧盟贸易和技术委员会（TTC），建立协调国际贸易和新兴技术议题的跨大西洋交流机制，在技术标准、供应链安全、出口管制等多方面协同推进相关合作。

此外，英国也在积极加强本国半导体产业的发展。2023年5月19日，英国政府发布了《国家半导体战略》（National Semiconductor Strategy），计划在未来十年投资10亿英镑以改善基础设施、推动研发并促进国际合作。该战略设立了发展国内产业、降低供应链中断风险和保护国家安全三大目标。发展国内产

---

[1] "Approved IPCEIs in the Microelectronics value chain", https://competition-policy.ec.europa.eu/state-aid/ipcei/approved-ipceis/microe-lectronics-value-chain_en，访问时间：2024年5月10日。

业方面，重点发展领域包括巩固英国在化合物半导体、研发、知识产权和设计等方面的优势。降低供应链中断风险方面，发布指南帮助企业抵御风险，与合作伙伴共同探索提高供应链弹性的解决方案。在保护国家安全方面，英国政府将通过2022年1月正式实施的《国家安全与投资法》（National Security and Investment Act）等，向行业提供需要引起关注的信息，以保护技术安全；继续支持数字安全设计等计划，确保半导体行业更具韧性和安全性。[1]

（三）亚洲各国纷纷支持半导体产业发展

中国对半导体及其相关装备的发展给予高度重视，制定并出台了一系列法律法规和政策，支持半导体产业的发展。2023年4月6日，全国集成电路标准化技术委员会成立大会暨一届一次全体委员会议在北京召开。会议强调，集成电路标委会要全面实施《国家标准化发展纲要》，增强产业链上、中、下游的有效沟通，支持企业深度参与全球产业分工协作和国际标准制定，推动标准的实施应用。2023年5月，国家发展改革委等部门发布关于做好2023年降成本重点工作的通知（发改运行〔2023〕645号），其中提到要延续和优化新能源汽车车辆购置税减免政策，支持半导体和集成电路产业等发展，持续推动降低企业生产经营成本。[2] 另外，为更好发挥电子信息制造业在工业行业中的支撑、引领、赋能作用，助力实现工业经济发展主要预期目标，工业和信息化部、财政部于2023年9月制定发布《电子信息制造业2023—2024年稳增长行动方案》，实施期限为2023至2024年。[3] 2023年，中国的半导体行业在设备研发方面持续取得重要进展，半导体设备的国产化进程持续加速。

随着全球半导体市场的竞争加剧，印度正逐渐成为重要的产业中心。2023年，印度半导体产业取得了重大进展，多家全球知名企业纷纷投资印度。其中，美光（Micron）在古吉拉特邦投资约27.5亿美元，建设封装厂以提高印度在半导

---

[1] 《英国〈国家安全与投资法〉正式生效》，http://gb.mofcom.gov.cn/article/jmxw/202201/20220103239197.shtml，访问时间：2024年5月1日。

[2] 《国家发展改革委等部门关于做好2023年降成本重点工作的通知》，https://www.gov.cn/zhengce/zhengceku/202306/content_6886123.htm，访问时间：2024年5月1日。

[3] 《关于印发电子信息制造业2023—2024年稳增长行动方案的通知》，https://wap.miit.gov.cn/zwgk/zcwj/wjfb/tz/art/2023/art_6ec44841d92a49729b9c04a91b5f89f9.html，访问时间：2024年5月1日。

体生产领域的实力。富士康计划在印度建立4—5条半导体生产线，进一步巩固印度在全球半导体市场中的地位。超威（Advanced Micro Devices，AMD）在班加罗尔打造规模庞大的园区，专注于推进半导体技术的设计和开发。此外，印度本土企业也在积极布局半导体产业。例如，Kaynes Technology宣布将投资约285亿卢比，在海得拉巴建立一家提供半导体封测代工服务的工厂。HCL集团也计划向印度半导体生态系统投资3亿美元，为印度半导体的发展和成长做出贡献。

2023年，日本积极推动半导体领域对外合作。2月，日本参与Chip4组织的首次会议，未来美日或在Chip4中协商半导体相关政策，并辐射到韩国或中国台湾。5月，日本与发达国家在七国集团峰会上公开声明，计划摆脱所谓对中国半导体的"依赖"。7月，日本与欧盟签署半导体合作备忘录，双方将建立芯片供应链的"预警"系统，并推动半导体领域政府补贴的信息共享，以及下一代芯片研发、人才资源建设方面的合作计划。[1] 8月，美日韩在戴维营峰会期间，宣布加强半导体供应链合作；同时，持续扩大出口管制。5月23日，日本经济产业省（Ministry of Economy, Trade and Industry，METI）正式出台本国的半导体制造设备出口管制措施。此外，日本还积极重组国内半导体材料企业。日本官方支持的基金收购了光刻胶巨头JSR等半导体材料企业，并推动这些企业退市以便于发挥日本"政策企业"的作用。

韩国在本国半导体领域加大投资布局。2023年3月15日，韩国政府表示计划在未来20年内投入300万亿韩元，投资于芯片、显示器、可充电电池、电动汽车、机器人技术和生物技术等六大技术领域，将京畿道龙仁市打造成为世界最大规模的"尖端系统半导体集群"。同时，韩国推动新一轮芯片刺激计划。2023年3月30日，韩国国民议会通过了《K-芯片法案》（K-Chips Act），旨在通过给予企业税收优惠来刺激投资，以提振韩国本土的芯片产业。8月4日，韩国正式实施《关于加强与保护国家尖端战略产业竞争力的特别措施法》，将通过指定特色园区、支援基础设施、放宽核心规制等，大幅加强对半导体等战略产业领域企业投资的支援。韩国财政部称，将通过修订税法，增加对包括半导体在内的"国家战略技术"投资的税收减免。大公司的税收减免将从8%提高到15%；规模较小的公司，

---

[1] "Memorandum of Cooperation on Semiconductors"，https://www.meti.go.jp/press/2023/07/20230704002/20230704002-1.pdf，访问时间：2024年5月1日。

税收减免将从16%提高到25%。2023年的额外投资将再获得10%的税收减免。

新加坡与全球80多个国家和地区合作建立了广泛的双重征税协定（Double Taxation Agreement，DTA）网络，在最大限度地减少控股公司结构的税收负担方面发挥着重要作用。另外，政府的知识产权政策旨在鼓励新加坡工商业的创新、创造力和发展。除了建设一整套吸引外资的有效制度之外，新加坡政府对于半导体等高科技制造业也一向不吝于投资。早在2020年12月，新加坡就发布了新一轮"研究、创新与企业2025"计划（Research Innovation and Enterprise 2025，RIE2025）。该计划的目标是在2021至2025年间，维持新加坡政府对研究、创新和企业的投资占该国GDP的比例为1%，即大约250亿美元。按照RIE2025的规划，制造、贸易和互联领域将加强新加坡作为制造中心和全球-亚洲技术、创新和企业节点的定位。新加坡的RIE投资还将巩固该国在新兴机会领域的竞争力，例如连通性和供应链管理。具体到半导体领域，新加坡的公共研究机构将加强在微机电系统（Micro-Electro-Mechanical System，MEMS）等技术方面的能力，以支持电子行业抓住新的增长机会。[1]

马来西亚政府支持基础设施建设，以促进半导体产业的发展。2023年，马来西亚与全球领先的人工智能芯片制造商英伟达启动合作项目，耗资43亿美元开发人工智能云和超级计算机中心。此外，马来西亚吸引了大量外商投资。例如，在半导体后端制造领域，吸引了德州仪器（Texas Instruments，TI）、爱立信（Ericsson）、博世（Bosch）和泛林集团（Lam Research）等许多大型企业扩大在马来西亚的业务。在电子电气制造领域，美国芯片巨头英特尔和德国英飞凌（Infineon）曾分别投资70亿美元。2023年，马来西亚已成为美国最大的芯片组装品进口来源国，占美国芯片进口总量的20%。

2023年，泰国半导体生产的总投资额预计将达到8000亿泰铢，泰国半导体产业正迎来快速发展期。泰国投资促进委员会（Thailand Board of Investment，BOI）加大力度吸引外国投资，以推动国内先进半导体产业的发展。据不完全统计，索尼设备技术（泰国）（Sony Device Technology，SDT）投资了23亿泰

---

[1] "下个五年怎么走：新加坡'研究、创新与企业2025计划'聚焦四大领域"，https://www.edb.gov.sg/cn/insights/singapore-the-next-five-years-four-focus-areas-in-research-and-innovation-for-2025.html，访问时间：2024年5月10日。

铢，用于建立一座新的半导体制造工厂。这座工厂将专注于汽车应用和显示设备图像传感器的组装工作，并致力于大规模生产数据中心所需的激光二极管。除此之外，2023年，中国大陆地区新增11家印制电路板制造企业，宣布拟在泰国投资建厂，计划投资总额约65.74亿元人民币；中国台湾地区新增12家企业，计划投资总额约141.72亿元人民币。

二、主要国家和地区推动5G和6G产业发展

2023年全球5G基站累计部署总量超过517万个，年度新增153万个，全球5G用户数突破15.7亿人，年度新增5G用户5.6亿人。[1] 全球主要国家和地区在5G技术的推广与应用上取得了显著成果，其中中国企业在助力中东国家5G建设中发挥了重要作用。全球范围内6G研发进一步加速，美、中、日等国及欧盟纷纷加大6G研发投入，加强国际技术合作，力图在激烈的国际竞争中占据先机。

（一）美洲

美国持续推进5G建设。5月15日，美国国务院向美洲国家电信委员会（Inter-American Telecommunication Commission，CITEL）提交提案，提议在美洲地区开放3300—3400MHz频段用于5G移动服务。[2] 同时，美国也在推动开放式5G网络建设。12月4日，美国电信公司AT&T开始部署开放式无线接入5G网络，采用爱立信的5G开放无线接入网络（Open RAN）产品和解决方案，支出金额近14亿美元。AT&T计划到2026年，将其70%的移动网络流量转移到Open RAN网络架构中。[3] 此外，美国海军正在加快推动在整个军种和各舰队中部署和使用5G无线技术。12月，美国海军信息战系统司令部的总工程师表示，该

---

[1] "Ericsson Mobility Report"，https://www.ericsson.com/4912e3/assets/local/reports-papers/mobility-report/documents/2024br/emr-business-review-2024.pdf，访问时间：2024年5月17日。

[2] "Joint Statement on the U.S. Proposal to Identify the Use of 5G Mobile Services in the 3300-3400 MHz Band"，https://www.defense.gov/News/Releases/Release/Article/3395369/joint-statement-on-the-us-proposal-to-identify-the-use-of-5g-mobile-services-in/，访问时间：2024年5月27日。

[3] "AT&T bets on new technology to build US telecom network"，https://www.zawya.com/en/business/technology-and-telecom/att-bets-on-new-technology-to-build-us-telecom-network-mkzdjhu5，访问时间：2024年5月27日。

部门正在努力为舰队提供基于5G的服务，并计划在舰载领域同时使用多种不同的5G产品和功能，以适应未来卫星技术的高带宽需求。[1]

美国拓展6G研发及国际合作。2023年6月，美国和芬兰签署了一份关于6G通信合作的联合声明，同意在基于6G技术的无线通信方面展开合作，并联合探索基于6G通信研发生态系统的可能性。同月，美英两国联合发布了《二十一世纪美英经济伙伴关系大西洋宣言》（The Atlantic Declaration for a Twenty-First Century U.S.-UK Economic Partnership），双方将加强包括5G、6G等技术领域的进一步合作。[2] 此外，2023年6月，美印两国政府宣布"拥有创建安全可靠的电信、弹性供应链和实现全球数字包容的共同愿景"，同意共同开发新的5G和6G网络以及Open RAN技术。双方一致通过了6G网络愿景，包括标准合作、促进系统开发芯片组的获取以及建立联合研发项目。[3]

巴西全国电信运营商行业协会巴西数字联合（Conexis Brasil Digital）发布调查报告显示，在5G网络正式推出快一年之后，巴西国内电信运营商已经在每个州首府、每个人口超过50万的城市以及一半人口超过20万的城市安装了5G信号，5G信号业已覆盖全国150多座城市并拥有超千万用户，覆盖范围已超过巴西国家通讯管理局（Agência Nacional de Telecomunicações，ANATEL）先前所制定的目标。根据后续规划，预计2025年7月覆盖所有人口超过50万的巴西城市，到2026年7月覆盖所有人口超过20万的地区。[4]

（二）欧洲

欧盟持续加快5G网络建设。2023年6月8日，欧盟委员会宣布批准向"欧

---

[1] "Navy Moving Fast On 5G Tech Implementation"，https://meritalk.com/articles/navy-moving-fast-on-5g-tech-implementation/，访问时间：2024年5月28日。

[2] "The Atlantic Declaration: A Framework for a Twenty-First Century U.S.-UK Economic Partnership"，https://www.whitehouse.gov/briefing-room/statements-releases/2023/06/08/the-atlantic-declaration-a-framework-for-a-twenty-first-century-u-s-uk-economic-partnership/，访问时间：2024年6月17日。

[3] "Joint Statement from the United States and India"，https://in.usembassy.gov/joint-statement-from-the-united-states-and-india/，访问时间：2024年5月25日。

[4] "One year into 5G rollout in Brazil, users total over 10 mi: Over 150 cities are covered countrywide"，https://agenciabrasil.ebc.com.br/en/geral/noticia/2023-07/one-year-5g-rollout-brazil-users-total-over-10-mi，访问时间：2024年6月17日。

洲共同利益重点项目"（IPCEI）提供总额约为220亿欧元（约合237亿美元）的公共资金支持，以推动微电子和通信技术在价值链中的技术开发和早期部署。上述项目将为5G/6G通信、自动驾驶、人工智能、量子计算等技术发展，以及在绿色转型过程中积极参与能源生产、分配和使用的公司提供支持。[1] 但在发展的同时，欧盟也在以所谓"安全"为由打压外国企业在欧发展。6月15日，欧盟委员会发布"关于实施欧盟5G网络安全工具箱"的第二份进展报告（Second Report on Member States' Progress in Implementing the EU Toolbox on 5G Cybersecurity），单方面指出中国电信公司华为、中兴通讯对欧盟安全构成风险，欧盟宣布不再使用这两家公司的服务。[2] 对此，2023年6月16日，中国外交部回应表示："欧盟委员会口口声声说华为、中兴等中国通信企业存在安全风险，却拿不出任何证据，这是典型的有罪推定，中方对此坚决反对。"[3]

在6G建设方面，欧洲在2023年同时启动多个6G重大科技研究项目。欧盟6G旗舰项目Hexa-X开启第二阶段研究工作，预计持续时间2.5年，成员单位增至44家。[4] 欧盟智能网络与服务联盟（The Smart Networks and Services Joint Undertaking，SNS JU）启动第一阶段研究计划共35个项目，包括6G技术研究与概念验证、试验基础设施、垂直行业应用三个分支方向。[5] 同时，欧洲多国齐头并进。2023年，英国发布《无线基础设施战略》，该战略制定了一个新的政策框架，鼓励部署和采用5G及先进的无线连接技术，并概述了英国的6G战略，其中包括六大支柱：英国愿景、研发、专利与标准、频谱、国际联盟、路线图。法国启动"未来网络"研究计划，推出"法国6G"平台，启动10个未

---

[1] "State aid: Commission approves up to €8.1 billion of public support by fourteen Member States for an Important Project of Common European Interest in microelectronics and communication technologies", https://ec.europa.eu/commission/presscorner/detail/en/ip_23_3087，访问时间：2024年5月2日。

[2] "Commission announces next steps on cybersecurity of 5G networks in complement to latest progress report by Member States", https://ec.europa.eu/commission/presscorner/detail/en/ip_23_3309，访问时间：2024年6月17日。

[3] "2023年6月16日外交部发言人汪文斌主持例行记者会"，http://at.china-embassy.gov.cn/chn/wjbfyrth/202306/t20230616_11098980.htm，访问时间：2024年5月5日。

[4] "Hexa-X-II, the second phase of the European 6G flagship initiative", https://hexa-x.eu/hexa-x-ii-the-second-phase-of-the-european-6g-flagship-initiative/，访问时间：2024年6月17日。

[5] "Overview of SNS Phase 1", https://smart-networks.europa.eu/sns-phase-1/，访问时间：2024年6月17日。

来网络技术相关大型研究项目。德国启动6G组件开发项目。[1]

（三）亚洲

中国5G发展政策环境持续向好。2023年，中国5G政策重点聚焦5G应用，发布《关于加强5G+智慧旅游协同创新发展的通知》《工业互联网专项工作组2023年工作计划》《关于加强端网协同助力5G消息规模发展的通知》《"5G+工业互联网"融合应用先导区试点工作规则（暂行）》《"5G+工业互联网"融合应用先导区试点建设指南》等政策，进一步强化5G在工业及民生服务领域的融合应用。2023年10月，中国工业和信息化部发布关于推进5G轻量化（RedCap）技术演进和应用创新发展的通知，大力推动5G轻量化技术研发，强化5G应用产业支撑，促进5G应用持续降成本、上规模。[2] 11月，中国5G发展大会在上海举行，大会以"5G扬帆促新质，产业升级创未来"为主题，围绕5G技术产业及融合应用设10场分论坛及1场投融资对接会，通过会议论坛、展览展示等多种形式，推动产业合作，深化国际交流，促进5G高质量发展。[3]

中国5G建设全球领先。截至2023年底，中国累计建成5G基站337.7万个，全国行政村通5G比例超过80%，网络底座进一步夯实，网络应用不断丰富。总体看，可以概括为以下四个特点：一是创新。5G技术产业在技术标准、网络设备、终端设备等方面创新能力不断增强。轻量化5G核心网、定制化基站等实现商用部署。5G工业网关、巡检机器人等一批新型终端成功研发。5G标准必要专利声明量全球占比超42%，持续保持全球领先。二是融合。融合应用广度和深度不断拓展，5G行业应用已融入71个国民经济大类，应用案例数超9.4万个，5G行业虚拟专网超2.9万个，"5G+工业互联网"项目数超过1万个。5G应用在工业、矿业、电力、港口、医疗等行业深入推广。三是绿色。5G网络加快向集

---

[1]《全球5G/6G产业发展报告（2023—2024）》，https://tdia.cn/Uploads/Editor/2024-03-26/66027337dcc4f.pdf，访问时间：2024年5月27日。

[2]《工业和信息化部办公厅关于推进5G轻量化（RedCap）技术演进和应用创新发展的通知》，https://www.gov.cn/zhengce/zhengceku/202310/content_6909740.htm，访问时间：2024年5月4日。

[3] "2023年中国5G发展大会在上海召开"，https://wap.miit.gov.cn/xwdt/gxdt/ldhd/art/2023/art_77d1919a2dcc4ecab99b10858ceb743f.html，访问时间：2024年5月28日。

约高效、绿色低碳发展，充分利用存量站址资源、公共资源和社会杆塔资源等建设5G基站，积极推动通信杆塔资源与社会杆塔资源双向共享，目前90%以上的基站实现共建共享。5G基站能耗持续下降，5G基站单站址能耗相较于商用初期降低超20%。四是赋值。5G移动电话用户持续增长、5G流量消费快速提升，促进了裸眼3D、云手机等新兴业务蓬勃发展，有效拓展了移动通信市场的发展空间。截至2023年底，5G移动电话用户达8.05亿户。根据研究机构测算，预计2023年5G直接带动经济总产出1.86万亿元，比2022年增长29%。[1]

中国大力支持6G技术研发。2023年12月，IMT-2030（6G）推进组发布《6G网络架构展望》和《6G无线系统设计原则和典型特征》，提出了关于6G网络架构的设计原则与网络能力，以及6G无线系统功能、运行特征和设计原则，为6G从万物互联走向万物智联提供可参考的技术路径。2023年12月5日至6日，2023全球6G发展大会举办，为扎实推动6G创新发展搭建合作交流平台。[2]

延伸阅读

《6G网络架构展望》

由IMT-2030（6G）推进组研究撰写的《6G网络架构展望》白皮书中提出，6G网络将秉承兼容、跨域、分布、内生、至简、弹性、绿色、开放等设计原则进行架构设计，实现平台化服务网络。6G网络架构的总体设计展望是6G网络将成为一个开放创新和提供信息服务的平台，其架构特征是具备超越连接的服务能力。其中，网络能力包括无处不在的连接、算力网络能力，可信安全、感知、数据服务能力，以及基于人工智能的网络智能自治等能力。[3]

---

[1] "国务院新闻办发布会介绍2023年工业和信息化发展情况"，https://www.gov.cn/lianbo/fabu/202401/content_6927364.htm，访问时间：2024年6月17日。

[2] "2023全球6G发展大会在重庆举行"，https://www.miit.gov.cn/xwdt/gxdt/ldhd/art/2023/art_ee57706adaad4a1a969eebccb0cfbe1e.html，访问时间：2024年6月18日。

[3] 《6G网络架构展望》，https://www.imt2030.org.cn/html/default/zhongwen/chengguofabu/index.html?index=2，访问时间：2024年5月4日。

延伸阅读

《6G无线系统设计原则和典型特征》

由 IMT-2030（6G）推进组研究撰写的《6G无线系统设计原则和典型特征》白皮书中提出，6G网络作为提供连接和超越连接能力的服务基座，其无线系统需要提供超越通信边界的性能、智能多样灵活的无线功能，并支撑新的应用生态和发展需求。6G无线系统将基于按需适配、智慧原生、融合一体化、数据原生、绿色低碳、内生可信、联合优化等原则进行设计。《6G无线系统设计原则和典型特征》白皮书还提出服务层、功能层、虚拟资源层、基础设施层的无线系统视图。不仅如此，6G无线系统将具有灵活频谱、原生智能、通感融合、通算融合、信道主动管理五大功能特征，灵活组网、至简协议、弹性可定制、无线能力开放、跨域协同、以用户为中心六大架构特征，内生节能、内生可信、数字孪生自治三大实现和运行特征。[1]

日本设立专项基金大力投入6G研发。2023年7月，日本总务省在情报通信研究机构（National Institute of Information and Communications Technology，NICT）设立信息通信研究开发基金，用于实施创新信息通信技术（Beyond 5G/6G）基金项目，研发资金总额达623亿日元（约合人民币31.37亿元），涉及全光网络相关技术、非地面网络（Non-Terrestrial Network，NTN）相关技术、安全集成/虚拟化网络技术三大类共10个6G项目。[2]

电信运营商加强5G相关合作。2023年1月，日本电信运营商KDDI公司宣布与三星和富士通合作，于当月19日在日本大阪市启动了符合O-RAN标准的

---

[1]《6G无线系统设计原则和典型特征》，https://www.imt2030.org.cn/html/default/zhongwen/chengguofabu/index.html?index=2，访问时间：2024年5月4日。

[2] "国立研究开发法人信息通信研究机构（NICT）信息通信研发基金的设立及关于创新信息通信技术（Beyond 5G (6G)）基金项目基金管理政策的公布"，https://www.soumu.go.jp/main_sosiki/joho_tsusin/chs/pressrelease/2023/3/24_5.html，访问时间：2024年5月26日。

5G开放虚拟无线电接入网络站点的商业部署。[1] 9月，三星电子与KDDI签署了一份谅解备忘录，将组建5G全球网络切片联盟（5G Global Network Slicing Alliance）。[2] 两家公司将通过联盟推出一系列商用5G网络切片服务，并积极发展相应的新商业模式。

韩国进一步强化政府引导作用。2023年2月，韩国科技信息通信部发布《韩国网络2030战略》（K-Network 2030），提出成为"下一代网络模范国家"愿景，表示要在2026年向全球展示6G技术和pre-6G网络，2027年发射近地轨道通信卫星，2028至2030年实现商用6G服务。[3] 2023年9月，韩国LG公司与德国弗劳恩霍夫海因里希·赫兹研究所（Fraunhofer Heinrich Hertz Institute）联合研究团队创下新的6G数据传输距离纪录，成功将传输距离延长至500米，打破了2022年创下的320米纪录。新的测试还验证了，6G可以在建筑物到建筑物、建筑物到地面和地面到地面终端之间进行通信。[4]

印度5G建设迅猛发展。据全球网络连接情报公司Ookla发布的2023年第三季度全球5G网络的最新报告，印度的5G速度进入了全球前10名。[5] 2023年10月，印度电信运营商巴帝电信（Bharti Airtel）与爱立信宣布，双方已在巴帝电信的5G网络上成功测试了爱立信的预商用RedCap（Reduced Capability）软件。[6] RedCap是一种轻量级5G技术，可以有效降低设备平台的复杂性、尺寸和功能，从而以经济高效的方式集成到智能手表和工业传感器等设备中。

印度积极开展5G/6G相关公私合作与国际合作。2023年3月，发布"印度6G愿景"（Bharat 6G Vision）文件，为2030年前印度在6G通信服务领域的发

---

[1] "富士通とKDDI、両社の5G技術を活用し、社会課題解決に向けたパートナーシップを締結"，https://pr.fujitsu.com/jp/news/2021/09/28-1.html，访问时间：2024年6月17日。

[2] "日本KDDI携手三星组建5G全球网络切片联盟"，https://www.c114.com.cn/news/116/a1244139.html，访问时间：2024年6月17日。

[3] "K-클라우드 프로젝트 1단계 본격 착수"，https://www.msit.go.kr/bbs/view.do?mId=113&mPid=238&bbsSeqNo=94&nttSeqNo=3183214，访问时间：2024年6月18日。

[4] "LG sets new real-world-ready distance record for 6G data transmission"，https://newatlas.com/telecommunications/6g-data-transmission-distance-record-500m/，访问时间：2024年5月28日。

[5] "The State of Worldwide Connectivity in 2023"，https://www.ookla.com/articles/worldwide-connectivity-mobile-fixed-networks-digital-divide-2023，访问时间：2024年6月18日。

[6] "巴帝电信与爱立信成功完成印度首个5G RedCap技术测试"，https://www.c114.com.cn/news/116/a1246371.html，访问时间：2024年6月17日。

展制定路线图。[1] 2023年7月，成立印度6G联盟（Bharat 6G Alliance，B6GA），联盟成员共75个，来自高校、研究机构、企业等。B6GA得到两项政府拨款的支持，用于创建技术测试平台。[2] 为支持印度6G愿景，B6GA与诺基亚（Nokia）合作建立了印度首个6G实验室，旨在加速6G技术的基础研究和创新应用。2023年6月，印度与美国在半导体、人工智能、太空等领域达成系列合作协议，共同开展开放无线接入网络和5G、6G技术研发。[3]

2023年6月22日，文莱宣布向民众提供5G网络商用服务。对此，中国驻文莱使馆表示，华为文莱公司和中国电信旗下中国通信服务文莱公司等中国科技企业积极参与文莱网络建设和服务，是该国通信基础设施多轮升级改造的主力，为5G网络正式商用做了大量前期准备工作，为当地电信网络发展贡献力量。[4]

（四）中东地区

阿联酋积极推动本国5G网络建设。2023年8月3日，阿联酋电信和数字政府监管局（Telecommunications and Digital Government Regulatory Authority，TDRA）正式宣布[5]，与阿联酋电信服务提供商合作开展的"5G高级"（5G-Advanced，5G-A）试验项目第二阶段取得圆满成功。这一阶段试验结果表明，测试网络的实时速度能达到当前速度的10倍。2023年10月9日，中国华为公司发表消息称，和阿联酋综合电信公司（Emirates Integrated Telecommunications Company，EITC）的Du合作，共同推出了开创性的全球首个5G高级示范别墅，这是由10Gbps网络供电的未来智能家居生活的原型。早在2023年3月初，两家公司签署了以5G高级技术创新、应用探索和生态系统

---

[1] "Bharat 6G Vision", https://www.ibef.org/blogs/bharat-6g-vision，访问时间：2024年6月18日。

[2] "India stated the local 6G alliance will involve 75 companies", https://www.rcrwireless.com/20230705/6g/india-announces-alliance-foster-6g-development，访问时间：2024年6月17日。

[3] "Joint Statement from the United States and India", https://www.space.commerce.gov/joint-statement-from-the-united-states-and-india/，访问时间：2024年6月18日。

[4] "文莱启动5G网络商用服务，中国企业作出贡献", http://www.xinhuanet.com/info/20230711/b5a14c2626994c3b8304390d5108cdf1/c.html，访问时间：2024年6月17日。

[5] "TDRA Announces Successful completion of Phase II of advanced 5G trials (Project 5G-Advanced) in the 6 GHz band", https://tdra.gov.ae/en/media/press-release/2023/tdra-announces-successful-completion-of-phase-ii-of-advanced-5g-trials，访问时间：2024年5月28日。

发展为中心的5.5G谅解备忘录。这一合作成果落地证明了双方的共同创新能力。[1] 2023年12月11日，Du证实其推出了5G独立网络（5GSA）。该公司强调，5GSA将允许本地企业利用网络切片技术（network-slicing technology），根据其特定需求定制网络应用程序以提高服务质量。[2]

沙特电信公司（Saudi Telecom Company，STC）与中国华为正式签署5.5G战略合作谅解备忘录，共同打造基于5G高级技术的智能无线网络，孵化5G高级技术相关的面向消费者、家庭及商业的新业务。[3]

2023年3月，沙特电信和数字服务提供商Zain KSA与华为签署战略合作谅解备忘录，共同发布"5.5G City"联合创新项目，致力于推动面向5.5G演进的技术创新和拓展创新业务到消费者、家庭和企业等全场景领域。[4] 2023年8月初，沙特电信宣布在中东和北非成功进行了5G高级技术的首次现场试验，标志着促进该地区数字化转型进入新阶段。[5]

巴林STC于2023年9月宣布已完成5G高级技术试验，并实现了10Gbps的速率。[6]

三、卫星互联网全球部署脚步加快

当前，卫星互联网已经成为天地一体网络中至关重要的部分，世界主要国家和地区纷纷布局，试图构建本国卫星互联网技术体系，抢占国际话语权。

---

1 "Huawei and du jointly released the world's first 5.5G Villa, starting a new era of 10G smart home"，https://www.huawei.com/en/news/2023/10/mbbf2023-5gafamily，访问时间：2024年5月28日。

2 "du launches 5G Standalone network in the UAE"，https://www.rcrwireless.com/20231211/5g/du-launches-5g-standalone-network-uae，访问时间：2024年5月28日。

3 "Saudi Telecom Company (stc) and Huawei signed a Memorandum of Understanding towards the F5.5G era to build an all-optical strategic partnership"，https://www.huawei.com/en/news/2023/3/mwc2023-stc-huawei-f5-point-5g-mou，访问时间：2024年5月26日。

4 "Zain KSA and Huawei sign MoU to build a global 5.5G pioneer network '5.5G City'"，https://www.huawei.com/en/news/2023/3/MWC2023-Zain-5-point-5G-MoU，访问时间：2024年6月17日。

5 "沙特电信公司STC与华为进行首次室内5G试验"，https://www.sohu.com/a/299475484_100161251，访问时间：2024年11月8日。

6 "stc Bahrain takes market lead with launch of Network Slicing under the vision of 5G Advance (5.5G) Network Evolution"，https://www.stc.com.bh/en/media-center/template?id=3134，访问时间：2024年5月27日。

美国"星链"（Starlink）项目已经发展成为目前全球规模最大的卫星互联网产业。

（一）美国加速布局卫星互联网

1. 美国"星链"全球覆盖面越来越广

美国太空探索技术公司（SpaceX）建设的"星链"系统凭借率先形成的全球覆盖优势和商业天基通信能力，成为全球最具竞争力的天基网络服务提供商。

"星链"网络已具备对全球海域的通信覆盖能力。2023年4月，SpaceX宣布已经实现对全球海域的通信覆盖，随后便积极开展与世界各国在船舶服务方面的合作，不断扩大其服务范围与规模。9月，SpaceX和卢森堡SES公司达成合作协议，为游轮运营商等海事用户提供卫星通信网络服务，通过卫星的频谱整合可以为除南北极地区的海域提供卫星连接。[1] 10月，丹麦马士基集团（Maersk）与SpaceX合作，将为330余艘货轮安装"星链"系统，满足船员日常通信和流媒体网络需求。[2] 同月，日本三井商船株式会社决定在其233艘远洋船舶上引入"星链"卫星通信服务。[3]

2. 美国利用"星链"项目不断扩大亚非市场影响力

2023年以来，"星链"系统在稳步占据美洲、欧洲及大洋洲等地区网络服务市场的基础上，利用先发优势着力开拓亚洲和非洲市场，以此来进一步扩展在全球的服务范围。

卫星互联网为亚洲海岛国家提供便利联网方式。2023年2月22日，SpaceX宣布开始为菲律宾提供"星链"网络连接服务，菲律宾成为东南亚首个正式开

---

[1] "Starlink and SES join forces for multi-orbit cruise connectivity", https://spacenews.com/starlink-and-ses-join-forces-for-multi-orbit-cruise-connectivity/，访问时间：2024年5月24日。

[2] "Maersk to install SpaceX's Starlink on its vessels", https://container-news.com/maersk-to-install-spacexs-starlink-on-its-vessels/，访问时间：2024年6月18日。

[3] "233艘船！商船三井为旗下远洋船舶全面部署星链服务"，http://www.csoa.cn/doc/26403.jsp，访问时间：2024年6月18日。

通"星链"服务的国家。[1] 2023年8月30日，日本电信运营商KDDI和SpaceX宣布达成协议，将在全日本范围内利用SpaceX的"星链"近地轨道卫星和KDDI国家无线频谱提供卫星到蜂窝服务。此次合作将增强KDDI的蜂窝连接能力，使其突破传统强大的4G和5G网络的限制，包括偏远的岛屿和山区。

在非洲，卫星互联网可以使绝大多数贫穷国家免去铁塔建设投资、地面信号传输设备投资和成立大型电信企业及雇佣人员的费用。2023年2月，尼日利亚正式与SpaceX合作开展"星链"服务，标志着尼日利亚成为首个接入"星链"服务的非洲国家。同月，卢旺达开通了"星链"服务，将500所未联网的学校作为服务试点，并计划在2024年前为3000所未联网的学校接入"星链"网络服务。2023年6月，莫桑比克宣布接入"星链"服务，成为第三个使用"星链"服务的非洲国家。同年7月，肯尼亚、马拉维等国相继开通"星链"服务。10月，赞比亚开通"星链"服务。11月，贝宁宣布开通"星链"服务，这也是第六个开通卫星互联网的非洲国家。

3. 美国卫星互联网的军事应用

美国国防部与SpaceX达成"星盾"（Starshield）网络服务协议。2023年9月27日，美国国防部表示，五角大楼已经向SpaceX授予其正在开发的"星盾"网络的第一份确认合同，这是该公司此前开发的民用"星链"卫星互联网系统的军事专用版本。

SpaceX于2022年推出了一条新的业务线"星盾"网络，并将这项服务作为国家安全专用服务的最高端产品进行营销。"星盾"网络的功能有别于专为消费者和商业用途设计的"星链"。美军太空部队发言人证实，SpaceX于2023年9月1日获得了一份为期一年的"星盾"服务合同，成为获得军方近地轨道卫星服务的第1个供应商。SpaceX首席执行官埃隆·马斯克表示，"星盾"将加强SpaceX与美国情报和军事实体部门的合作，并标志着SpaceX不断扩大国防投资组合。SpaceX将利用"星盾"为美国国防部数十个合作伙伴提供天基

---

[1] "Lopez: PH as first country in SEA for Elon Musk's SpaceX", https://www.dti.gov.ph/archives/news-archives/ph-first-country-southeast-asia-spacex/，访问时间：2024年5月24日。

通信服务，并为美国国防部各部门的54个军事合作伙伴提供服务。[1]

4. 美国联邦通信委员会审议通过亚马逊"柯伊伯计划"

除了已经成熟的"星链"项目外，美国也在推动其他卫星互联网的建设。2023年2月，美国联邦通信委员会（Federal Communications Commission，FCC）授权亚马逊公司部署低轨宽带卫星星座，提供运营服务，标志着亚马逊公司"柯伊伯计划"（Project Kuiper）正式获批。2023年10月6日，美国联合发射联盟公司（United Launch Alliance，ULA）用运载火箭为亚马逊首次发射两颗太空互联网原型卫星，标志着其卫星网络"柯伊伯计划"的正式启动。亚马逊计划在未来6年建立一个由3236颗低轨道互联网卫星组成的网络，旨在提供"快速""经济"的互联网接入服务，并预计在2024年上半年发射首批量产卫星。[2] 亚马逊表示，"柯伊伯计划"将为个人、家庭和社区以及学校、医院、企业、政府机构与其他组织提供卫星互联网服务。[3]

美国国家航空航天局（National Aeronautics and Space Administration，NASA）曾对在近地轨道部署过多卫星可能造成轨道"严重拥堵"表示担忧，认为这可能增加航天器碰撞风险，影响科研及载人航天任务。[4]

（二）其他国家积极部署卫星互联网技术

1. 英国一网卫星公司着力实施"一网"星座计划

英国也在积极建设本国卫星互联网。2014年成立的英国一网卫星公司（OneWeb）的目标是打造低轨卫星星座，为偏远地区或互联网基础设施落后的

---

[1] "SpaceX reportedly moving with inital Starshield contracts with DOD", https://www.spacedaily.com/reports/SpaceX_reportedly_moving_with_inital_Starshield_contracts_with_DOD_999.html，访问时间：2024年5月24日。

[2] "亚马逊发射柯伊伯项目首批两颗互联网卫星原型", https://new.qq.com/rain/a/20231007A084ND00，访问时间：2024年6月18日。

[3] "Everything you need to know about Project Kuiper, Amazon's satellite broadband network", https://www.aboutamazon.com/news/innovation-at-amazon/what-is-amazon-project-kuiper，访问时间：2024年5月24日。

[4] "美发射卫星互联网'柯伊伯计划'原型卫星", http://www.news.cn/2023-10/07/c_1129902383.htm，访问时间：2024年5月24日。

地区提供价格适宜的互联网接入服务。2023年3月27日,OneWeb的36颗卫星升空,这标志着该公司初步完成了卫星互联网的建设,并准备在5月开始向美国48个州的客户提供卫星网络服务。[1] OneWeb的终极目标是在1200千米高度的近地轨道上部署6372颗卫星,目前是仅次于美国"星链"的第二大近地轨道系统。[2]

2. Telesat的卫星发射项目获得资金支持

"光速"(Lightspeed)是加拿大通信运营商Telesat的低轨卫星网络项目,也是加拿大有史以来最大的太空项目,旨在为加拿大的企业、政府客户以及乡村与偏远社区提供卫星通信服务。[3] Telesat预计,将在2026年年中启动Lightspeed卫星网络的第一次发射,当第156颗卫星发射入轨时(预计在2027年底)将启动全球服务。2023年8月11日,Telesat表示,已和太空技术公司MDA签署价值15.6亿美元的合同,MDA将承包其低轨卫星网络Lightspeed的卫星制造工作。[4]

3. 中国发射多颗卫星互联网技术试验卫星

中国的卫星互联网产业正快速发展。2023年7月9日、11月23日、12月6日、12月30日,长征2C、长征2D、捷龙三号的四次发射,将不少于6颗卫星互联网技术试验卫星送入轨道,并开始了小规模组网试验。[5,6] 这预示着"中国版星

---

[1] "最新消息:OneWeb完成太空互联网部署,5月份为美国48州提供服务",https://www.163.com/dy/article/I0RDOQID0519D8QI.html,访问时间:2024年6月18日。

[2] "在天上自由上网:OneWeb首批6星发射,推进太空互联网时代",https://www.163.com/dy/article/E94HM74C05199DKK.html,访问时间:2024年6月18日。

[3] "The Right Way to Introduce LEO Services",https://www.telesat.com/blog/the-right-way-to-introduce-leo-services/,访问时间:2024年5月24日。

[4] "Telesat Contracts MDA as Prime Satellite Manufacturer for Its Advanced Telesat Lightspeed Low Earth Orbit Constellation",https://www.telesat.com/press/press-releases/telesat-contracts-mda-as-prime-satellite-manufacturer-for-its-advanced-telesat-lightspeed-low-earth-orbit-constellation/,访问时间:2024年5月24日。

[5] "航天科技集团长三乙/远征一号运载火箭成功发射两颗北斗导航卫星侧记",https://www.spacechina.com/n25/n2014789/n2014809/c4018167/content.html,访问时间:2024年5月24日。

[6] "航天科技集团2023年度宇航发射任务盘点",https://www.spacechina.com/n25/n2014789/n2014809/c4024502/content.html,访问时间:2024年6月18日。

链"——国网星座大规模组网发射即将展开，卫星互联网产业迎来了快速发展阶段。中国已向国际电信联盟（ITU）提交了布局卫星总量1.3万颗的低轨道星座与频谱申请，并推出了"虹云工程""鸿雁星座"与"星网工程"三大战略运营计划。[1]

4. 韩国发布卫星通信振兴战略打造韩版"星链"

2023年9月18日，韩国科学技术信息通信部在紧急经济长官会议上发布"卫星通信振兴战略"，计划从2025至2030年投资4800亿韩元（约合26.1亿元人民币）用于新技术研发，以增强低轨道卫星通信产业的竞争力。[2] 韩国政府正在寻求开设一个卫星通信空中测试实验站。此外，鉴于韩国国内企业在短期内难以独立实现低轨通信卫星的发射和网络建设，韩国政府计划于2024年组建名为"K-LEO联盟"（暂定名）的机构，以全面评估并审查低轨通信卫星发射和网络建设的中长期可行性。

四、全球双多边信息技术战略合作加速

在全球化和数字化浪潮中，信息技术已经成为各国经济发展的核心引擎和国家安全的关键因素。全球范围内，双多边信息技术战略合作逐渐成为国际社会关注的焦点。为应对全球挑战，各国纷纷加强信息技术领域的合作与竞争，力求在全球数字舞台上占据有利位置。

（一）美国与英国加强数据和技术合作

2023年1月12日，美国和英国政府高级别代表在美国华盛顿举行美英技术和数据全面对话，讨论三个重点方向：数据、关键和新兴技术、安全和有韧性的数字基础设施。该对话共形成八项成果：一是合作促进全球可信数据流动；

---

[1] "低轨通信星座蓄势待发，中国版'星链'如何加速？"，https://tech.cnr.cn/techgsrw/20230926/t20230926_526433175.shtml，访问时间：2024年6月18日。

[2] "韩制定《卫星通信振兴战略》"，http://ecas.cas.cn/xxkw/kbcd/201115_143808/ml/xxhzlyzc/202310/t20231031_4983520.html，访问时间：2024年6月18日。

二是完成并实施美英数据桥接；三是促进开放、可互操作、可靠和安全的电信系统，如无线电接入网；四是就6GHz频段的下一代免许可技术举行圆桌讨论；五是支持新的经合组织全球技术论坛，确保以双方同意的方式设计、开发和部署技术；六是确定美国和英国半导体行业在技能、投资和研发方面的合作机会；七是加强美英在人工智能技术标准制定和可信人工智能工具方面的合作；八是双方同意每季度审查一次进展，确定未来在技术和数据方面合作领域。[1]

2023年6月8日，美国白宫宣布美国和英国联合发布《二十一世纪美英经济伙伴关系大西洋宣言》。双方强调，将加强在量子、5G、6G、合成生物学、先进半导体、人工智能等领域的合作；推进在经济安全和技术保护工具包和供应链方面的合作；进行包容和负责任的数字化转型；建设未来的清洁能源经济；进一步加强在国防、卫生安全和太空领域的联盟。[2]

（二）美国与印度启动"关键和新兴技术"倡议

2023年1月31日，美国与印度宣布启动"关键和新兴技术"倡议（U.S.-India Initiative on Critical and Emerging Technology，iCET），旨在提升和扩大两国政府、企业和学术机构之间的战略技术伙伴关系与国防工业合作。两国将通过iCET下的常设机制，解决两国监管障碍以及商业和人才流动相关问题。具体合作包括：创新生态方面，开展人工智能标准与基准合作、建立印美联合量子协调机制、降低美国向印度出口先进计算技术和源代码的壁垒；下一代电信方面，开展5G和6G研发合作与国际标准制定；此外，双方还将推进国防创新与技术、半导体供应链、太空、工程与科技人才等方面合作。[3]

---

[1] "Inaugural Meeting of U.S.-UK Comprehensive Dialogue on Technology & Data", https://www.state.gov/inaugural-meeting-of-u-s-uk-comprehensive-dialogue-on-technology-data/, 访问时间：2024年3月5日。

[2] "The Atlantic Declaration: A Framework for a Twenty-First Century U.S.-UK Economic Partnership", https://www.whitehouse.gov/briefing-room/statements-releases/2023/06/08/the-atlantic-declaration-a-framework-for-a-twenty-first-century-u-s-uk-economic-partnership/, 访问时间：2024年3月5日。

[3] "FACT SHEET: United States and India Elevate Strategic Partnership with the initiative on Critical and Emerging Technology (iCET)", https://www.whitehouse.gov/briefing-room/statements-releases/2023/01/31/fact-sheet-united-states-and-india-elevate-strategic-partnership-with-the-initiative-on-critical-and-emerging-technology-icet/, 访问时间：2024年3月6日。

（三）美国与波兰加强战略新兴技术领域合作

2023年2月3日，美国与波兰举行战略对话，旨在加强战略新兴技术领域合作。两国将致力于改善关键供应链、加强能源和技术合作、增加双边和跨大西洋贸易。双方讨论了扩大高科技领域合作，包括基于开放无线接入网络模型的5G网络建设、半导体生产和氢能技术开发、加大国家安全领域合作与投资、保护敏感新兴技术。两国还讨论了在"三海倡议"（Three Seas Initiative，3SI）框架内加强合作。"三海倡议"涉及波罗的海、黑海和亚得里亚海周边12个欧盟国家，旨在促进该地区间经济合作，并加快能源、交通领域和数字技术的发展。[1]

（四）美国与日本深化互联网经济政策合作对话

2023年3月6日至7日，美国国务院和日本总务省在华盛顿举行第13次美日互联网经济政策合作对话（Dialogue on Internet Economic Policy Cooperation，IED）。对话期间，美国和日本重申了开放、可互操作、可靠和安全的数字连接和信息通信技术的共同承诺，以支持数字经济增长。此外，美国和日本还同意在5G和6G、全球数字连接合作伙伴关系（Global Digital Connectivity Partnership，GDCP）、全球跨境隐私规则（Cross-Border Privacy Rules，CBPR）、基于信任的数据自由流动、多边论坛合作、美日合作、美日网络经济政策合作对话更名以及联合国互联网治理论坛（IGF）等领域开展合作。[2]

（五）美国与越南计划加强半导体、人工智能等领域合作

2023年9月8日，美国与越南宣布两国关系提升至全面战略伙伴，将在半导体、人工智能及关键矿产等领域合作。双方宣布在越南启动全面的劳动力发展计划，共同开发半导体组装、测试和封装的实践教学实验室及培训课程。美国

---

[1] "Joint Statement on the Strategic Dialogue Between the United States and Poland"，https://www.state.gov/joint-statement-on-the-strategic-dialogue-between-the-united-states-and-poland-2/，访问时间：2024年3月12日。

[2] "Results of the 13th U.S.-Japan Policy Cooperation Dialogue on the Internet Economy"，https://www.soumu.go.jp/main_sosiki/joho_tsusin/eng/pressrelease/2023/3/16_03.html，访问时间：2024年5月7日。

政府将提供200万美元初始种子资金。此外,美国还宣布同越南加强技术合作,支持越南量化其稀土元素资源和经济潜力,吸引优质投资以促进该国稀土元素行业的综合发展。[1]

(六)美国与韩国发表联合声明宣布加强数字领域战略合作

2023年9月12日至13日,美国与韩国在华盛顿举行第七届美韩信息与通信技术(ICT)政策论坛,美国国务院与韩国科学技术信息通信部等政府部门代表,以及世界银行(World Bank,WB)、美洲开发银行(Inter-American Development Bank,IDB)等国际机构主要人士参与了会谈。双方发表联合声明,宣布将加强韩美数字领域战略合作,包括加强5G、6G、开放无线接入网络等领域的研发合作;在技术支持和项目准备方面进行合作,增强印太地区第三国5G、开放无线接入网络等可靠通信供应链的多样性;针对新数字技术带来的机遇和风险,共同讨论国际数字规范,探索全球联合方案;在多边组织中合作,实现人工智能治理,维护创新的人工智能生态系统,以推进值得信赖的人工智能发展;共享维持安全稳固云基础设施(cloud infrastructure)的最佳实践,并加强研发合作和人员交流,以发展两国的云产业等。[2、3]

(七)欧盟与新加坡启动数字伙伴关系

2023年2月1日,欧盟与新加坡宣布启动数字伙伴关系,将加强欧盟和新加坡在数字技术领域的合作。双方签署了《欧盟-新加坡数字贸易原则》,这是欧盟和新加坡数字伙伴关系的第一个具体成果,也是欧盟实施印太战略的关键一步,旨在促进数字经济中商品和服务的自由流动,同时维护隐私。双方同意

---

[1] "FACT SHEET: President Joseph R. Biden and General Secretary Nguyen Phu Trong Announce the U.S.-Vietnam Comprehensive Strategic Partnership",https://www.whitehouse.gov/briefing-room/statements-releases/2023/09/10/fact-sheet-president-joseph-r-biden-and-general-secretary-nguyen-phu-trong-announce-the-u-s-vietnam-comprehensive-strategic-partnership/,访问时间:2024年6月17日。

[2] "U.S.-ROK Information and Communications Technology Policy Forum 2023",https://www.state.gov/u-s-rok-information-and-communications-technology-policy-forum-2023/,访问时间:2024年6月18日。

[3] "韩美举行ICT政策论坛,加强数字战略合作",http://kr.mofcom.gov.cn/article/jmxw/202309/20230903442199.shtml,访问时间:2024年6月18日。

在半导体、可信数据流和数据创新、数字信任、标准、数字贸易便利化、工人数字技能，以及企业和公共服务的数字化转型等关键领域开展合作，具体为：加强开展人工智能、半导体等前沿技术的研究；促进人工智能和电子识别监管方法的合作；强化对弹性和可持续数字基础设施的投资，推动数据中心和海底电信、电缆的建设；制定可信跨境数据流动规则和政策；在国际组织和标准化论坛中建立联盟；促进无纸交易、电子发票、电子支付、电子交易框架等数字贸易相关的联合项目。[1、2]

（八）英国与新加坡签署数据和技术协议

2023年6月28日，英国与新加坡签署《新兴技术谅解备忘录》，进一步深化两国在网络安全、人工智能方面的数据和技术研究合作。备忘录承诺：分享两国建设新电信基础设施（如5G网络）的经验，改善未来通讯网络的连通性；促进更多人工智能商业合作；发展可拓展、可信赖的人工智能；调整人工智能使用的技术标准；理解人工智能如何改善医疗服务并对患者提供支持。[3、4]

（九）英国与韩国建立数字伙伴关系

2023年11月22日，英国科学、创新和技术部（DSIT）与韩国科学技术信息通信部建立数字合作伙伴关系，围绕数字基础设施建设、促进技术创新、深化全球合作、强化网络安全四方面加强合作。双方将每年举办一次英韩数字伙伴关系论坛，以此监督伙伴关系的运作，根据需要审查最佳合作路径和手段。

---

1 "EU and Singapore launch Digital Partnership"，https://ec.europa.eu/commission/presscorner/detail/en/ip_23_467，访问时间：2024年6月18日。

2 "欧盟与新加坡启动数字伙伴关系"，http://www.ecas.cas.cn/xxkw/kbcd/201115_129633/ml/xxhzlyzc/202303/t20230327_4939696.html，访问时间：2024年6月18日。

3 "英国与新加坡签署数据和技术协议，以促进贸易和安全合作"，http://gb.mofcom.gov.cn/article/jmxw/202307/20230703422169.shtml，访问时间：2024年6月18日。

4 "UK-Singapore data and tech agreements to boost trade and security"，https://www.gov.uk/government/news/uk-singapore-data-and-tech-agreements-to-boost-trade-and-security，访问时间：2024年6月18日。

英国首相苏纳克和韩国总统尹锡悦签署了一项重要的长期协议——《唐宁街协议》(Downing Street Accord),将两国关系从"广泛、创造性的伙伴关系"升级为"全球战略伙伴关系",旨在深化两国关系,并推动两国加强在技术、国防和安全方面的合作。[1]

---

[1] "UK and Republic of Korea join forces to step up cooperation on digital services and AI", https://www.gov.uk/government/news/uk-and-republic-of-korea-join-forces-to-step-up-cooperation-on-digital-services-and-ai,访问时间:2024年6月18日。

第七章　网络安全的挑战与应对

当前，全球网络攻击事件层出不穷，网络安全问题已经超越国界，成为一个亟待解决的全球性议题。为了提升应对网络安全威胁的能力，多国制定或更新战略规划和政策。其中，美国在网络空间推行更加具有进攻性的政策，试图巩固其网络空间霸权地位，对全球网络空间安全稳定造成威胁。多国加强网络安全领域的合作与协调，共同应对网络空间威胁。国际执法机构通力合作，有效追踪、打击和惩治电信诈骗、勒索软件等跨国网络犯罪行为。不同国家政府、私营部门和民间组织也加强合作，应对网络虚假信息和仇恨言论，共同努力保护网络环境的健康发展。

一、主要国家和地区加强顶层设计

网络空间不仅是信息、数据和知识的集散地，更是国家安全、经济发展、社会稳定的重要支撑，正日益成为国际战略竞争的关键领域。面对日益复杂多变的网络空间威胁和挑战，各国政府纷纷将网络安全纳入国家安全战略框架，采取一系列措施加强网络安全布局。

（一）美国强化网络防御与合作

2023年3月2日，美国发布《国家网络安全战略》（以下简称《战略》）。[1] 作为五年来发布的首份网络安全领域战略文件，也是拜登政府期间首份相关领域的综合性战略文件，《战略》不仅体现了本届政府在网络安全领域的优先事项，也为拜登政府后半段任期解决网络威胁提供了清晰的路线图。《战略》详细阐述了美国政府为确保网络空间的安全、可靠所采取的方法，帮助美国应对新兴网络威

---

[1] "FACT SHEET: Biden-Harris Administration Announces National Cybersecurity Strategy", https://www.whitehouse.gov/briefing-room/statements-releases/2023/03/02/fact-sheet-biden-harris-administration-announces-national-cybersecurity-strategy/，访问时间：2024年3月29日。

胁。《战略》围绕建立"可防御、有韧性的数字生态系统",提出保护关键基础设施、破坏和摧毁威胁行为者、塑造市场以驱动安全和韧性、投资有韧性的未来、建立国际伙伴关系以追求共同目标等五大支柱,共27项战略目标。[1]

7月13日,美国国家网络总监办公室(Office of the National Cyber Director, ONCD)公布《国家网络安全战略实施计划》[2],提出超过65项举措落实《国家网络安全战略》战略目标,以提高应对重大网络攻击的能力。该计划的两个首要目标是:确保公共和私营部门中"规模最大、能力最强、最有优势的实体"承担更多责任,以降低网络风险;出台长期激励措施,鼓励投资网络安全。

拜登政府发布的《国家网络安全战略》,延续了历任美国政府巩固并强化网络霸权的核心思路,意图在新时期打造一个足以支撑起美国全球网络霸权的战略体系。美国推出进攻性网络安全战略,将诱发其他国家合理的安全关切和焦虑,并引发各国强化包括网络攻击能力、网络防御能力以及网络威慑能力在内的网络安全能力建设。[3]

延伸阅读

美国《国家网络安全战略》[4] 五大支柱和二十七项战略目标

支柱一:保护关键基础设施

  战略目标1.1:建立网络安全要求,支撑国家安全和公共安全;

  战略目标1.2:扩大公私合作;

  战略目标1.3:整合联邦网络安全中心;

  战略目标1.4:更新联邦事件响应计划和流程;

---

[1] "Here's why Biden's new cyber strategy is notable", https://www.washingtonpost.com/politics/2023/03/02/here-why-biden-new-cyber-strategy-is-notable/, 访问时间:2024年3月30日。

[2] "The National Cybersecurity Strategy Implementation Plan", https://www.whitehouse.gov/wp-content/uploads/2023/07/National-Cybersecurity-Strategy-Implementation-Plan-WH.gov.pdf, 访问时间:2024年8月19日。

[3] "美国新版国家网络安全战略反映美国构建网络霸权面临多重考验", https://fddi.fudan.edu.cn/61/1e/c18965a483614/page.htm, 访问时间:2024年5月26日。

[4] "The National Cybersecurity Strategy", https://www.whitehouse.gov/oncd/national-cybersecurity-strategy/, 访问时间:2024年5月29日。

战略目标1.5：使联邦国防现代化。

支柱二：破坏和摧毁威胁行为者

　　战略目标2.1：整合联邦打击行动；

　　战略目标2.2：加强公私合作以打击对手；

　　战略目标2.3：提高情报共享和事件通报的速度、规模；

　　战略目标2.4：防止滥用美国的基础设施；

　　战略目标2.5：应对网络犯罪和防御勒索软件。

支柱三：塑造市场以驱动安全和韧性

　　战略目标3.1：让数据管理者负起责任；

　　战略目标3.2：推动安全物联网（Internet of Things，IoT）设备的发展；

　　战略目标3.3：让提供不安全软件产品和服务的实体承担责任；

　　战略目标3.4：利用联邦拨款和其他激励措施来促进安全；

　　战略目标3.5：利用联邦采购来提高安全问责；

　　战略目标3.6：探索发展联邦网络保险为网络事件兜底。

支柱四：投资有韧性的未来

　　战略目标4.1：夯实互联网的技术基础；

　　战略目标4.2：重振联邦网络安全研发；

　　战略目标4.3：为后量子未来做好准备；

　　战略目标4.4：保护清洁能源的未来；

　　战略目标4.5：支持数字身份生态系统发展；

　　战略目标4.6：制定国家战略以培养网络劳动力。

支柱五：建立国际伙伴关系以追求共同目标

　　战略目标5.1：建立联盟以应对数字生态系统威胁；

　　战略目标5.2：提升国际合作伙伴的能力；

　　战略目标5.3：强化协助盟友和合作伙伴的能力；

　　战略目标5.4：建立联盟，以加强负责任国家行为的全球规范；

　　战略目标5.5：保护全球信息、通信和运营技术产品和服务的供应链安全。

2023年5月26日，美国国防部向国会提交机密版《2023年国防部网络战略》。根据美国国防部发布的情况说明书，该战略沿袭和发展了美国国防部和网络司令部2018年所确立的"前出防御"（Defend Forward）和"持续交战"（Persistent Engagement）原则，强调美军将利用网络能力在网络空间内和通过网络空间开展行动，主动打击来自对手的网络威胁。同时，该战略明确了美军新时期网络空间重点任务，包括提高国家韧性、开展网络作战、加强国际合作以及强化网军建设。

《2023年国防部网络战略》提出三项指导原则：一是为了支持综合威慑，美军将最大限度发挥其网络能力，并将网络空间行动与其他国家力量工具协同使用；二是为了威慑和挫败对手，美军将在低于武装冲突水平的情况下在网络空间内和通过网络空间开展行动；三是确保美国的全球盟友和合作伙伴在网络领域的基础优势。战略明确美国将开展以下四项工作：一是保卫国家。为破坏和削弱恶意网络行为者的能力与支持恶意网络行为者的生态系统，美军将深入了解恶意网络行为者，开展"前出防御"并与跨部门伙伴合作，加强美国关键基础设施的网络韧性并应对战备威胁。二是以赢得战争为目标加强战斗准备。美军应确保军事信息网络的网络安全以及联合部队的网络韧性，并利用网络空间作战产生非对称优势，以支持联合部队的计划和行动。三是与盟友和合作伙伴合作保护网络。美军将协助盟友和合作伙伴建设其网络能力和实力，扩大网络合作途径，继续开展"前出狩猎"（Hunt Forward）行动，通过鼓励遵守国际法和国际公认的网络空间规范来加强负责任的国家行为。四是在网络空间建立持久优势。美军将优化网络作战部队和现役网络部队的组织、训练和装备，同时加大对情报、科学技术、网络安全和文化等的投资。[1]

2023年9月12日，美国国防部发布《2023年国防部网络战略》非机密概要。[2] 概要指出，该战略基于多年的网络空间重大行动经验，并从俄乌冲突中网络能力的运用汲取经验教训。战略强调了美国国防部在投资和确保其网络及

---

[1] "DoD Transmits 2023 Cyber Strategy", https://www.defense.gov/News/Releases/Release/Article/3408707/dod-transmits-2023-cyber-strategy/，访问时间：2024年8月19日。

[2] "DOD Releases 2023 Cyber Strategy Summary", https://www.defense.gov/News/Releases/Release/Article/3523199/dod-releases-2023-cyber-strategy-summary/，访问时间：2024年3月29日。

基础设施的防御性、可用性、可靠性和韧性方面的行动，并支持非国防部机构发挥作用，以保护美国国防工业基地。此外，战略致力于通过提高盟友和合作伙伴的网络能力来提高美国整体网络韧性。

（二）欧盟强化成员国危机应对能力

新冠疫情加速了全球数字化转型，促使社会互联程度大幅提升，同时也使得关键领域网络安全威胁显著加剧。对此，欧盟委员会于2023年1月16日正式实施《关于在欧盟全境实现高度统一网络安全措施的指令》（NIS2指令），通过明确责任、设立规划、加强合作等举措，改善欧盟预防、处理和应对大规模网络安全事件与危机的机制。[1]

NIS2指令改善网络危机管理的主要举措包括：要求欧盟成员国制定国家网络安全战略，设立负责网络危机管理的国家机构，制定应对大规模网络安全事件和危机的计划，建立欧洲网络危机联络组织等。此外，NIS2指令扩展了关键实体的部门和类型，包括新增了医药研发等行业实体，同时提出将具有高安全风险特征的小企业纳入管控范围；淡化了基础服务运营商和数字服务提供商之间的区别，根据重要性对基础实体和重要实体实施不同的监管制度；制定网络安全基本要素清单，简化了受监管企业网络安全事件上报规则；要求受监管企业解决供应链中的网络安全风险，加强欧洲关键的信息通信技术供应链网络安全；建立漏洞披露框架及信息通信技术产品和服务漏洞数据库。

2023年4月20日，欧盟委员会发布《网络团结法案》提案[2]，旨在促进欧盟范围内的合作，加强跨境与公私部门在预测和应对网络攻击方面的协调，为应对重大网络攻击做好准备。此类立法建议最早于2022年3月提出，即俄乌冲突爆发后不久，部分原因是欧盟委员会考虑到重大网络攻击的威胁持续增加，希望公共部门和私营实体能够相互配合，学习乌克兰已经实践的政企合作应对网

---

[1] "New stronger rules start to apply for the cyber and physical resilience of critical entities and networks"，https://digital-strategy.ec.europa.eu/en/news/new-stronger-rules-start-apply-cyber-and-physical-resilience-critical-entities-and-networks，访问时间：2024年3月29日。

[2] "EU launches Cyber Solidarity Act to respond to large-scale attacks"，https://www.euractiv.com/section/digital/news/eu-launches-cyber-solidarity-act-to-respond-to-large-scale-attacks/，访问时间：2024年3月29日。

络威胁的模式。

提案包含三大要点。一是建立由欧盟成员国和跨境安全运营中心（Security Operations Centre，SOC）组成的欧洲网络护盾（Cyber Shield），让安全运营中心2024年投入运营，并与波罗的海三国及比荷卢经济联盟等近邻建立区域网络合作中心，使用人工智能等技术监测与识别网络威胁，同时提醒政府注意即将发生的攻击活动。二是建立网络应急机制，提高欧盟在危机中的准备和应对能力。该机制将测试能源和交通等关键部门的漏洞，并为欧盟成员国间的互助提供财政支持。该机制还将建立欧盟"网络安全预备队"，由可信赖和经过认证的私营企业参与，随时准备应对重大网络事件。三是建立网络安全事件审查机制，对重大网络安全事件开展事后审查和分析，指引欧盟网络防御方法的未来发展方向。

（三）其他国家加强网络安全战略布局

韩国发布新版国家安保战略。2023年6月7日，韩国发布国家安全战略领域最高级别的指导性文件《自由、和平、繁荣的全球中枢国家》。[1] 作为韩国外交、统一和国防政策的基本指南，文件体现了现任政府加强韩美同盟、韩美日安全合作，以及基于原则实现韩朝关系正常化的基调。文件在"强化国家网络安全力量"部分提出：一是以国家安保室为中心，建立国家层面的应对体系，并将该体系纳入正在拟订的网络安保法；将设立由民间专家参与的"国家网络安保委员会"，为国家网络安保提出愿景及政策方向。二是加强应对全球网络安全威胁，包括与其他国家合作，监视有国家背景的黑客组织活动；与美国合作，动员所有可用手段共同应对全球网络攻击。三是与国际社会加强网络安全合作，包括推动加入《网络犯罪公约》（Convention on Cybercrime，又称《布达佩斯公约》[Budapest Convention]），并积极参与联合国关于建立网络规范的讨论。四是加强网络安全基础力量，包括制定网络安全对策和灾后重建方案；开发网络安保所需的技术和政策，培养人才；持续扩充国家网络安保生态系统等。

越南成立网络安全协会。2023年9月8日，越南国家网络安全协会召开第一次全国代表大会。越南共产党中央政治局委员、公安部长苏林出席大会。大会

---

[1] "韩政府新版国安战略文件出炉，突出涉朝威胁"，https://chinese.joins.com/news/articleView.html?idxno=110543，访问时间：2024年5月29日。

通过了国家网络安全协会的活动方向、计划、章程以及协会第一届（任期为2023至2028年）人选。越南公安部副部长梁三光上将当选协会主席。苏林在发言时表示，网络安全形势复杂化，仅仅靠国家机构是不够的，还必须有组织、企业和个人的合作与积极参与。国家网络安全协会的使命和愿景不仅是创造经济利润和保护会员的利益，更是要瞄准更崇高的目标，成为建设和保卫祖国事业的主要力量，打造越南网络安全产业，打造世界认可的具有强大网络安全能力的企业和公司，在国际版图上形成高价值的网络安全市场。[1]

巴西制定国家网络安全政策法令。2023年12月27日，巴西总统卢拉签署了由总统机构安全办公室提出的第11.856/2023号法令。该法令旨在促进巴西的网络安全，加强对网络空间的监管并加大力度打击网络犯罪。此外，该法令还要求设立国家网络安全委员会（Comitê Nacional de Cibersegurança，CNCiber），该委员会将由政府、民间组织、科学机构和商业部门的代表组成，每季度举行一次会议。该委员会的职责包括为国家网络安全战略、国家网络安全计划提出最新建议，并为网络安全国际技术合作提出战略建议。[2]

二、主要国家和地区强化网络安全多边协调

多边战略合作可以促进国家之间的交流，为共同应对勒索软件攻击等网络安全威胁提供框架和平台。2023年，各国通过国际组织、论坛和协议等多边机制，持续深化网络安全领域的战略合作。

（一）美国加强与盟友的网络安全合作

美、日、印、澳举行四方高级网络小组会议。2023年2月，美国、澳大利亚、印度和日本四方高级网络小组在印度举行会议，并发表《关于合作促进负

---

[1] "200多名会员加入越南国家网络安全协会"，https://zh.vietnamplus.vn/200多名会员加入越南国家网络安全协会/202316.vnp，访问时间：2023年9月11日。

[2] "Presidente Lula assina decreto que institui a Política Nacional de Cibersegurança"，https://www.gov.br/gsi/pt-br/centrais-de-conteudo/noticias/2023-1/presidente-lula-assina-decreto-que-institui-a-politica-nacional-de-ciberseguranca，访问时间：2024年2月15日。

责任的网络习惯的四方联合声明》。[1] 声明称四方合作伙伴正发起一项公共运动"四方网络挑战赛"（Quad Cyber Challenge），邀请印度-太平洋地区及其他地区的互联网用户加入挑战赛，并承诺养成安全和负责任的网络习惯。四方高级网络小组承诺，将为四国关键基础设施建立共同的网络安全要求；开展旨在提高民众意识并推动改善网络安全的活动；在四方网络安全伙伴关系下，在印太地区合作开展能力建设和信息共享。该小组还致力于：利用机器学习相关先进技术加强网络安全；为计算机应急小组和私营部门共享威胁信息建立安全渠道；为关键部门的信息通信技术及运营技术系统创建确保供应链安全和韧性的框架与方法。

2023年12月5日至6日，四方高级网络小组在东京举行第三次面对面会议，并在12月14日发布了联合声明。[2] 声明称，四国致力于建设一个具有韧性、有能力检测和威慑网络攻击的印太地区。四国将努力为印太地区提供能力建设，加强政府网络和关键基础设施免受网络中断影响的能力。会议讨论了加强合作以确保关键基础设施中信息技术和运营技术系统韧性的重要性；确保相互承认物联网（IoT）产品网络安全标签方案；使用人工智能、机器学习等关键和新兴技术。会议还讨论了在印太地区建立安全、有韧性的网络应关注的合作领域，包括数字基础设施和连接，如海底光缆、电信网络和云服务。

延伸阅读

四方高级网络小组

2021年9月24日，在美国白宫举行的四方领导人峰会宣布启动四方高级网络小组。[3] 四方高级网络小组是四方领导人在网络安全问题上建

---

[1] "Quad Joint Statement on Cooperation to Promote Responsible Cyber Habits", https://www.whitehouse.gov/briefing-room/statements-releases/2023/02/07/quad-joint-statement-on-cooperation-to-promote-responsible-cyber-habits/，访问时间：2024年3月29日。

[2] "Joint Statement of the Quad Senior Cyber Group", https://www.whitehouse.gov/briefing-room/statements-releases/2023/12/15/joint-statement-of-the-quad-senior-cyber-group/，访问时间：2024年4月16日。

[3] "Quad Senior Cyber Group", https://www.homeaffairs.gov.au/about-us/our-portfolios/cyber-security/quad-senior-cyber-group，访问时间：2024年4月14日。

立长期合作的承诺。四方高级网络小组承诺维护一个包容、韧性、配备检测和阻止网络攻击能力的亚太地区。该小组通过关注以下五个主题实现上述目标：保护支撑国民经济的国家关键基础设施；信息共享、劳动力和意识；人工智能和物联网网络安全；应对犯罪和勒索软件攻击；印太网络安全能力建设。

韩美签署《战略性网络安全合作框架》协议。2023年4月26日，韩国总统尹锡悦和美国总统拜登举行韩美首脑会谈，并签署了《战略性网络安全合作框架》协议[1]，将同盟合作范围拓展至网络空间领域。根据协议，双方将增进网络安全技术、政策、战略层面的合作，加强互信，具体包括：在网络安全方面持续深化可与"五眼联盟"（Five Eyes Alliance）相媲美的情报同盟关系；开发并运用多种手段切断和遏制网络空间的恶意行为；追究在网络空间从事破坏和非法行为的国家的责任；开展网络训练、核心基础设施保护研发、人才培养；实时共享网络威胁信息；构建民官学合作网络等。具体合作渠道为韩国国家安保室和美国国家安全委员会、韩美网络合作工作组、韩国国家情报院与美国网络安全和基础设施安全局（Cybersecurity and Infrastructure Security Agency，CISA）等。

美荷发布联合声明加强网络安全合作。2023年5月9日，美国和荷兰政府发布《关于第二届美荷网络对话的联合声明》。[2] 两国在声明中称，双方共同关注国家和非国家行为者在网络空间的恶意行为威胁。两国呼吁所有国家按照网络空间负责任国家行为框架行事。双方同意进一步加强全面合作，预防、阻断和应对包括北约内部和其他伙伴在内的恶意网络活动。两国重申致力于支持包括乌克兰在内的伙伴加强其网络韧性。双方同意与新成立的欧盟驻摩尔多瓦伙伴关系特派团协调，密切合作，协助摩尔多瓦加强网络安全。双方还重申支持全球网络专业知识论坛（Global Forum on Cyber Expertise，GFCE），将其作

---

[1] "韩美签署网络安全合作框架协议"，https://cn.yna.co.kr/view/ACK20230427004400881，访问时间：2024年2月19日。

[2] "Joint Statement on the 2nd U.S.-Netherlands Cyber Dialogue"，https://www.state.gov/joint-statement-on-the-2nd-u-s-netherlands-cyber-dialogue/，访问时间：2024年5月29日。

为协调全球网络能力建设的平台，并同意继续共同努力，加强女性在网络安全中的作用。双方表示将共同致力于在包容性和透明度的基础上进行多边网络讨论，并指出与多利益攸关方社区进行接触的重要性。

欧盟与美国签署网络安全相关工作安排。2023年12月7日，在欧盟-美国网络对话上，欧盟网络安全局（European Union Agency for Cybersecurity，ENISA）与美国网络安全和基础设施安全局（CISA）签署了一项工作安排[1]，涉及能力建设、最佳实践交流和提高态势感知等方面。双方将在以下领域寻求合作：一是网络意识和能力建设，以增强网络韧性，包括促进第三国代表参与欧盟范围内的特定网络安全演习或培训，以及分享、推广网络意识工具和计划。二是在实施网络立法方面交流最佳做法，包括关键的网络立法实施，如《网络与信息系统安全指令》（Directive on Security of Network and Information Systems，NIS）的有效执行、事件报告机制的完善、漏洞管理的优化策略以及电信和能源等行业的实施方法。三是知识和信息共享，以提高共同态势感知能力，包括更加系统地共享与网络安全威胁态势相关的知识和信息，提高利益相关者和社区的共同态势感知能力。欧美将制定一项工作计划来实施工作安排，并在欧盟-美国网络对话中定期报告工作进展。

（二）俄罗斯与塔吉克斯坦、津巴布韦和缅甸分别签署网络安全合作协议

俄塔两国签署国际信息安全合作协定。2023年6月19日，俄罗斯外交部部长谢尔盖·拉夫罗夫（Сергей Викторович Лавров）与塔吉克斯坦外交部部长西罗吉金·穆赫里丁（Sirojiddin Muhriddin）在莫斯科签署《俄罗斯联邦政府和塔吉克斯坦共和国政府关于在保障国际信息安全领域开展合作的协定》。[2] 该文件重申了俄塔之间的战略伙伴关系，表明两国在国际信息安全问题上的立场相近或一致。该文件强调将依据《联合国宪章》，遵照各国主权平等和不干

---

1 "CISA and ENISA enhance their Cooperation"，https://www.enisa.europa.eu/news/cisa-and-enisa-enhance-their-cooperation，访问时间：2024年3月29日。

2 "俄罗斯联邦外交部长谢尔盖·拉夫罗夫会见塔吉克斯坦共和国外交部长西罗吉金·穆赫里丁"，https://www.mid.ru/cn/foreign_policy/news/1889198/，访问时间：2024年5月29日。

涉他国内政的原则，进一步发展合作。该协定规定，两国要加强主管部门间对话，推进双方专家合作，定期举行双边磋商，完善合作的条约和法律基础。该协定表明，提高俄塔信息系统抵御外部入侵的能力是两国关注的重点。[1]

俄罗斯与津巴布韦签署国际信息安全领域合作协定。2023年7月27至28日，第二届俄罗斯-非洲峰会在俄罗斯圣彼得堡举行。在峰会框架内，俄罗斯外交部部长拉夫罗夫与津巴布韦信息和通信技术、邮政和快递服务部部长詹凡·穆斯韦尔（Jenfan Muswere）签署《俄罗斯联邦政府与津巴布韦共和国政府关于在保障国际信息安全领域合作协定》。[2] 俄罗斯外交部表示，该协定将巩固两国主管部门之间的互动，并为信息通信技术的使用和专家培训方面的能力建设创造机会。[3]

俄缅签署网络安全领域合作协议。2023年12月5日，塔斯社援引俄罗斯安全委员会新闻处（Press Service of the Russian Security Council）消息称[4]，俄罗斯联邦安全会议秘书（Russian Security Council Secretary）尼古拉·帕特鲁舍夫（Nikolay Patrushev）在访问缅甸期间，与缅甸外交部部长签署了一项网络安全领域合作协议。该协议特别确认，"国家主权、国际规范与原则适用于国家在与使用信息通信技术有关的活动框架内的行为，以及国家对其领土上信息基础设施的管辖权"。

（三）东盟成立网络安全和信息卓越中心

2023年7月18日，东盟国防部长会议（ADMM）网络安全和信息卓越中心（ACICE）正式揭幕。[5] 中心于2021年6月由第十五届东盟国防部长会议成立，

---

[1] "俄罗斯与塔吉克斯坦外交部长签署保障国际信息安全的合作协议"，https://sputniknews.cn/20230620/1051222137.html，访问时间：2024年5月29日。

[2] "俄罗斯联邦外交部长谢尔盖·拉夫罗夫会见非洲国家外交部长"，https://www.mid.ru/cn/foreign_policy/news/1898787/，访问时间：2024年5月29日。

[3] "俄外交部：俄罗斯与津巴布韦签署国际信息安全领域合作协定"，https://sputniknews.cn/20230728/1052109471.html，访问时间：2024年5月29日。

[4] "Russia, Myanmar sign agreement on cybersecurity cooperation"，https://tass.com/politics/1716211，访问时间：2024年1月12日。

[5] "Fact Sheet: ASEAN Defence Ministers' Meeting (ADMM) Cybersecurity and Information Centre of Excellence (ACICE)"，https://www.mindef.gov.sg/web/portal/mindef/news-and-events/latest-releases/article-detail/2023/July/18jul23_fs，访问时间：2024年3月30日。

旨在为东盟防务官员、专家和行业参与者搭建意见交流和实践经验分享的平台，其目标包括：共享信息，研究和分析与国防部门相关的网络、信息和其他威胁；促进合作，应对网络和信息威胁。

网络安全和信息卓越中心由三个中心组成：网络安全中心、信息中心和研究中心。其中，网络安全中心和信息中心负责整合网络安全与信息领域的区域和国际专家，促其信息共享；研究中心将与智库和学术机构合作，就数字技术发展对国防的影响进行长期研究。

（四）非洲联盟"马拉博公约"生效

2023年5月9日，毛里塔尼亚提交了《非洲联盟关于网络安全和个人数据保护的马拉博公约》（The African Union's Malabo Convention on Cyber Security and Personal Data Protection，以下简称"马拉博公约"）的批准书。[1] 按照公约第36条规定，公约将在非洲联盟委员会主席收到第十五份批准书之日起三十天后正式生效。6月8日，"马拉博公约"正式生效，标志着非洲大陆在网络安全和个人数据保护领域迈出了重要一步。一旦"马拉博公约"开始实施，所有55个非盟成员国都必须制定符合公约中概述的各种标准和原则的国内法。

公约的核心内容包括三个方面：一是明确了未经授权访问计算机系统、计算机欺诈、网络传播儿童色情和网络恐怖主义等行为的罪名及处罚；二是强调个人数据的重要性，并规定了数据收集、处理、存储和传输的原则；三是推动非洲国家在网络犯罪调查和起诉方面，与其他国家及国际组织开展合作。

该公约于2014年由非盟大会通过，旨在为非洲大陆的电子商务、数据保护、网络犯罪和网络安全建立一个全面的法律框架。截至2023年5月12日，已有15个国家提交了"马拉博公约"的批准书，包括安哥拉、佛得角、科特迪瓦、刚果、加纳、几内亚、莫桑比克、毛里塔尼亚、毛里求斯、纳米比亚、尼日尔、卢旺达、塞内加尔、多哥和赞比亚。此外，还有贝宁、喀麦隆、乍得、科摩罗、吉布提、冈比亚、几内亚比绍、南非、塞拉利昂、圣多美和普林西比、苏丹和突尼斯等国家签署了公约，但尚未提交批准书。

---

[1] "Africa: AU's Malabo Convention set to enter force after nine years", https://dataprotection.africa/malabo-convention-set-to-enter-force/，访问时间：2024年2月13日。

三、国际合作打击网络犯罪

网络犯罪已成为影响国际社会安全稳定的重要因素，其跨国性、隐蔽性和危害性给各国治理带来了极大的挑战。为应对网络犯罪问题，各国加强信息共享、协调行动、互相支持，形成打击网络犯罪的强大合力。

（一）十三国签署《布达佩斯公约第二附加议定书》

2023年，希腊、法国、德国、多米尼加、阿根廷、阿尔巴尼亚、毛里求斯、加拿大、马耳他、匈牙利、佛得角、加纳、亚美尼亚等十三个国家相继签署了《网络犯罪公约关于加强合作和披露电子证据的第二附加议定书》（Second Additional Protocol to the Cybercrime Convention on Enhanced Co-operation and Disclosure of Electronic Evidence），又称《布达佩斯公约第二附加议定书》。截至2023年底，共有43个国家签署了该议定书。[1]

延伸阅读

《布达佩斯公约》及其附加议定书

《网络犯罪公约》[2]，又称《布达佩斯公约》，是一项具有约束力的国际法律文书，作为缔约国之间进行国际合作的框架。该公约由欧洲委员会制定，并于2001年11月23日在布达佩斯签署。公约包含了一系列条款，界定了非法访问、非法截取、干扰数据、干扰系统、滥用设备、与计算机有关的伪造、与计算机有关的欺诈、与儿童色情制品以及版权和邻接权有关的九种犯罪，并论述了附带责任和制裁。

该公约是第一个全面处理网络犯罪问题的国际文书，对维护全球

---

[1] "Second Additional Protocol to the Cybercrime Convention on enhanced co-operation and disclosure of electronic evidence (CETS No. 224)", https://www.coe.int/en/web/cybercrime/second-additional-protocol/-/asset_publisher/isHU0Xq21lhu/content/opening-coecyber2ap，访问时间：2024年5月30日。

[2] "The Convention on Cybercrime (Budapest Convention, ETS No. 185) and its Protocols", https://www.coe.int/en/web/cybercrime/the-budapest-convention，访问时间：2024年5月30日。

网络安全和打击网络犯罪产生了深远的影响。任何国家都可以加入该公约，成为缔约国，并将它作为制定法律、政策的参考，或者作为网络犯罪立法的模型。

为了补充关于将通过计算机系统实施的种族主义和仇外行为定为犯罪的规定，2003年1月28日，欧洲委员会开放签署《网络犯罪公约关于对通过计算机系统实施的种族主义和仇外行为进行刑事定罪的附加议定书》（Additional Protocol to the Convention on Cybercrime, Concerning the Criminalisation of Acts of a Racist and Xenophobic Nature Committed through Computer Systems）[1]，又称《布达佩斯公约第一附加议定书》。该议定书的规定具有强制性，为履行议定书义务，缔约国不仅要颁布适当的立法，还要确保有效执行。

2021年11月17日，欧洲委员会部长委员会通过了《网络犯罪公约关于加强合作和披露电子证据的第二附加议定书》[2]，又称《布达佩斯公约第二附加议定书》，并于2022年5月12日开放签署。该议定书的作用是在缔约国之间对公约和第一附加议定书做出补充，旨在进一步加强打击网络犯罪方面的合作，以及进一步加强刑事司法机关为具体的刑事调查或诉讼程序收集电子刑事犯罪证据的能力。

（二）第三届国际反勒索软件倡议峰会在美国举行

2023年10月31日至11月1日，国际反勒索软件倡议（CRI）成员国在美国华盛顿举行第三届国际反勒索软件倡议峰会，并发布联合声明。[3] 本届峰会重点关注以下主题：发展破坏攻击者的能力、发展破坏攻击者用于实施攻击的基

---

1 "Details of Treaty No.189", https://www.coe.int/en/web/conventions/full-list?module=treaty-detail&treatynum=189，访问时间：2024年5月30日。

2 "Details of Treaty No.224", http://www.coe.int/en/web/conventions/full-list?module=treaty-detail&treatynum=224，访问时间：2024年5月30日。

3 "International Counter Ransomware Initiative 2023 Joint Statement", https://www.whitehouse.gov/briefing-room/statements-releases/2023/11/01/international-counter-ransomware-initiative-2023-joint-statement/，访问时间：2024年5月30日。

础设施的能力、通过共享信息提高网络安全水平以及反击勒索软件行为者。会议期间，成员国重申建立对勒索软件的抵御能力；合作削弱勒索软件的可行性并追究责任人；打击支撑勒索软件生态系统的非法融资；与私营部门合作抵御勒索软件攻击，并继续在勒索软件威胁的所有要素上开展国际合作等。联合声明称，国际反勒索软件倡议成员国赞同关于成员国政府下属的相关机构不应支付赎金的声明。

延伸阅读

国际反勒索软件倡议峰会发展历史

2021年10月，美国国家安全委员会促成了首届国际反勒索软件倡议峰会，会上有31个国家表示要加大力度整治勒索软件。据统计，勒索赎金仅在短短两年内就达到近5亿美元，其中2020年为4亿美元，2021年第一季度超过8000万美元。

2022年10月，美国协同其他36个国家以及13家企业及组织，在华盛顿白宫举行第二届国际反勒索软件倡议峰会，研究如何更好地打击勒索软件。会议再次强调，勒索是一个全球性问题，在信息化之路上，没有一个国家能独善其身。

（三）美国联合多国执法部门打击网络犯罪团伙

捣毁勒索软件组织"蜂窝"。2023年1月26日，美国司法部公布了针对"蜂窝"为期数月的打击活动。[1] "蜂窝"的攻击目标遍布全球80多个国家的医院、学校、金融企业和关键基础设施。攻击者采用双重勒索攻击模式，在加密受害者系统之前，会先窃取敏感数据，然后要求受害者支付赎金，以换取解密密钥。"蜂窝"攻击者经常以受害者系统中最敏感的数据向受害者施压。美国

---

1 "U.S. Department of Justice Disrupts Hive Ransomware Variant"，https://www.justice.gov/opa/pr/us-department-justice-disrupts-hive-ransomware-variant，访问时间：2024年5月30日。

司法部称，与德国执法部门和荷兰国家高科技犯罪部门合作控制了"蜂窝"成员用于通信的服务器和网站，破坏了"蜂窝"攻击和勒索受害者的能力。自2022年7月下旬以来，美国联邦调查局（Federal Bureau of Investigation，FBI）已侵入"蜂窝"的计算机网络，获取其解密密钥，并将其提供给全球受害者，从而让受害者免除支付1.3亿美元的赎金。在打击"蜂窝"的执法行动中，加拿大皮尔地区警察局、加拿大骑警、法国司法警察局、立陶宛刑事警察局、挪威国家刑事调查局、奥斯陆警察局、葡萄牙司法警察局、罗马尼亚打击有组织犯罪局、西班牙国家警察局、瑞典警察局以及英国国家犯罪局等机构，为美国司法部提供了大量援助和支持。

查封大型网络犯罪平台Genesis Market[1]。2023年4月5日，美国司法部宣布对Genesis Market开展执法行动。[2] 自2018年3月成立以来，Genesis Market已提供了从全球150多万台受感染计算机窃取的数据访问权限，其中包含超过8000万个账号访问凭据。此次打击行动得到英国、意大利、澳大利亚、丹麦等十余个国家政府部门的支持。

打击Qakbot（也称为Qbot、Quackbot、Pinkslipbot和TA570）僵尸网络。2023年8月29日，美国司法部宣布了一项针对Qakbot僵尸网络和恶意软件的跨国执法行动。[3] 司法部称，此次行动是美国主导的针对僵尸网络基础设施的金融和技术的最大规模破坏行动。QakBot是全球数千起恶意软件感染事件的罪魁祸首。QakBot自2008年起就已存在，它参与了全球网络犯罪供应链，与犯罪生态系统有着根深蒂固的联系。此次执法行动中，美国联邦调查局发现全球有超过70万台计算机疑似感染Qakbot。

执法捣毁大型勒索软件团伙。2023年11月，美欧警方联合执法捣毁了向71个国家发起攻击的大型勒索软件团伙。[4] 来自多国的执法人员合作，成功在

1　Genesis Marke是一个销售从计算机中窃取的账号访问凭证（例如电子邮件、银行账户和社交媒体的用户名和密码）的在线市场。

2　"Criminal Marketplace Disrupted in International Cyber Operation"，https://www.justice.gov/opa/pr/criminal-marketplace-disrupted-international-cyber-operation，访问时间：2024年5月30日。

3　"Qakbot Malware Disrupted in International Cyber Takedown"，https://www.justice.gov/usao-cdca/pr/qakbot-malware-disrupted-international-cyber-takedown，访问时间：2024年5月30日。

4　"Police dismantle ransomware group behind attacks in 71 countries"，https://www.bleepingcomputer.com/news/security/police-dismantle-ransomware-group-behind-attacks-in-71-countries/，访问时间：2024年3月29日。

乌克兰境内逮捕了该勒索软件组织的核心成员。该团伙成员使用LockerGoga、MegaCortex、Hive和Dharma等勒索软件发动网络攻击活动，导致大量企业运营瘫痪。欧洲刑警组织还在荷兰设立了一个虚拟指挥中心，以处理搜查中缴获的数据。

（四）中国联合周边国家打击电诈、赌博等网络犯罪

《中华人民共和国反电信网络诈骗法》于2022年12月1日正式实施。为了预防、遏制和惩治电信网络诈骗活动，加强反电信网络诈骗工作，保护公民和组织的合法权益，中国不断深化国际执法合作，与周边国家合作，有力打击境外诈骗集团。

2023年8月28日至29日，《中缅边境管理与合作协定》执行情况第十七轮司局级会晤在北京举行。[1] 中缅双方积极评价双边关系和近年来协定执行情况，并就打击跨境电诈合作达成重要共识，展开新一阶段的联合行动，对犯罪势力及其组织人员采取法律措施。截至2023年11月底，在缅甸各方的大力配合下，累计3.1万名电信网络诈骗犯罪嫌疑人被移交中国。

2023年8月15日至16日，中国公安部、泰国警察总署、缅甸警察总部、老挝公安部在泰国清迈联合举行针对本区域赌诈及其衍生犯罪的专项合作打击行动启动会。[2] 各方决定，在泰国清迈共同建立专项行动综合协调中心，针对赌诈猖獗的区域设立联合行动点，严厉打击本区域电信网络诈骗和网络赌博犯罪。

2023年8月，中国警方与印尼警方合作，在印尼巴淡岛捣毁一个特大电信网络诈骗窝点，抓获88名嫌疑人。该团伙涉嫌40余起裸聊敲诈案，印尼警方同意将嫌疑人移交中国。

2023年12月，在澜沧江-湄公河合作第八次外长会上，泰国副总理兼外长班比在中泰会谈中表示，泰方将强化安全措施，严厉打击电诈等犯罪活动。缅甸副总理兼外长丹穗在会上承诺，将积极配合中国，打击包括电诈在内的跨境违法活动。

---

[1] "中缅举行《边境管理与合作协定》执行情况第17轮司局级会晤"，https://bbs.fmprc.gov.cn/wjb_673085/zzjg_673183/bjhysws_674671/xgxw_674673/202308/t20230829_11134995.shtml，访问时间：2024年4月1日。

[2] "中泰缅老四国警方启动合作打击赌诈集团专项联合行动"，https://news.cctv.com/2023/08/19/ARTI9Sk78CFdJfMoYgCnDzmE230818.shtml，访问时间：2024年3月29日。

四、多国加强网络有害信息治理

数字技术是保持社会联系和信息交流的重要工具，数字化、智能化驱动着互联网内容生态的深度转型。与此同时，信息操纵、虚假错误信息、仇恨言论、深度伪造内容、色情、暴力等相关内容扰乱了互联网信息内容生态的健康发展，成为网络空间面临的严重威胁之一，引起各方高度关注。2023年，部分国家通过立法、国际合作等形式加强对有害信息的治理。

（一）美日韩签署打击虚假信息协议

2023年8月18日，美国总统拜登与日本首相岸田文雄、韩国总统尹锡悦在美国总统度假地戴维营举行会晤[1]，并称三方军事和经济伙伴关系迈出了重要一步。在会晤中，三方就众多外交政策目标进行了探讨，最终达成了"戴维营原则"（Camp David Principles），同意扩大三国的安全和经济合作，将地区安全等多个领域的合作"制度化"，并保持密切沟通。三方在戴维营首次三方峰会上宣称，外国信息操纵和滥用监控技术构成的威胁越来越大，将讨论如何协调打击虚假信息。

2023年12月6日，美国国务院公共外交和公共事务次卿利兹·艾伦（Liz Allen）和日本外务省新闻秘书、助理大臣、新闻和公共外交总干事小林麻纪（Kobayashi Maki）在东京签署了一份合作备忘录，以努力提高打击虚假信息的能力。美方在关于该备忘录的媒体声明中称，"虚假信息是印太地区及其他地区日益严重的威胁""外国信息操纵对国家和经济安全以及自由开放的印太地区构成威胁"。在美日签署该备忘录之前，美国与韩国外交部签署了一份关于打击外国信息操纵的双边谅解备忘录。[2] 美国长期毫无根据诬蔑指责其他国家散布"虚假信息"，不遗余力将散布"虚假信息"的帽子扣到他国头上，但

---

1 "The Spirit of Camp David: Joint Statement of Japan, the Republic of Korea, and the United States", https://www.whitehouse.gov/briefing-room/statements-releases/2023/08/18/the-spirit-of-camp-david-joint-statement-of-japan-the-republic-of-korea-and-the-united-states/，访问时间：2024年3月29日。

2 "U.S. Signs Memorandum of Cooperation with Japan on Countering Foreign Information Manipulation", https://www.state.gov/u-s-signs-memorandum-of-cooperation-with-japan-on-countering-foreign-information-manipulation/，访问时间：2024年5月26日。

美国才是全世界虚假信息的策源地和"认知作战"的指挥所，其目的是通过抹黑他人来维系霸权。[1]

（二）加拿大和荷兰发布《全球在线信息诚信宣言》

2023年9月20日，加拿大外交部部长和荷兰外交部部长共同发布了《全球在线信息诚信宣言》。[2] 宣言定义了"信息完整性"（information integrity）一词，将其描述为产生准确、可信和可靠信息的信息生态系统。宣言确立了参与国为保护和促进网络信息完整性而做出的一系列承诺，包括采取立法等必要和适当措施，解决信息完整性和平台治理问题；应对和监测生成式人工智能等新兴技术的快速发展，确定在线信息生态系统可能面临的风险、影响、危害、好处和机遇；提高公民数字、媒体和信息素养，使个人能够批判性地思考他们所消费和分享的信息，并使社会提高抵御错误信息和虚假信息的能力等。此外，宣言还提出对行业和网络平台的期望，包括鼓励以负责任的、基于人权的和以人为本的方式，设计、开发、实施和使用现有和新兴技术；提高算法的透明度；建立或加强对网络平台和搜索引擎所使用的算法系统的有效监督制度等。

（三）英国正式通过《在线安全法案》

2023年10月26日，英国正式批准《在线安全法案》。[3] 该法案规定，科技公司有责任防止并迅速删除恐怖主义和色情信息等非法内容。法案重点保护儿童免受网络非法内容伤害，要求企业：防止或迅速删除非法内容；防止儿童接触有害和不适合其年龄的内容，包括色情内容，宣传、鼓励或提供自杀、自残或饮食失调指导的内容，以及描述或鼓励严重暴力或欺凌的内容；在发布对儿童有害内容的平台上，实施年龄限制并采取年龄检查措施；确保社交

---

[1] "美国所谓'言论自由'的事实真相"，https://www.mfa.gov.cn/web/wjbxw_673019/202403/t20240314_11260665.shtml，访问时间：2024年6月2日。

[2] "Global Declaration on Information Integrity Online"，https://www.government.nl/documents/diplomatic-statements/2023/09/20/global-declaration-on-information-integrity-online，访问时间：2024年5月30日。

[3] "Online Safety Act 2023"，https://bills.parliament.uk/bills/3137，访问时间：2024年5月31日。

媒体平台更加透明地披露其网站对儿童构成的风险和危险；为家长和孩子提供清晰、便捷的方式，让他们能够在线报告出现的问题。法案还加强了针对妇女和女童暴力行为的规定，包括对未经同意分享私密照片的人定罪，将未经同意分享私密深度伪造照片的行为定为犯罪等。法案授权英国通信管理局（Office of Communication，Ofcom）监督科技企业，如果企业不遵守规定，可能面临高达数十亿英镑的巨额罚款，企业负责人甚至可能面临牢狱之灾。

第八章　国际冲突中的网络行动

2023年，全球地缘政治局势持续紧张，俄乌冲突尚未平息，巴以再度爆发冲突。同时，国际地缘冲突延伸至网络空间，人工智能等新技术在网络攻防对抗中不断应用。俄乌冲突和巴以冲突引发的网络攻击十分活跃，支持参战双方的黑客组织针对关键基础设施发起多次网络攻击，造成极大破坏。此外，大量民间企业、民间黑客组织参与到巴以冲突的网络战中，进一步模糊了战争边界，传统战争演变成为网络战、舆论战、信息战和认知战混合交织的形态。与此同时，美日等国家和地区密集发布国家级战略政策文件，积极调整网络行动部署；北约持续强化威慑和防御态势。如何防范人工智能军事化应用备受各方关注，联合国等多边机制积极开展国际规则谈判，探索推动国际合作、防范人工智能军事化的路径。部分国家主导强化人工智能军事应用的议题设置，试图抢占人工智能治理国际规则的话语权和制定权。

一、俄乌冲突网络对抗持续

2022年俄乌冲突爆发，俄乌双方在物理世界中展开军事行动，同时在网络空间使用大量新兴网络工具与信息技术手段进行大规模对抗。双方针对关键基础设施等高价值目标进行破坏性攻击，并且将人工智能技术广泛应用于舆论战、信息战甚至物理世界的军事行动中。除了延续2022年俄乌冲突网络战的特征以外，2023年俄乌双方在网络空间的持续对抗还呈现出一些新趋势。例如，网络攻击的频率和规模显著增长，网络作战人员已深入实体战斗的最前线，以及双方将网络空间的战争延伸至太空领域等。

（一）网络攻击频率和规模呈增长趋势

2023年，俄乌双方在网络空间的对抗全面升级。2023年4月13日，俄罗斯联邦安全局公共关系中心称，美国和北约国家是乌克兰对俄罗斯关键基础设施发动大规模网络攻击的"幕后黑手"；并表示，西方国家的进攻性网络作战部队通过乌克兰网络基础设施，秘密使用新型网络武器，对俄罗斯信息资源进行了数千次计算机攻击。[1] 从2023年4月下旬开始，乌军频繁进行资源调度和物资结算。俄罗斯黑客组织趁机冒充物资供应商，通过钓鱼邮件对乌克兰的军事和政府等机构进行社会工程学攻击。5月至6月，俄罗斯黑客组织针对乌克兰发起一系列网络攻击。例如，5月中旬，俄罗斯军队向乌克兰西部赫梅利尼茨基州发动大规模无人机攻击，造成了大量人员伤亡。5月29日，黑客组织伪装成乌方医药公司进行网络攻击，其主要目标为该州的乌克兰国家安全局。[2] 5月中旬，乌克兰切尔尼戈夫州遭到俄罗斯导弹打击。5月29日前后，出现了以"发票"和"待付账单"等内容为主题的钓鱼邮件，其主要攻击目标是乌克兰切尔尼戈夫州政府。

2023年12月12日，与俄罗斯武装部队格鲁乌有关的黑客组织"Solntsepek"对乌克兰最大的移动通信运营商Kyivstar公司进行大范围网络攻击，对10000台计算机、4000多台服务器以及云存储和备份系统进行了数据擦除。[3] 此次攻击使得Kyivstar公司的通信和互联网接入服务不可用，导致乌克兰发生全国性的通信服务中断，甚至空袭警报通知和银行业务都受到严重影响。这次攻击可以称为"彻底摧毁电信运营商核心"的破坏性网络攻击。攻击发生后，Kyivstar公司通过社交媒体发布通知，声称黑客攻击影响了移动通信和互联网的访问，同时表示已向乌克兰执法部门和有关部门报告了这一事件。乌克兰国家安全局表示已根据乌克兰刑法启动刑事诉讼，并称其特工已参与调查。

就在Kyivstar公司遭受攻击的同一天，乌克兰国防情报局宣布成功用恶意软件攻击俄罗斯国家税务系统的数千台服务器，并破坏了数据库的备份。[4] 根

---

[1] "ФСБ заявила, что за массированными кибератаками из Украины против РФ стоят Пентагон и НАТО", https://tass.ru/proisshestviya/17515409，访问时间：2024年3月12日。

[2] "Footage shows massive explosions and fireballs after a wave of Russian drones targeted a city in western Ukraine", https://www.businessinsider.com/watch-4-russian-drones-cause-huge-explosions-fireball-ukraine-city-2023-5，访问时间：2024年2月3日。

[3] "Ukraine mobile network Kyivstar hit by 'cyber-attack'", https://www.bbc.com/news/world-europe-67691222，访问时间：2024年3月21日。

[4] "Ukraine's intelligence claims cyberattack on Russia's state tax service", https://therecord.media/ukraine-intelligence-claims-attack-on-russia-tax-service，访问时间：2024年3月21日。

据乌克兰国防情报局的说法，俄罗斯联邦税务局的基础设施已经"被完全摧毁"。这也是乌克兰国防情报局第二次公开承认对俄罗斯国家机构、关键基础设施发动重大网络攻击。

此外，乌克兰军事情报机构、国家安全机构以及亲乌克兰黑客组织对俄罗斯开展了多次具有严重破坏性影响的网络攻击。例如，2023年11月，乌克兰国防部情报局攻击俄罗斯联邦航空运输局，获取机密文件，包括俄罗斯联邦航空运输局一年半的报告清单。[1] 12月，乌克兰黑客组织"Blackjack"对俄罗斯最大私营供水公司Rosvodokanal发起网络攻击，入侵6000多台计算机，删除了超过50TB的数据，包括内部文档、公司电子邮件、网络安全服务和备份副本。[2]

（二）俄乌网络部队加强数字化作战部署

2023年，俄乌冲突中的网络战与物理战融合更加密切，俄乌双方均在前线部署了网络作战人员，开展新型高科技斗争。例如，乌克兰国家安全局的网络安全团队将黑客和特种部队的技能结合起来，参与前线战斗。具体而言，乌克兰网络安全团队使用人工智能视觉识别算法，对来自空中无人机、社交媒体和卫星等的数据进行分析，为乌克兰军队提供目标情报。该团队还入侵俄罗斯控制地区的监控摄像头，监视俄罗斯军队行动，甚至指挥自杀式无人机摧毁俄罗斯间谍摄像头。他们部署传感器来检测和干扰俄罗斯的无人机，甚至尝试夺取俄罗斯无人机的控制权。此外，他们还致力于通过渗透俄罗斯间谍部门的计算机系统并监听其电话通话，来对抗俄罗斯间谍部门的精英黑客。

俄罗斯情报部门也在前线部署网络安全团队，参与数字化作战。例如，入侵战场附近的摄像头监视乌克兰军队动向、部署信号干扰设备、捕获乌克兰无人机等。为了保持与军方稳定通信，乌克兰网络作战人员不得不推进到距离前线更近的位置。此外，乌克兰网络作战人员采用了功率更大的设备，来确保网络连接信号不受俄军干扰。

---

[1] "Ukraine claims cyber operation against Russian aviation agency", https://therecord.media/ukraine-cyber-operation-russian-aviation-agency, 访问时间：2024年8月20日。

[2] "Ukrainian hackers target Russia's water supply company", https://euromaidanpress.com/2023/12/21/ukrainian-hackers-target-russias-major-water-supply-company/, 访问时间：2024年8月20日。

（三）北约与欧盟加强网络防御合作

俄乌冲突升级后，北约与欧盟持续加强合作，强化对俄罗斯的威慑和防御态势。2023年1月10日，欧洲理事会主席夏尔·米歇尔（Charles Michel）、欧盟委员会主席乌尔苏拉·冯德莱恩（Ursula von der Leyen）和北约秘书长延斯·斯托尔滕贝格（Jens Stoltenberg）在北约总部举行会晤，签署了《欧盟–北约合作联合宣言》[1]。这是继2016年和2018年之后的第三份北约–欧盟合作联合宣言，也是俄乌冲突后首个安全合作联合声明。宣言以强烈的措辞谴责俄罗斯对乌克兰发动的军事行动，重申了北约和欧盟将继续共同援助乌克兰，呼吁欧盟和北约应提高合作水平，加强在应对网络威胁、海上战略行动、国防能力等领域的合作，并在解决地缘战略竞争、保护关键基础设施、发展新兴和颠覆性技术以及防范外国信息操纵与干扰等领域深化合作。双方在这份文件中承认北约是"同盟集体防御和安全的基础"，指出加强欧洲防务对保护北约成员国共同安全的重要作用。

（四）网络战延伸至太空领域

俄乌冲突爆发以来，各种武器装备纷纷亮相。作为现代战争中不可或缺的核心装备，卫星成为被重点打击的目标。2023年6月29日，俄罗斯卫星通信提供商Dozor-Teleport ZAO的系统遭受网络攻击。[2] 该公司成立于2005年，为俄罗斯联邦安全局、俄罗斯天然气工业股份公司、俄罗斯国家原子能公司和一些军事设施提供服务。俄罗斯网络安全专家经过复盘和分析，认为发起此次网络攻击的是乌克兰或亲乌克兰的黑客组织。

对于乌克兰来说，在2022年冲突刚爆发后，俄军对乌方通信中枢的打击一度导致乌军指挥失灵，"星链"随后成为乌方维持对外联络和指挥军队的核心装备。为此，俄方采取了多种手段以抵消"星链"系统的威胁。例如，采取空

---

1 "Joint Declaration on EU-NATO Cooperation, 10 January 2023", https://www.consilium.europa.eu/en/press/press-releases/2023/01/10/eu-nato-joint-declaration-10-january-2023/，访问时间：2024年3月10日。
2 "Hack Blamed on Wagner Group Had Another Culprit, Experts Say", https://www.bloomberg.com/news/newsletters/2023-07-12/hack-blamed-on-wagner-group-had-another-culprit-experts-say，访问时间：2024年5月10日。

间对抗手段应对"星链"系统。2023年10月27日，俄罗斯发射了两颗装有反卫星武器的卫星。该卫星可以从内部释放出其他卫星和航天器等载荷，并使其与目标卫星处于同一高度。随着时间的推移，释放出的载荷逐渐接近目标卫星，并可能与其相撞。[1]

（五）美英法等11国启动支援乌克兰网络能力建设的"塔林机制"

2023年12月20日，美国、英国和法国等11个国家正式启动"塔林机制"（Tallinn Mechanism），旨在扩大在民用领域对乌克兰的支持。[2] 这一机制是在俄乌冲突的背景下推出的，专注于增强乌克兰的网络安全防御和网络韧性，承诺长期致力于满足乌克兰网络能力的发展需求。它作为一个协调平台可以有效整合和优化多国对乌克兰的援助，提升其整体的网络态势感知能力，同时允许成员国继续进行双边或多边的网络能力建设合作。

"塔林机制"的行动框架围绕短期应急援助、中期能力建设、长期维护与支持三个核心方面展开，且该机制特别强调援助的有效性、系统性和网络的恢复能力。它与军事网络能力建设活动保持独立又互补的关系，确保所有行动均在与乌克兰对应机构紧密协作下进行，遵循"乌克兰自主决策"的原则。这一机制力图系统地整理乌克兰的需求并匹配援助方资源，以实现援助效益的最大化。乌克兰认为，这一新机制将有助于提升乌克兰关键民用基础设施的网络防御和恢复能力。

二、巴以冲突中网络行动的主要特征

2023年10月7日，巴勒斯坦伊斯兰抵抗运动（哈马斯）宣布对以色列采取

---

[1] "Anti-Satellite Weapons within Satellites? Russian Spacecrafts Releasing 'Secret' Payloads could be a 'Star Wars' Munition", https://www.eurasiantimes.com/ncb-anti-satellites-within-satellites-russian-spacecrafts/，访问时间：2024年5月14日。

[2] "Ukraine's partners launch Tallinn Mechanism to amplify cyber support", https://therecord.media/tallinn-mechanism-ukraine-partners-cybersecurity，访问时间：2024年5月26日。

代号"阿克萨洪水"的军事行动，并表示已向以色列境内发射至少5000枚火箭弹。以色列随即宣布进入战争状态，对加沙地带哈马斯目标发起代号"铁剑"的行动。

（一）关键基础设施成主要打击目标

随着巴勒斯坦和以色列在加沙地带军事冲突升级，各方在网络空间的对抗同步升级。2023年10月10日，黑客组织"匿名苏丹"在网络上表示与哈马斯统一战线，对以色列全球导航卫星系统（GNSS）、楼宇自动化控制网络（BACnet）以及工业控制系统发动了多次网络攻击，试图通过破坏以色列的一些关键基础设施对以色列进行威慑。[1] 该黑客组织详细解释了针对每个系统的攻击将如何影响以色列的基础设施。例如，针对GNSS的攻击可能导致以色列全国各地的多种全球定位系统离线，影响工业系统中的机器运转；针对BACnet系统进行修改或关闭的攻击，可能导致楼宇耗能激增和发出错误的火警信号等。根据相关研究数据显示，以色列和巴勒斯坦有数百个工业控制系统暴露在网络上[2]，容易受到黑客攻击。因此，"匿名苏丹"针对以色列工控相关的基础设施系统所依赖的Modbus通信协议[3]进行了攻击，可能导致电力、水、石油和天然气系统宕机。"匿名苏丹"还在网络上公开了一些被攻击的服务器和系统的IP地址，可以确认这些IP地址主要托管在犹太国家境内，由以色列维护。

2023年10月15日，伊朗背景的黑客组织"网络复仇者"（CyberAv3ngers）声称，对以色列著名加油站控制解决方案提供商ORPAK Systems所遭受的大规模网络攻击负责。[4] 此外，"网络复仇者"公开了窃取的数据库，还有部分加

---

[1] "Russian hacktivists now targeting Israeli global satellite and Industrial Control Systems"，https://cybernews.com/cyber-war/russian-hacktivists-target-israel-industrial-control-system/，访问时间：2024年3月20日。

[2] "Hacktivists in Palestine and Israel after SCADA and other industrial control systems"，https://cybernews.com/cyber-war/palestine-israel-scada-under-attack/，访问时间：2024年3月27日。

[3] 工业领域通信协议，是工业电子设备之间常用的连接方式。

[4] "CyberAv3ngers Target ORPAK Systems: Cyberattack Disrupts 200 Gasoline Pumps!"，https://thecyberexpress.com/cyberav3ngers-cyberattack-on-orpak-systems/，访问时间：2024年3月17日。

油站闭路电视摄像机的文件和录音。此次攻击导致以色列200个加油站的加油泵运行中断，进而导致加油站被迫关闭。同时，"网络复仇者"发布了一段视频，展示了入侵电网管理系统的全过程。

冲突发生以来，以色列通过网络攻击，对加沙地带的信息和通信技术基础设施进行破坏，进一步导致通信中断和互联网关闭。[1]截至2023年12月，以色列摧毁了加沙所有主要通信网络，大多数巴勒斯坦人的智能手机无法正常工作，没有电信服务，也无法上网。以色列通过这些行动实现了对加沙地区的全面围困和封锁，切断燃料、电力及其他生命线供应，轰炸和摧毁重要基础设施，造成10万多名巴勒斯坦人死伤。

巴以冲突爆发后，网络战逐渐蔓延至周边国家。10月9日，疑似以色列国家背景的黑客组织"掠夺性麻雀"（Predatory Sparrow）在社交媒体宣布回归，并入侵伊朗关键基础设施。[2]该组织曾对伊朗发动过多起破坏性攻击，包括攻击伊朗加油网络支付系统、钢铁厂等。该组织的活动具有高度的战略性和专业性，能够精确控制行动并限制活动影响范围。10月19日，以色列黑客组织"红魔"（Red Devil）声称对伊朗电网攻击造成大规模停电。[3]该黑客组织声称成功入侵了伊朗数十个敏感系统，包括德黑兰和周边村庄的电网，导致数万名居民至少两个小时网络通讯和电力供应的中断。

（二）人工智能在巴以战场上广泛应用

1. 冲突方运用人工智能强化军事打击

以色列国防军军事情报局表示，在巴以冲突的持续地面攻势中，使用人工智能和自动化工具可"快速准确地生成可靠的目标"，以便能够立即向加沙地

---

[1] "Communication Blackouts: Israeli Cyberattacks Against Civilians in Gaza", https://opiniojuris.org/2024/03/20/communication-blackouts-israeli-cyberattacks-against-civilians-in-gaza/，访问时间：2024年4月16日。

[2] "Predatory Sparrow operation ends hiatus amid Israel-Hamas conflict", https://www.scmagazine.com/brief/predatory-sparrow-operation-ends-hiatus-amid-israel-hamas-conflict，访问时间：2024年2月28日。

[3] "Pro-Israel Hacker Group 'Red Evil' Strikes Iran With Second Cyber Attack", https://thejudean.com/index.php/news/science-technology/1971-pro-israel-hacker-group-red-evil-strikes-iran-with-second-cyber-attack，访问时间：2024年2月2日。

带的地面部队提供有关打击目标的最新信息。[1] 根据《耶路撒冷邮报》2023年11月2日的报道，10月7日新一轮巴以冲突爆发以来，以色列国防军利用人工智能技术打击了加沙地带1.1万多个目标，一天内摧毁了150条隧道。[2] 2023年11月5日，以军发表声明称，自在加沙地带开展地面进攻以来，已袭击了2500多个属于巴勒斯坦武装组织的目标。[3] 同时，以色列已将人工智能技术应用在武器上。比如，以色列国防部推出的名为"巴拉克"（Barak）的新版梅卡瓦4主战坦克，它配备了人工智能、传感器、雷达和小型摄像机平台，其系统可通过360度周边观测技术揭示敌方位置并为战场上的作战部队提供目标。

以色列军方高度关注人工智能技术在军事领域的应用。例如，以色列政府通过使用名为"蓝狼"（Blue Wolf）的面部识别技术，对生活在约旦河西岸和加沙地带的数百万巴勒斯坦人进行持续监控。[4] 以色列通过复杂的高科技基础设施收集无人机、闭路电视录像、卫星图像、电子信号和网络通信等数据，将其输入到人工智能模型中进行训练。另外，以色列还建立了"巴勒斯坦人脸谱"，即巴勒斯坦人信息数据库，鼓励以军士兵拍摄巴勒斯坦人照片以充实数据库。可以说，巴勒斯坦人生活的方方面面都变成了数据，输送到以色列的数据中心，最后被以色列应用在军事行动中，以对巴勒斯坦目标实施沉重打击。

2. 人工智能生成虚假信息混淆视听

巴以冲突引发了前所未有的虚假信息浪潮。相较于俄乌冲突初期，生成式人工智能融入现有虚假信息生态系统的现象在巴以冲突中更加普遍。巴以冲突爆发以来，由人工智能生成的虚假视频充斥着全世界的新闻媒体。美国哥伦比亚广播公司新闻工作人员于10月12日筛选了以色列和加沙地带民众提交的

---

[1] "以媒：以军正使用AI和自动化工具快速识别打击哈马斯目标"，https://world.huanqiu.com/article/4FC93HDMzgz，访问时间：2024年2月21日。

[2] "IDF uses AI to strike over 11,000 terror target in Gaza since October 7"，https://www.jpost.com/israel-news/article-771419，访问时间：2024年3月28日。

[3] "Israel Says It Has Hit More Than 2,500 Terror Targets"，https://www.voanews.com/a/arab-leaders-call-for-cease-fire-amid-deadly-israeli-strikes/7341914.html，访问时间：2024年2月26日。

[4] "Wolf Pack: Israel's accelerated use of facial recognition is 'automated apartheid'"，https://www.middleeasteye.net/news/wolf-pack-israel-accelerated-use-facial-recognition-automated-apartheid，访问时间：2024年1月12日。

1000个视频，发现只有10%的视频可用，其余视频中存在部分"深度伪造"内容。[1] 哥伦比亚广播公司高管表示，部分深度伪造创作者的目标是传播错误信息。全球多个地区深陷冲突漩涡，人工智能生成的虚假信息可用来为某一方寻求支持。例如，用人工智能生成的广告牌来支持以色列国防军、用机器人账号发布人们为以色列国防军欢呼的虚假图像、使用人工智能技术生成大量文章对哈马斯进行谴责，以及生成大量以色列被轰炸的图像等。

3. 以色列开发新型防御系统"网络穹顶"

以色列国防军是全球最早使用人工智能应对网络威胁的部队之一。2023年，以色列加快开发网络防御系统，推出新型系统"网络穹顶"（Cyber Dome）。该系统通过使用人工智能平台，从大量情报中过滤重要威胁，帮助以色列国防军创建防护墙，应对复杂的网络攻击，并增强战争期间的攻击能力。该系统由以色列国防部、国防军和情报机构等部门共同管理。以色列国家网络理事会官员戈比·波特努瓦（Gaby Portnoy）表示，"网络穹顶"通过新型的防御机制和工具来提升国家网络安全，强化对网络威胁的检测、分析和应对。[2]

（三）巴以通过主流社交媒体工具进行舆论攻防

巴以冲突爆发以来，双方纷纷通过主流的媒体工具抢占话语权，展开舆论攻势。[3] 哈马斯与巴勒斯坦伊斯兰圣战组织更加注重通信加密和隐私保护，他们将社交媒体"电报"（Telegram）作为主要通信手段，实时发布战事进展，包括对以色列目标发动袭击以及劫持人质的照片、视频等。根据"电报"平台分析工具TGStat的数据，自冲突爆发以来，哈马斯下属武装派别卡桑旅的"电报"账号粉丝数大幅增长，仅在10月7日当天就有13.5万新增订阅用户。截

---

[1] "Newsrooms should be prepared for deepfakes at a 'staggering' scale", https://www.axios.com/2023/10/12/mcmahon-misinformation-cbs-deep-fakes-bfd, 访问时间：2024年3月2日。

[2] "Israel Developing 'Cyber Dome'-Digital Version of Iron Dome", https://www.thedefensepost.com/2023/10/17/israel-developing-cyber-dome/, 访问时间：2024年3月18日。

[3] "The Israeli-Palestinian conflict escalates! Set off a fierce battle on the battlefield of public opinion", https://inf.news/en/military/dde2031adb4aba978862077f1a6d9ff5.html, 访问时间：2024年4月15日。

至2023年10月17日，该账号的粉丝数已超过70万，该账号每条内容的平均观看量是冲突爆发前的10倍左右。

而以色列重点经营X（即推特［Twitter］）账号，主要是考虑到X平台在全球范围内覆盖面更广，在舆论战中占有明显优势。截至2023年10月，根据社交媒体分析工具Social Blade的数据，以色列外交部账号的粉丝数从冲突爆发前的93.8万增长至137.7万；以色列国防部账号的粉丝数从150万增长至200万；以色列总理本雅明·内塔尼亚胡（Benjamin Netanyahu）[1]的个人账号粉丝数也增加了20多万。

随着巴以冲突的爆发，阴谋论和虚假历史图片在社交媒体平台快速传播。例如，有人在社交平台声称在以色列内部有忠于哈马斯的人，此番言论在X等平台引发广泛讨论，让以色列措手不及。此外，社交媒体还传播了一些过去巴以冲突和叙利亚内战的视频或照片，甚至包括网络游戏镜头。这些虚假信息的传播严重误导公众的判断和认知。

（四）多方卷入网络对抗

1. 高科技企业深入参与网络战

自巴以冲突爆发以来，以色列政府部门和民间高科技企业共同参与冲突中的网络行动，极大模糊了网络战争的边界。由以色列国防军退伍军人组建的网络安全有限公司（HUB Cyber Security）向国家提供了一套先进的基于零信任的机密计算解决方案，用于保护敏感数据和关键基础设施。[2] 还有一些高科技企业在救援行动等方面为以色列提供支持。冲突爆发后，具有以色列国家网络安全指导委员会背景的安全公司Code Blue Cyber与以色列网络危机管理公司Gitam BBDO合作，成立了"平民作战室"（war room）。通过面部识别技术将社交媒体上的人员图像与以色列官方数据库及失踪者家属提供的照片进行比

---

1 "In Israel-Hamas conflict, social media become tools of propaganda and disinformation", https://dfrlab.org/2023/10/12/in-israel-hamas-conflict-social-media-become-tools-of-propaganda-and-disinformation/，访问时间：2024年7月10日。

2 "HUB Cyber Security Ltd. Participates in Strengthening Israel's Digital Defenses Amidst Escalating Cyber Threats", https://investors.hubsecurity.com/news-releases/news-release-details/hub-cyber-security-ltd-participates-strengthening-israels，访问时间：2024年1月13日。

对,该项目在两周内确认了约60名失踪人员的身份。[1] 据彭博社报道,以色列国防军利用网络情报公司NSO Group和Candiru的间谍软件获取了约100万部巴勒斯坦人手机的数据,用以监视加沙人口活动。

2. 全球黑客组织纷纷站队

在冲突中,黑客组织对双方重要政府、职能机构及关键基础设施发起大规模网络攻击。据不完全统计,截至2023年10月,共有70多个黑客组织团伙参与攻击。[2] 巴以冲突各方黑客组织可以分为三类:第一类是占绝大多数的亲巴勒斯坦派(亲巴派),共有包括Killnet在内的43个亲巴勒斯坦网络犯罪团伙。第二类是亲以色列派(亲以派),共有12个,主要以"印度网络部队"(India Cyber Force)、"联合网络哈里发"(United Cyber Caliphate)等组织为主,以巴勒斯坦关键基础设施为目标进行网络攻击。最后一类是中立派,以Krypton、ThreatSec为代表。

亲巴派黑客组织自冲突爆发以来,对以色列重要关键基础设施发起大规模网络攻击。以Killnet、"匿名苏丹"为代表的黑客组织对以色列重要政府职能机构及关键基础设施发起大规模网络攻击,导致100多个网站遭到破坏或暂时中断,以色列的电力、导航卫星与工控系统等关键基础设施的安全也受到威胁。

亲以派黑客组织方面,总部位于印度的黑客组织"印度网络部队"对巴勒斯坦发动了网络攻击。该组织声称对哈马斯组织、巴勒斯坦国家银行、巴勒斯坦网络邮件政府服务和巴勒斯坦电信公司网站的瘫痪负责。10月9日,黑客组织"联合网络哈里发"主要以分布式拒绝服务攻击(Distributed Denial of Service,DDoS)方式,对巴勒斯坦多个政府目标进行网络攻击。

在此次冲突中,除了选边站队的黑客组织外,还有个别黑客组织宣布中立,表示同时对巴以两方进行网络攻击。随着冲突的持续,黑客组织或将卷入更多重大地缘政治冲突,民间黑客等非国家实体选边站队,将进一步影响未来

---

[1] "'The war room': Israeli tech workers band together in hostage search", https://www.taipeitimes.com/News/biz/archives/2023/10/29/2003808361,访问时间:2024年2月2日。

[2] "Israeli-Palestinian Conflict: Multifaceted Alliances and Fierce Cyberspace Battle", https://nsfocusglobal.com/israeli-palestinian-conflict-multifaceted-alliances-and-fierce-cyberspace-battle/,访问时间:2024年1月23日。

网络攻防和态势认知的走向。

三、其他网络行动部署进展

（一）美国、日本、北约加强网络行动顶层设计和部署

1. 美国国防部提出新的网络行动方针

美国网军主要作战力量由美国网络司令部下辖的陆军、海军、空军和海军陆战队四大网络司令部的网络空间部队构成。2023年9月12日，美国国防部发布《2023年国防部网络战略》。[1] 该战略概述了美国国防部在网络空间的行动方针，阐述了美国国防部将采取的优先事项。

美国《2023年国防部网络战略》的主要内容包括五个方面：一是强调互联网对全球连通性、通信和创新的重要性，以及对美国军事霸权优势的贡献。二是强调维持地区影响力，包括提升洞察网络威胁的能力；强调要加强"前置防御"，削弱所谓"恶意网络行为者"的干扰。三是加强战争准备，强调在网络空间中推进联合部队目标的重要性，确保国防部信息网络安全，并在必要时进行防御性网络空间行动，进一步实现在网络空间的霸权。四是强调与全球盟友和伙伴合作的重要性。五是在网络空间建立持久优势，提出完善机构改革、优化网络空间作战力量的组织、训练和装备，以及探索新兴技术和网络能力的融合。该战略旨在确保美国网络空间行动能够有效地支持其国防优先事项，并在网络冲突中取得胜利，扩大地区影响力，维持美国全球霸权地位。[2] 有分析评论认为，该战略揭示了美国网络战略的新重点和新方向，是为包括网络战在内的各种战争形式做准备；通过增加网络战略的军事开支，为提升相关作战能力做铺垫。[3]

---

[1] "DOD Releases 2023 Cyber Strategy Summary", https://www.defense.gov/News/Releases/Release/Article/3523199/dod-releases-2023-cyber-strategy-summary/，访问时间：2024年2月18日。
[2] 详见本书第七章"网络安全的挑战与应对"，第173—174页。
[3] "美发布网络战略渲染'中国威胁'，专家：为越来越明显的攻击性找借口"，http://www.xinhuanet.com/mil/2023-09/14/c_1212267874.htm，访问时间：2024年5月10日。

2. 美国国会推出《联合全域指挥控制实施法案》

2023年11月28日，美国国会推出《联合全域指挥控制实施法案》，旨在推进国防部"联合全域指挥控制"（Joint All-Domain Command and Control，JADC2）战略。该战略旨在连接美国所有军事领域，将美国空军、陆军、海军陆战队、海军和太空部队等军种中的各类传感器、战斗单位和指挥节点连接到一个网络中，以推动任务数据共享。

新法案要求通过立法，建立新的报告机制，使国会能够深入跟踪该战略相关工作进展。其主要内容包括：允许指挥官不受军种限制使用美国军事资产；明确国防部相关办公室的职责并进行分配；为国防部人员提供所需的权力和资源；确定新技术作战概念，设计下一代技术原型，并将其部署至作战前线。未来十年，国防部"联合全域指挥控制"战略项目的预期成本将超过90亿美元。

该法案概述了项目相关方的职责[1]，其中，美国国防部首席数字和人工智能官（Chief Digital and Artificial Intelligence Officer，CDAO）负责推动部署软件和开发操作工具，以测试作战网络。同时，法案规定了首席数字和人工智能官应在2024年3月1日前向国会国防委员会提交报告，为印太司令部部署联合数据集成层原型制定详细计划和时间表。美国国防部首席数字和人工智能办公室将推动"联合全域指挥控制"战略和数据标准化作为首要任务，推动国防领域数据分析和人工智能应用，支撑决策工作。

3. 美国印太司令部试图构建新的任务网络

为实现部队指挥和调度的"数字化"，2023年12月13日，美国印太司令部制定了任务网络（INDOPACOM Mission Network）研究计划。该任务网络采用零信任安全原则，是一种与盟国系统兼容的信息技术体系架构，它由联合任务加速委员会（Joint Mission Accelerator Directorate）管理。[2] 任务网络包括各种军事通信网络、情报共享网络、指挥控制系统等，这些网络将用于支持军事行

---

[1] "S.3353-JADC2 Implementation Act"，https://www.congress.gov/bill/118th-congress/senate-bill/3353/text/is，访问时间：2024年3月2日。

[2] "INDOPACOM Building Unified Network Aligned With CJADC2, Zero Trust"，https://www.govconwire.com/2024/02/indopacom-building-unified-network-aligned-with-cjadc2-zero-trust/，访问时间：2024年3月8日。

动的规划、协调、指挥和控制，以及与其他军事机构、盟友和合作伙伴的信息共享和协作。

印太战区有50多个[1]特定领域的任务网络，但美军认为这些任务网络存在不足之处。印太司令部试图落实"联盟联合全域指挥控制"（Combined Joint All-Domain Command and Control，CJADC2）工作部署，在美国军方及盟友间建立一个统一的、相互连接的通信和互操作的任务网络。该网络"以数据为中心"，从五眼联盟开始实施，后续扩大覆盖范围。美国国家安全局（National Security Agency，NSA）、情报机构、国防创新部门、国防部首席数字和人工智能办公室等共同参与构建该网络。

4. 日本推动网络防卫战略调整

2022年12月，日本政府修订了新版《国家安全保障战略》《国家防卫战略》《防卫力整备计划》三份安全保障文件，明确引入防范网络攻击于未然的"主动网络防御"策略。2023年，日本加速完善网络防御机制，加强网络能力建设。2023年2月3日，日本自民党国防部会等召开联席会议，通过了由防卫省制定并提交国会的《关于加强防卫省采购装备等开发与生产基础的法案》。[2] 该法案规定，为支持军工产业发展，日本财务省将直接向与网络安全相关的军工企业提供补贴。经日本内阁会议与日本众议院表决通过后，该法案从2023年10月起正式实施。

除了从财政上给予支持，日本政府还从机构设置、军事体制、安全战略上提升网络安全防护能力。在机构设置上，日本政府设立了"内阁官方网络安全体制整备准备室"，对设置统一协调网络安全领域政策的新组织及必要立法等开展研究。在军事体制上，日本防卫省完善网络战人才培养机制，成立网络教育部，为网络作战人员提供培训指导。2023年，日本防卫省加速构建防卫体制，自卫队网络战队员扩充至原来的2.5倍。在信息管理上，日本防卫省计划

---

[1] "INDOPACOM Building Unified Network Aligned With CJADC2, Zero Trust"，https://www.govconwire.com/2024/02/indopacom-building-unified-network-aligned-with-cjadc2-zero-trust/，访问时间：2024年3月8日。

[2] "Japan enacts bill to nationalize defense equipment facilities"，https://www.japantimes.co.jp/news/2023/06/07/national/nationalize-defense-bill/，访问时间：2024年3月1日。

从2023年起，在东京都新宿区中央指挥所建立一个名为"中央云"的综合信息系统，以汇总自卫队情报信息。此外，日本政府在2023年4月陆续公布多起典型网络攻击案例，呼吁政府机构和民间单位强化网络防护，提升国内网络安全防护意识。

在国际层面，日本加强网络安全、网络演习等国际合作，并加速向北约靠拢。2023年1月31日，日本首相岸田文雄与北约秘书长斯托尔滕贝格举行了会谈，确认在网络空间、外层空间、虚假信息以及关键和新兴技术等新的安全领域加强合作。7月12日，岸田文雄在立陶宛与斯托尔滕贝格再次举行会谈，双方发布了新文件"个别针对性伙伴关系计划"（Individually Tailored Partnership Programme，ITPP），提及网络防御应对、太空安全保障等16个领域的合作，文件还明确了日本自卫队参加北约演习和紧急援助的联合行动。2023年11月27日至12月1日，日本以"北约伙伴国"身份派员参与北约"网络联盟"演习。

5. 北约整体部署网络安全和配置服务

2023年1月4日，北约通信和信息局（NATO Communications and Information Agency，NCIA）授予King ICT Croatia和IBM Belgium公司两份网络安全服务框架（Cybersecurity Services Framework，CSSF）合同[1]，旨在推动北约整体部署网络安全和配置服务。这两份合同是北约通信和信息局实施智能采购战略应用的关键一步。当项目需要或紧急需求发生时，该机构可灵活地从两个供应商处获得即时支持，以安装和配置网络安全资产。网络安全服务框架合同将帮助推动北约通信和信息局落实北约网络防护核心任务，同时提升网络安全能力。

（二）部分国家频繁举行大型联合网络演习

2023年，以美国为代表的部分国家持续举行专项网络演习、网络军事演习等，借此达到检验网络部队训练成果、验证新技术和新装备、提高网络攻防战斗力水平、维系和强化军事网络合作关系、提升地区影响力等多重目的，加速

---

[1] "NATO Agency signs important cyber security agreements"，https://www.ncia.nato.int/about-us/newsroom/nato-agency-signs-important-cyber-security-agreements.html，访问时间：2024年3月6日。

网络空间军事化进程。

1. 欧盟开展"蓝图操作级别演习"

2023年10月，欧盟委员会、欧盟网络安全局（ENISA）在荷兰海牙联合开展"蓝图操作级别演习"（Blue OLEx 2023）[1]，此次活动聚集了来自27个成员国负责网络危机管理或网络政策的主管机构的高级别参与者。Blue OLEx 2023测试了欧盟在发生勒索攻击等网络危机时的准备情况，并加强了成员国国家网络安全部门、欧盟委员会和欧盟网络安全局之间的合作，目的是和参与演习的网络安全主体之间建立更牢固的关系，提高态势感知能力并分享最佳实践。测试还为加强网络政策问题的高级别政治讨论奠定了基础，将推动在欧盟层面建立一个连贯的危机管理框架。

2. 英国组织西欧最大的网络战演习

2023年2月17日，英国陆军在爱沙尼亚塔林组织开展"国防网络奇迹2"（Defense Cyber Marvel 2，DCM2）网络战演习。该演习是西欧规模最大的网络演习，旨在为来自国防、政府机构、行业合作伙伴和其他国家的团队提供挑战性环境，测试参与者在现实场景中阻止针对盟军的潜在网络攻击的技能，并培养武装部队人员网络和电磁领域的技能。

来自英国、乌克兰、印度、日本、意大利、加纳、美国、肯尼亚和阿曼等11个国家的750多名网络专家、军事人员、政府机构和行业合作伙伴参加了此项演习。在演习中，来自世界各地的34个团队对常见和复杂的模拟网络威胁做出响应。模拟场景包括俄罗斯对乌克兰网络、工业控制系统和无人机器人系统的攻击等。部分团队通过虚拟方式连接到位于塔林的网络靶场CR14参加演习，使演习参与的广泛性进一步提高。[2]

1　"BLUE OLEX 2023: Getting Ready for the Next Cybersecurity Crisis in the EU"，https://www.enisa.europa.eu/news/blue-olex-2023-getting-ready-for-the-next-cybersecurity-crisis-in-the-eu，访问时间：2024年3月30日。

2　"Army leads Western Europe's largest cyber warfare exercise"，https://www.army.mod.uk/news-and-events/news/2023/02/defence-cyber-marvel-warfare-exercise/，访问时间：2024年3月1日。

3. 哥伦比亚举行多国网络制海权演练

2023年7月11日至21日，哥伦比亚海军联合来自拉丁美洲和加勒比地区的海军部队举行多国海上演习，旨在加强安全合作并改善联合行动。为应对不同海战场景中可能发生的网络威胁，增强相关战略、战术和作战能力，哥伦比亚海军在此次联合演习中首次纳入了网络安全、网络防御和网络情报演习。来自美国、英国、法国、德国、西班牙、巴西、智利、哥伦比亚、厄瓜多尔、洪都拉斯、牙买加、巴拿马、秘鲁、乌拉圭和韩国的海军部队参加了此次网络演习。

该网络演习由哥伦比亚海军情报总部及其网络司令部主导，分两个阶段进行：第一阶段涉及在网络威胁场景下做出决策；第二阶段涉及在模拟网络空间环境中对舰船的网络攻防。该网络演习重点关注五方面的威胁：一是网络间谍活动；二是使用恶意软件、勒索软件、高级持续性威胁（advanced persistent threat，APT）和零日恶意软件对关键基础设施的攻击；三是GPS欺骗攻击；四是高级或自定义恶意软件的使用；五是可能扰乱海军部队运作并导致"数字封锁"的内部威胁。哥伦比亚海军声称，战争与网络攻击交织，网络演习旨在加强应对网络威胁的能力，保证海陆空主权。演习通过安全合作增强多国在特遣部队层面的互操作性联系，实现制海权，提高各国参演海军的反应能力。[1]

4. 澳大利亚与美国举行"网络哨兵"军事网络演习

2023年10月，澳大利亚国防军和美国网络司令部在澳大利亚堪培拉举行名为"网络哨兵"（Cyber Sentinels）的首次"机密级"军事网络演习[2]，旨在提升网络作战人员的战术行动和应对准备能力。该演习是一项网络空间作战的战术演练，基于美军的"持续网络训练环境"平台开展，参演人员在模拟网络领域真实攻击的环境中进行战斗、制定战略和保护网络资产。

---

1 "Colombian Navy Leads First Cyber Operations Exercise in UNITAS"，https://dialogo-americas.com/articles/colombian-navy-leads-first-cyber-operations-exercise-in-unitas/，访问时间：2024年2月2日。

2 "Taking cyber warfare training to new heights"，https://www.defence.gov.au/news-events/news/2023-10-27/taking-cyber-warfare-training-new-heights，访问时间：2024年5月26日。

5. 美国、爱沙尼亚和波兰举行"波罗的海闪电战"网络安全演习

2023年9月17日至20日,美国马里兰州空军国民警卫队、爱沙尼亚网络司令部和波兰军方联合举办2023年度"波罗的海闪电战"(Baltic Blitz)网络安全演习。演习以红蓝对抗的方式开展,重点针对铁路运输系统的网络入侵和攻防进行模拟演练。演习设置了红、蓝、白三方,红方试图侵入系统并扰乱操作,蓝方保护模拟网络免遭攻击,白方作为监督方对演习进行监控并确保红蓝两方合规操作。[1]

6. 北约举行2023年度"锁定盾牌"网络演习

4月17日至21日,北约合作网络防御卓越中心(NATO Cooperative Cyber Defense Centre of Excellence,CCDCOE)组织开展2023年度"锁定盾牌"(Locked Shields)网络演习,来自38个国家的3000多人参加。该演习模拟日益恶化的国家安全局势,例如电网、水处理系统、公共安全和其他关键基础设施遭受类似勒索攻击的大规模网络攻击等。参与团队需制定保护国家IT系统和关键基础设施免受敌方大规模网络攻击的方案,以及有关危机情况下的合作战术和战略决策。[2] 美国团队由120名成员组成,分别来自美国六所大学、五个国民警卫队单位、网络司令部、联合部队总部-国防信息网络、陆军工程兵团、陆军网络企业技术司令部、欧洲司令部以及网络安全和基础设施安全局。

5月16日,乌克兰外交部宣布,乌克兰正式加入北约合作网络防御卓越中心。截至2023年12月,该中心成员33个,包括北约成员国及奥地利、瑞典、瑞士、韩国、日本5个非北约成员国。

7. 北约开展年度网络防御演习"网络联盟"

2023年11月,北约开展年度网络防御演习"网络联盟",旨在增强北约成员国和合作伙伴应对勒索攻击等网络威胁以及共同开展网络行动的能力,以促

---

[1] "Baltic Blitz 2023",https://www.dvidshub.net/news/453931/baltic-blitz-2023,访问时间:2024年5月26日。
[2] "NATO Allies and Partners take part in world's largest cyber defence exercise",https://www.nato.int/cps/en/natohq/news_214144.htm,访问时间:2024年2月21日。

进参与成员加强技术和信息共享方面的合作。[1] 此次演习由北约合作网络防御卓越中心协调，来自北约及其合作伙伴的约1300名人员参与。参加网络防御演习人员在为期5天的时间内共同训练，以提升反击网络攻击的技能并提高恢复能力。此次演习侧重于共享威胁情报，以及在虚拟国家基础设施网络攻击场景中，测试应对勒索攻击等网络空间事件的有效程序和机制。

（三）美以鼓励私营部门加入国防领域合作

1. 美国网络司令部促进私营部门加强网络安全信息共享

2023年6月，美国网络司令部通过名为"咨询建议"的项目，促使参与网络威胁情报共享的私营部门伙伴数量增加一倍。此举旨在促进私营部门与网络司令部实施双向关键信息共享，使私营部门合作伙伴参与网络防御工作，支持网络司令部任务。

"咨询建议"项目人员主要为技术专家，他们通过Slack、Microsoft Teams等安全聊天应用程序和仅限受邀者参加的行业论坛与行业保持日常联系。"咨询建议"项目是美国政府与业界合作的一部分，美国国家安全局的网络安全协作中心（NSA Cybersecurity Collaboration Center，CCC）和国土安全部（U.S. Department of Homeland Security，DHS）的联合网络防御协作组织（DHS Joint Cyber Defense Collaborative，JCDC）等也在该项目机制下，与私营部门开展技术信息共享和协作响应。一旦网络威胁发生，这些部门也可及时向相关实体发送预警。该机制在近年来"太阳风"（Solar Winds）供应链攻击等大型事件的应对中，得到了有效实践。[2]

2. 以色列推进网络空间"军民融合"

以色列将"军民融合"理念纳入国家安全战略，持续进行高额的军事投

---

1 "NATO's Flagship Cyber Exercise Concludes in Estonia", https://www.act.nato.int/article/cyber-coalition-23-concludes/, 访问时间：2024年3月30日。

2 "CYBERCOM's 'Under Advisement' to Increase Private-Sector Partnerships, Industry Data-Sharing in 2023", https://www.hstoday.us/subject-matter-areas/cybersecurity/cybercoms-under-advisement-to-increase-private-sector-partnerships-industry-data-sharing-in-2023/, 访问时间：2024年3月31日。

入，推行"全民皆兵"的兵役制度，实施军民两用技术的市场化运用。网络安全作为国家安全的组成部分，是以色列推行"军民融合"的重要领域与运用场域。从1959年以色列国防军推动现代计算机的引入，到第四次中东战争以色列军方信息技术的飞速发展，再到以色列国家网络局的成立，"由民及军""以军带民""军民共建"成为以色列突出的国家安全理念。[1]

2019年，以色列制定了民防技术创新计划（The Innovation Programme for Civil and Defense Technology Initiatives，INNOFENSE），鼓励有创新想法但缺乏经验的技术人员在以色列建立生产企业，鼓励军工企业的退休员工参与到民用技术的研发推广中。2023年10月，巴以冲突爆发后，以色列国防军退伍军人组建的网络安全有限公司向以色列提供了一整套基于零信任的机密计算解决方案。具有以色列国家网络安全指导委员会背景的安全公司Code Blue Cyber与以色列国防军失踪人员小组合作，用高科技手段帮助搜寻失踪和被绑架的人员。此外，以色列网络空间"军民融合"主要体现在安全防御、人才培养、产业发展以及产品设备等方面，体现出全领域、全过程、全要素的融合。在安全防御方面，以色列网络安全防御体系由军事部门以及民事部门共同构建而成，形成平时由民事部门引导，战时由军事部门指挥的统筹协调局面[2]；在人才培养方面，以色列大力培养现役军人中的网络安全人才，为以色列网络安全产业发展奠定基础；在产业发展方面，以色列网络安全产业注重军民供需侧的平衡，在产业的基础资源补给端与产品和服务的市场输出端实现互补；在产品与设备方面，以色列网络安全产品与服务普遍具有军民两用特征。

3. 美国国防高级研究计划局启动"桥梁"计划帮助科技公司加入国防项目

2023年，美国国防高级研究计划局（Defense Advanced Research Projects

---

[1] 桂畅旎：《以色列网络空间"军民融合"实践及影响》，载《中国信息安全》，2023年第5期，第92—96页。

[2] "Israel Defense Forces and National Cyber Defense"，https://connections-qj.org/article/israel-defense-forces-and-national-cyber-defense，访问时间：2024年2月1日。

Agency，DARPA）发起名为"桥梁"（Bridges）的试点计划。[1] 根据该计划，美国国防高级研究计划局与由美国政府资助的网络安全机构麦特公司（Mitre）合作，帮助有资格竞标美国国防合同的公司申请从事机密计划所需的安全许可。该计划让传统上不与美国政府合作的小型公司同国防部的机密研发工作建立联系，帮助更多初创企业、中小企业和非传统国防承包商参与国防项目。[2] DARPA将定期在"桥梁"项目框架下征集开展合作的技术主题，卫星天线设计是试点计划的第一个主题。

四、各方关于国际冲突中网络行动规则的讨论

（一）联合国《特定常规武器公约》致命性自主武器系统专家组开展讨论

人工智能的迅速发展促进了关于致命性自主武器系统的讨论。虽然人工智能并非自主武器系统使用的先决条件，但应用该技术将强化这些武器系统的自主性。联合国秘书长曾在题为《新和平纲领》（New Agenda for Peace）的政策简报中，呼吁各国在2026年前达成具有约束力的协议，禁止无人控制或监督的致命性自主武器系统。[3]

2023年3月6日至10日、5月15日至19日，联合国《特定常规武器公约》（CCW）致命性自主武器系统（LAWS）专家组在瑞士日内瓦举办了两次年度会议。2023年度LAWS专家组会议达成的重要结论包括：第一，对致命性自主武器系统的定义和描述应当考虑这些技术的发展前景。第二，致命性自主武器系统需要遵守国际人道主义法，并加以控制。第三，各国必须确保该类武器系统在整

---

[1] "DARPA launches new program to let small innovators behind the classified curtain", https://federalnewsnetwork.com/defense-news/2022/09/darpa-launches-new-program-to-let-small-innovators-behind-the-classified-curtain/, 访问时间：2024年3月8日。

[2] "DARPA launches BRIDGES initiative with first topic", https://intelligencecommunitynews.com/darpa-launches-bridges-initiative-with-first-topic/, 访问时间：2024年4月18日。

[3] "Lethal Autonomous Weapon Systems (LAWS)", https://disarmament.unoda.org/the-convention-on-certain-conventional-weapons/background-on-laws-in-the-ccw/, 访问时间：2024年5月4日。

个生命周期内，遵守国际法和国际人道主义法；如果必要，各国应对武器系统可攻击的目标类型、操作的持续时间、地理范围和规模等进行限制，并为人类操作者提供适当的培训。第四，各国在研究、发展、取得或运用一种新的武器、作战手段或方法时，必须确定国际法是否禁止使用这种武器、手段或方法；鼓励各国自愿交流最佳实践等。[1] 一些国家和地区提交了对人工智能在内的自主武器系统的看法及建议。

俄罗斯表示，在2022年批准了一份名为《俄罗斯武装部队发展和使用人工智能技术武器系统的活动概念》的文件，旨在巩固武装部队开发和使用人工智能技术武器系统的原则（包括安全性、透明性、技术主权、负责任、控制等基本原则），并确保其遵循包括国际人道主义法在内的国际法。俄罗斯在2023年提交的意见中还指出，需要在整个生命周期内对带有人工智能技术的武器系统进行控制，防止其落入可能用于恶意目的的非国家行为体手中；俄罗斯将在严格遵守国际法规范的前提下，利用人工智能技术维护国防能力。[2]

澳大利亚、加拿大、日本、波兰、韩国、英国和美国共同提交了《基于国际人道主义法对自主武器系统实施禁止和其他监管措施的草案条款》。这些条款包括：防止使用在任何情况下都无法符合国际人道主义法的自动武器系统；国际人道主义法规范自主武器系统使用的基本原则；确保区分攻击行为、相称原则、预防措施、问责制等有效执行。[3]

10月12日，第七十八届联合国大会第一委员会通过了一项由奥地利、比利

---

[1] "Report of the 2023 session of the Group of Governmental Experts on Emerging Technologies in the Area of Lethal Autonomous Weapons Systems", https://docs-library.unoda.org/Convention_on_Certain_Conventional_Weapons_-Group_of_Governmental_Experts_on_Lethal_Autonomous_Weapons_Systems_(2023)/CCW_GGE1_2023_2_Advance_version.pdf，访问时间：2024年5月4日。

[2] "Concept of Activities of the Armed Forces of the Russian Federation in the Development and Use of Weapons Systems with Artificial Intelligence Technologies", https://docs-library.unoda.org/Convention_on_Certain_Conventional_Weapons_-Group_of_Governmental_Experts_on_Lethal_Autonomous_Weapons_Systems_(2023)/CCW_GGE1_2023_WP.5_0.pdf，访问时间：2024年5月4日。

[3] "Draft articles on autonomous weapon systems–prohibitions and other regulatory measures on the basis of international humanitarian law", https://docs-library.unoda.org/Convention_on_Certain_Conventional_Weapons_-Group_of_Governmental_Experts_on_Lethal_Autonomous_Weapons_Systems_(2023)/CCW_GGE1_2023_WP.4_US_Rev2.pdf，访问时间：2024年5月4日。

时、德国、意大利、墨西哥等27个国家提起的关于"致命性自主武器系统"的决议草案。[1] 该决议草案以164票赞成、5票反对（白俄罗斯、印度、马里、尼日尔、俄罗斯）、8票弃权（中国、朝鲜、伊朗、以色列、沙特阿拉伯、叙利亚、土耳其、阿联酋）的结果获得通过。各国普遍认为，国际社会迫切需要应对自主武器系统带来的挑战和引起的关切，《特定常规武器公约》及致命性自主武器系统专家组是讨论这一话题的合适场所。[2]

延伸阅读

联合国《特定常规武器公约》及致命性自主武器系统专家组

1980年，联合国通过《特定常规武器公约》（全称《禁止或限制使用某些可被认为具有过分伤害力或滥杀滥伤作用的常规武器公约》[Convention on Prohibitions or Restrictions on the Use of Certain Conventional Weapons which may Be Deemed to Be Excessively Injurious or to Have Indiscriminate Effects]），旨在处理违反国际人道主义法使用某些被认为具有过分伤害力或滥杀滥伤作用的常规武器的问题。《特定常规武器公约》包括一项载有一般规定的框架公约，以及附加的第一、第二、第三、第四、第五议定书和经修正的第二议定书。每五年举办一次的审议大会是该公约的审查机制，负责审议这些文书的现状和运作情况，并制定进一步的准则，会议还可以就特定专题任务设立政府专家组。[3]

2016年，在前几年非正式会议讨论的基础上，《特定常规武器公约》第五次审议大会通过决议设立了"与致命性自主武器系统领域新兴技术有关的不限成员名额的政府专家小组"，自2017年开始每年举办

---

[1] "致命自主武器系统"决议草案，https://documents.un.org/doc/undoc/ltd/n23/302/65/pdf/n2330265.pdf，访问时间：2024年5月4日。

[2] "First Committee Approves New Resolution on Lethal Autonomous Weapons, as Speaker Warns 'An Algorithm Must Not Be in Full Control of Decisions Involving Killing'"，https://press.un.org/en/2023/gadis3731.doc.htm，访问时间：2024年5月4日。

[3] "《禁止或限制使用某些可被认为具有过分伤害力或滥杀滥伤作用的常规武器公约》简介"，https://front.un-arm.org/wp-content/uploads/2024/05/Intro-to-CCW-Chinese.pdf，访问时间：2024年5月3日。

正式会议。[1] 2021年第六次审议大会决定该小组继续开展相关工作，并提出小组应在前期工作基础上，考虑参考公约议定书以及其他相关规范或操作框架，推动以协商一致方式制定可能采取的措施。[2]

中国是《特定常规武器公约》及其五个附加议定书的完全缔约国，致力于增强公约有效性和普遍性，每年按时提交国家履约报告，并向公约"履约支持机构"提供捐款。中国高度重视解决有关武器滥用造成的人道、法律、伦理危机，支持在公约框架下就致命性自主武器系统问题进行广泛深入的讨论，并积极参加政府专家组工作。[3]

关于"致命性自主武器系统"的定义，各国尚未达成共识。[4] 根据官方发布的综合性文件，中国于2022年提出了"不可接受的自主武器系统"（Unacceptable Autonomous Weapons System）和"可接受的自主武器系统"（Acceptable Autonomous Weapons System），前者主要特征是致命性、自主性（无须人类干预和控制）、无法终止、无差别杀戮、能够通过自主学习进化；后者可能具有高度的自主性，但始终处于人类的控制之下。美国、英国、韩国、日本、加拿大、澳大利亚在2023年提出将"自主武器系统"定义为具有自主功能的新型且更复杂的武器系统，包括一旦启动就能够自行识别、选择并使用致命武力打击目标，无须操作者进一步干预的武器系统。俄罗斯在2022年提出对"致命性自主武器系统"的定义不应限制技术进步，也不应对和平用途的机器人技术和人工智能研究产生不利影响，相关定义应符合以下要求：一是包含武器类型描述、生产和测试条件以及使用程序；二是不局限于当前理解，应放眼于未来；三是在各类专家群体中已经形成了普遍

---

1 "Final Document of the Fifth Review Conference", https://unoda-documents-library.s3.amazonaws.com/Convention_on_Certain_Conventional_Weapons_-_Fifth_Review_Conference_(2016)/FinalDocument_FifthCCWRevCon.pdf, 访问时间：2024年5月3日。

2 "Final Document of the Sixth Review Conference", https://documents.un.org/doc/undoc/gen/g22/330/28/pdf/g2233028.pdf, 访问时间：2024年5月3日。

3 《特定常规武器公约》，https://www.mfa.gov.cn/web/wjb_673085/zzjg_673183/jks_674633/zclc_674645/cgjk_674657/200802/t20080229_7669122.shtml, 访问时间：2024年5月3日。

4 "Lethal Autonomous Weapon Systems (LAWS)", https://disarmament.unoda.org/the-convention-on-certain-conventional-weapons/background-on-laws-in-the-ccw/, 访问时间：2024年5月3日。

认知。芬兰、法国、德国、意大利、西班牙等欧洲国家于2022年提出，各国应承诺禁止完全自主的致命性武器系统在没有人类控制和指挥的情况下使用；应对其他具有自主特征的致命性武器系统进行规范，以确保其遵守国际人道主义法。[1]

（二）红十字国际委员会发布战争期间平民黑客交战规则

红十字国际委员会（ICRC）持续关注武装冲突中的网络行动对平民造成的威胁问题。2019年11月，红十字国际委员会提交关于国际人道法与武装冲突中的网络行动立场文件，讨论在武装冲突期间采用网络行动作为作战手段和方法，认为国际人道法应适用于武装冲突期间的网络行动。

在俄乌冲突和巴以冲突中，越来越多的平民通过黑客活动参与到武装冲突中。2023年10月4日，红十字国际委员会法律顾问蒂尔曼·罗登豪瑟（Tilman Rodenhäuser）和新型数字战争技术顾问毛罗·维格纳蒂（Mauro Vignati）发布《战争期间"平民黑客"的八条规则以及各国约束平民黑客的四项义务》[2]，强调国际人道法要求即使在网络空间，所有行动都必须遵守保护平民的基本原则。他们提出了平民黑客在战争期间必须遵守的八条规则，以减少对平民的影响。红十字国际委员会呼吁各国在鼓励或要求平民参与军事网络行动时，应充分考虑平民受害的风险，并制定执行规范民间黑客行为的国家法律。文章中提到各国需承担四项责任：一是对在国家指示、指导或控制下行事的平民黑客行为承担国际法律责任；二是不得鼓励平民或团体采取违反国际人道法的行为；三是履行尽职调查义务，以防止平民黑客在其领土上违反国际人道法；四是有义务起诉构成战争罪的罪行，并采取必要措施制止其他违反国际人道法的行为。

2023年10月19日，红十字国际委员会以数字威胁全球顾问委员会（ICRC's

---

[1] "Non-exhaustive compilation of definitions and characterizations", https://docs-library.unoda.org/Convention_on_Certain_Conventional_Weapons_-Group_of_Governmental_Experts_on_Lethal_Autonomous_Weapons_Systems_(2023)/CCW_GGE1_2023_CRP.1_0.pdf，访问时间：2024年5月4日。

[2] "8 rules for 'civilian hackers' during war, and 4 obligations for states to restrain them", https://blogs.icrc.org/law-and-policy/wp-content/uploads/sites/102/2023/10/8-rules-for-civilian-hackers-during-war-and-4-obligations-for-states-to-restrain-them-Humanitarian-Law-Policy-Blog.pdf，访问时间：2024年2月29日。

Global Advisory Board on Digital Threats）名义发布了《保护平民免受武装冲突期间的数字威胁》报告。[1] 该报告就武装冲突期间平民面临的潜在数字威胁进行分析，分别对交战方、国家、科技公司以及人道主义组织提出了25条具体建议。这些建议基于四项总体指导原则：第一，数字空间并非法外空间，这也适用于武装冲突期间；第二，需要在立法、政策以及程序上加大力度，保护平民免受数字威胁；第三，政治和军事领导人应当关注平民保护问题；第四，国家、科技公司、人道主义组织、公民社会以及其他利益相关方应携手利用数字技术，加强对平民的保护。数字威胁全球顾问委员会由红十字国际委员会于2021年6月推动成立，成员来自牛津大学、斯坦福大学、美洲国家法律委员会、微软、英国皇家国际事务研究所、澳大利亚国立大学科技政策设计中心、伏羲智库等机构。

（三）海牙国际峰会讨论人工智能军事化问题

2023年2月15日至16日，荷兰海牙首届"军事领域负责任使用人工智能峰会"召开，来自多国政府、科技企业和公民社会组织的约2000名代表出席会议。中国、美国等60多国在会上签署一项行动倡议[2]，明确了人工智能飞速发展的积极意义及其可能存在的严重风险，并针对这种情况提出了一些措施，包括成立一个全球委员会，以明确人工智能在战争中的用途并制定一些指导方针。该倡议签署国承诺，将在遵守国际法以及维护国际安全、稳定与问责制的前提下使用军事人工智能。

延伸阅读

"军事领域负责任地使用人工智能峰会"行动倡议主要内容

该倡议指出，人工智能正在从根本上影响和改变世界，且人工智能作为一种通用技术在军事领域中的作用日益凸显。然而，应当认识到其

---

[1] "Protecting Civilians Against Digital Threats During Armed Conflict", https://www.icrc.org/en/document/protecting-civilians-against-digital-threats-during-armed-conflict，访问时间：2024年4月1日。

[2] "REAIM 2023 Call to Action", https://www.government.nl/documents/publications/2023/02/16/reaim-2023-call-to-action，访问时间：2024年5月26日。

中也有风险，且许多风险迄今无法预见。全世界都在关注人工智能在军事领域应用存在的风险挑战，包括人工智能系统潜在的不可靠问题、问责困难和潜在的意外后果，以及在武装力量范围内意外升级的风险等。

因此，各国应采取适当措施，确保在军事领域负责任地使用人工智能，遵守国际法，履行国际义务，以不损害国际安全、稳定和问责制的方式使用人工智能。具体而言，主要包括直面人工智能在军事领域的机遇和挑战、提高对在军事领域运用人工智能的影响的理解、采取对决策负责和问责的基本原则、评估在军事领域应用人工智能技术所涉及的风险等二十五项具体措施。

（四）美国与45个国家和地区实施《关于在军事上负责任地使用人工智能和自主技术的政治宣言》

2023年11月1日，美国政府宣布正式实施《关于在军事上负责任地使用人工智能和自主技术的政治宣言》。[1] 自2023年2月在荷兰海牙军事人工智能国际峰会发布后，截至2023年11月13日，澳大利亚、英国、加拿大、芬兰、法国、德国、日本、荷兰、新加坡等45个国家和地区表态支持该宣言，美国将与其他支持国家合作，共同实施宣言。[2] 美国军备控制、威慑和稳定局（Bureau of Arms Control, Deterrence and Stability）发布声明表示，该宣言旨在推动国际社会就军事领域使用人工智能的行为规范建立共识，并指导各国在军事领域开发、部署和应用人工智能。根据宣言，美国与签署国将定期开展对话讨论相关规范框架。这表明美国已加强人工智能军事应用领域议题设置，加快抢占人工智能治理国际规则话语权和制定权。

---

[1] "Building Consensus on the U.S. Framework for a Political Declaration on the Responsible Military Use of Artificial Intelligence and Autonomy"，https://www.state.gov/building-consensus-on-the-u-s-framework-for-a-political-declaration-on-the-responsible-military-use-of-artificial-intelligence-and-autonomy/，访问时间：2024年3月15日。

[2] "Political Declaration on Responsible Military Use of Artificial Intelligence and Autonomy"，https://www.state.gov/political-declaration-on-responsible-military-use-of-artificial-intelligence-and-autonomy-3/，访问时间：2024年4月17日。

宣言强调，人工智能系统的设计、开发和使用应遵循透明、可追溯和可信赖的原则。各国应确保其在军事应用中的合法性，确保符合国际法，特别是国际人道法和国际人权法。宣言还提出了一系列措施，以确保军事人工智能系统的可靠性和安全性。这些措施包括对可能造成广泛或严重伤害的人工智能系统进行严格监督，采取措施减少系统因算法或数据集偏见而产生的歧视性现象，确保人工智能系统的决策过程可追溯、可审查，加强针对操作人员的培训，明确人工智能的具体用途，以及提升人工智能系统在面对网络攻击和其他安全威胁时的韧性等。[1]

美国在人工智能问题上的两面性不断凸显。其一方面支持联合国等多边机制层面推出关于人工智能国际合作的决议；另一方面却通过加大出口管制和投资审查、限制正常学术交流等，打压其他国家人工智能发展。美国一方面主导推出《关于在军事上负责任地使用人工智能和自主技术的政治宣言》，宣称人工智能军事应用需符合国际法；另一方面却持续推进人工智能军事化应用布局，开展颠覆性技术部署应用，将自主无人系统广泛应用于军事行动，以谋取军事竞争主动权，严重加剧全球人工智能军事化，其做法引发全球广泛担忧。

---

[1] 详见本书第二章"人工智能发展与治理"，第64—65页。

第二部分

2023 年网络空间全球治理大事记汇编

1月

1. 中国台湾地区《产业创新条例》修正案生效

1月1日，有"台版芯片法案"之称的《产业创新条例》修正案生效，实施期为7年。该方案面向半导体等产业技术创新型公司，提供税收优惠政策。[1] 修正案规定，在台湾进行前瞻技术创新，且居国际供应链关键地位的公司，符合"适用资格条件者"，其在前瞻创新研究发展的25%支出可抵减当年度应纳营利事业所得税额，购置先进设备的5%支出抵减当年度营利事业所得税额，且无投资抵减支出金额上限。单项投资抵减总额不得超过当年度纳税额的30%，两项同时申请则以税额的50%为限。[2]

2. 美国国防部牵头启动"实现微电子革命"JUMP 2.0联盟

1月4日，美国国防高级研究计划局（DARPA）与半导体研究公司（Semiconductor Research Corporation，SRC）以及行业和学术机构共同启动了"实现微电子革命"JUMP2.0联盟。[3] 作为DARPA电子复兴计划的重要组成部分，JUMP 2.0旨在显著提高一系列电子系统的性能、效率和功能，将聚焦新型材料、器件、架构、算法、设计、集成技术和其他创新，进一步解决下一代信息和通信方面的挑战。JUMP 2.0联盟围绕七个中心进行研究，以期实现适用于国防和学术界的突破，具体包括：下一代人工智能系统和架构；信息与通信技术（ICT）系统的高效通信技术；传感功能和嵌入式智能，以实现快速高效的行动生成；高能效计算和加速器结构中的分布式计算系统和体系结构；用于智能存储器系统的新兴存储器设备和存储阵列；新型光和电互连结构及先进封装；支持下一代数字和模拟应用的新型材料、器件和互连技术。

---

[1] "台湾通过产业创新条例修正草案，半导体等产业重要企业将获益"，https://www.chinanews.com/gn/2022/11-17/9896736.shtml，访问时间：2024年3月6日。

[2] "台版'芯片法案'将出台引岛内热议，台积电等回应"，https://taiwan.huanqiu.com/article/4AVy1STBcxv，访问时间：2024年4月10日。

[3] "Joint University Microelectronics Program 2.0"，https://www.src.org/program/jump2/，访问时间：2024年3月5日。

3. 美国国土安全部研究下一代网络安全分析平台

1月6日，美国国土安全部科学技术局（DHS Science and Technology Directorate，S&T）联合网络安全和基础设施安全局（CISA）启动了下一代分析生态系统项目，旨在应对不断变化的网络威胁，保护基础设施免受网络攻击。[1]科技局将牵头CISA机器学习高级分析平台项目（CAP-M）。该项目将为CISA用户提供多云协作研究环境，用于使用跨各种网络数据源的分析技术改善决策、提高态势感知，以支持网络和基础设施安全的任务。[2]

4. 谷歌要求印度法院推翻安卓操作系统反垄断罚款

1月7日，谷歌向印度最高法院提起诉讼，要求撤销印度竞争委员会之前对谷歌做出的1.6亿美元罚款裁决，该裁决将迫使谷歌改变其安卓平台的营销方式。2022年10月，印度竞争委员会宣布对谷歌处以133.8亿卢比（约1.6195亿美元）的罚款，原因是该公司存在与安卓移动设备相关的反竞争行为。此外，印度竞争委员会还要求谷歌不得向智能手机制造商提供任何激励措施，以及让其独家预装谷歌的搜索服务。[3]据了解，印度法庭曾驳回谷歌推翻一项垄断案的请求。

5. 欧盟启动"2030数字十年政策计划"的首个合作和监测机制

1月9日，欧盟"2030数字十年政策计划"（Digital Decade Policy Programme 2030）正式生效。该计划是一个服务于欧洲2030年数字化转型的监测和合作机制，旨在通过加大对5G、云计算、光纤网络等关键技术的支持力度，改善欧洲信息通信基础设施，培养数字领域高技能人才，促进中小企业数字化发展，进而推动《欧洲数字权利和原则宣言》落实。欧盟成员国与欧洲议会、欧洲理

---

[1] "CISA, DHS S&T Directorate to Develop Analytics Ecosystem for Cybersecurity", https://executivegov.com/2023/01/cisa-dhs-sandt-directorate-unveil-cap-m-project/，访问时间：2024年3月5日。

[2] "美国国土安全部启动下一代网络安全分析生态系统项目", http://www.casisd.cn/zkcg/ydkb/kjqykb/2023/kjqykb202303/202304/t20230427_6746631.html，访问时间：2024年5月7日。

[3] "Google challenges Android antitrust ruling in India's Supreme Court", https://www.reuters.com/technology/google-challenges-android-antitrust-ruling-indias-supreme-court-2023-01-07/，访问时间：2024年3月6日。

事会和欧盟委员会合作制定了以下四个领域的目标：一是提升公民数字技能；二是促进欧盟企业（包括小型企业）对人工智能、云计算等新技术的应用；三是进一步提升欧盟的连通性，推进计算和数据基础设施建设；四是促进公共服务和管理服务线上化。随着周期性合作的启动，这些目标将受到定期评估，以便在2030年全部实现。[1]

6. 美国联邦通信委员会成立太空局和国际事务办公室

1月9日，美国联邦通信委员会（FCC）投票通过成立太空局（Space Bureau）和国际事务办公室（Office of International Affairs）。该办公室将支持FCC现代化进程，确保该机构的资源得到适当调整，改善联邦政府各部门之间协调关系，支持美国21世纪卫星行业发展，应对全球通信政策变化。[2]

7. 美国众议院批准成立美中战略竞争特设委员会

1月10日，美国国会众议院以365票赞成、65票反对的压倒性结果通过决议案，批准成立美中战略竞争特设委员会（Select Committee on the Strategic Competition between the United States and the Chinese Communist Party），以制定全面策略应对来自中国不断增长的经济和战略挑战。根据决议案内容，该特设委员会最多将由16名成员组成。众议院议长将指定一名成员作为委员会主席。根据决议，特设委员会不具备立法管辖权，也无权对任何法案或决议采取立法行动，其唯一的权力是"调查"，并就中国的经济、技术、安全发展，以及与美国的竞争情况等方面提交政策建议。特设委员还需不定期向众议院或任何委员会报告其调查和研究结果，包括提供调查内容细节、政策建议和立法提议等。[3]

---

[1] "First cooperation and monitoring cycle to reach EU 2030 Digital Decade targets kicks off", https://ec.europa.eu/commission/presscorner/detail/en/ip_23_74，访问时间：2024年3月5日。

[2] "Establishment of the Space Bureau and Office of International Affairs", https://www.fcc.gov/document/establishment-space-bureau-and-office-international-affairs，访问时间：2024年3月5日。

[3] "New U.S. House creates committee focused on competing with China", https://www.reuters.com/world/us/new-us-house-creates-committee-focused-competing-with-china-2023-01-10/，访问时间：2024年3月5日。

8. 美国陆军成立零信任架构能力管理办公室

1月10日，美国陆军成立了零信任架构（Zero Trust Architecture）能力管理办公室[1]，加速推进零信任架构实施。该办公室将与陆军网络卓越中心、陆军司令部、陆军物资司令部等部门开展紧密合作，落实零信任架构，重点"建立一支经过零信任培训"的干部队伍，确保所有信息系统的安全性，防止任何未经授权的数据访问和数据泄露。零信任架构在美国陆军中的应用范围涉及所有用户、设备、应用程序和网络，包括士兵通信、指挥控制系统安全、云计算环境安全等。

9. 法国宣布投资6500万欧元加速数字农业发展

1月11日，法国宣布投资6500万欧元加速农业生态化、数字化发展。法国指出：建设数字农业是第三次农业革命的关键，法国将进一步落实法国生态农业和数字技术的新优先研究计划和设备（PEPR）目标，加速农业系统的生态转型，解决粮食、气候和环境安全问题。本次投资将主要用于：研究技术定位、作用、影响以及公共政策；动物和植物遗传资源特征鉴定，评估生态农业潜力并促进部署；发展新一代的农业设备数字技术和机器人；开发数字工具，特别是人工智能与农业数据分析方面的数字工具。[2]

10. 美国国家科学基金会公布"培育下一代网络技术人才"计划

1月11日，美国国家科学基金会（NSF）公布2023年"培育下一代网络技术人才"计划CyberCorps Scholarship for Service（CyberCorps SFS），将在2023年向9所大学提供2900万美元的资助，旨在建立强大且具有韧性的网络安全人才队伍，确保美国建设安全可靠的网络空间。该计划已资助89所大学，超过4220名受资助学生已成为网络安全方面的专家。[3]

---

1 "Zero Trust", https://www.army.mil/article/264818/zero_trust，访问时间：2024年3月5日。

2 "Agroécologie et numérique: l'État investit 65 millions d'euros pour la recherche", https://www.gouvernement.fr/actualite/agroecologie-et-numerique-letat-investit-65-millions-deuros-pour-la-recherche，访问时间：2024年3月5日。

3 "NSF provides scholarships supporting education and professional development for next generation cybersecurity experts and professionals", https://new.nsf.gov/news/nsf-provides-scholarships-supporting-education，访问时间：2024年3月5日。

11. 华为在非洲投入使用第一座绿色塔

1月12日，华为表示，其与埃及电信（Telecom Egypt）开展密切技术合作，共同建设并启用了非洲地区第一座由纤维增强聚合物（FRP）制成的环保无线网络塔（eco-friendly wireless network tower）。[1] 该塔支持无线网络天线和无线电装置，采用最新的节能技术，不仅有效降低二氧化碳排放量，在制造和运输过程中还能将端对端的能源消耗减少近一半。此外，该塔运用最新的无线接入网络技术，确保提供最佳性能；相较于传统站点，能耗也降低了40%。

12.《韩国-新加坡数字伙伴关系协定》生效

1月14日，《韩国-新加坡数字伙伴关系协定》（Korea-Singapore Digital Partnership Agreement）正式生效。[2] 该协定是两国2022年11月签署的首项数字通商协定，旨在加强在个人信息保护、电子支付、人工智能、加密技术和源代码保护等新兴领域的合作。另外，新加坡和韩国还签署了三份谅解备忘录，以促进数据交换，加强人工智能合作，落实韩新数字经济对话。

13. 韩国和阿联酋宣布加强能源、科技等领域战略合作

1月16日，韩国和阿联酋宣布将加强战略伙伴关系。双方同意在和平利用核能、常规能源和清洁能源、经济与投资、国防和国防技术等领域加强战略合作，具体包括：建立全面的战略能源伙伴关系，以加强在关键能源领域的合作；在人工智能、数据和网络等信息与通信技术方面开展联合研究与合作；在工业和先进技术领域建立战略伙伴关系，并宣布了先进制造业合作的联合倡议；修订关于空间合作的双边谅解备忘录，并将韩国科学技术信息通信部与阿联酋航天局之间的合作范围扩大到太空探索、卫星全球导航系统和地球观测等多个领域等。[3]

---

1 "Telecom Egypt, Huawei, put in service the first green tower in Africa", https://www.huawei.com/en/news/2023/1/telecom-egypt-green-tower，访问时间：2024年1月22日。

2 "The Korea-Singapore Digital Partnership Agreement Enters into Force", https://www.imda.gov.sg/resources/press-releases-factsheets-and-speeches/press-releases/2023/the-korea-singapore-digital-partnership-agreement-enters-into-force，访问时间：2024年2月21日。

3 "韩国和阿联酋宣布加强能源、科技等领域战略合作"，http://www.drciite.org/m/detail/33193，访问时间：2024年5月8日。

14. 北约与波黑宣布加强科技合作

1月17日，北约"和平与安全科学"计划（Science for Peace and Security，SPS）的专家在萨拉热窝会见了波斯尼亚和黑塞哥维那科学界代表，双方宣布将加强科技领域合作。波黑正在参与SPS多个研发项目，包括：通过人工智能和虚拟现实加强爆炸物探测；在5G网络中采用量子技术提高通信的安全性；优化燃料电池等。[1]

15. 世界经济论坛呼吁应对物联网"治理赤字"

1月17日，世界经济论坛（WEF）发布报告《互联世界状况（2023年版）》（State of the Connected World 2023 Edition）。报告指出，新冠疫情凸显物联网技术和设备的重要性，但全球针对物联网的网络攻击和数据泄露事件增加，市场透明度不足，相关行业监管和标准有待完善，用户安全防护认识薄弱。报告呼吁政府和企业加强维护物联网技术和设备安全标准制定，提升相关软件设计安全性；各国需加快完善数据安全法律法规，推动网络安全标准化实践，提升公民数字素养等，以更好应对全球网络安全格局变化。[2]

16. 互联网名称与数字地址分配机构与签约方就改进后的域名系统滥用要求进行谈判

1月18日，互联网名称与数字地址分配机构（ICANN）宣布与通用顶级域（Generic Top-Level Domain，gTLD）注册管理机构和注册服务机构利益相关方团体（RySG和RrSG）开展合作，以切实解决域名系统（Domain Name System，DNS）滥用问题。该项合作旨在确定如何改进现有《注册服务机构认证协议》（Registrar Accreditation Agreement，RAA）和《注册管理机构协议》（Registry

---

[1] "NATO and Bosnia and Herzegovina strengthen science and technology cooperation"，https://www.nato.int/cps/en/natohq/news_210741.htm?selectedLocale=en，访问时间：2024年3月11日。

[2] "State of the Connected World 2023 Edition"，https://www.weforum.org/reports/state-of-the-connected-world-2023-edition，访问时间：2024年3月11日。

Agreement，RA）中涉及域名系统滥用的条款。[1] 同年6月，ICANN表示已成功就针对性修订RAA和RA中涉及域名系统滥用的条款达成共识，拟公开发布拟定修订案征询ICANN社群意见，并按照规定启动公共评议程序。

17. 美国网络安全和基础设施安全局发布IPv6安全指南最终版

1月20日，美国网络安全和基础设施安全局（CISA）正式发布了《可信互联网连接（TIC）3.0的互联网协议版本6（IPv6）注意事项》的最终指南版本。这份指南旨在为联邦部门及机构在IPv6过渡过程中，提供与TIC 3.0实施紧密相关的安全指导，同时增进各机构对IPv6的理解，提升对IPv6安全因素的认知，并调整TIC 3.0的安全目标以更好地支持IPv6的部署。[2]

18. 美国司法部起诉谷歌非法垄断数字广告市场

1月24日，美国司法部联合纽约州、加利福尼亚州等8个州共同对谷歌公司发起反垄断诉讼，指控其非法垄断数字广告市场。司法部认为，谷歌"通过对网络发布商、广告商和经纪商用于推广数字广告的大量高科技工具进行系统性控制，破坏了广告技术行业的合法竞争"，"使用了反竞争、排他性和非法的手段消除或显著削弱任何对其在数字广告技术领域统治地位的威胁"，并通过一系列收购行为来清除广告技术领域的实际或潜在竞争对手，利用其在数字广告市场的主导地位，迫使更多网络发布商和广告商使用其产品，破坏后者有效使用竞争对手产品的能力。司法部请求弗吉尼亚州东区联邦地方法院强制谷歌出售大部分广告技术产品，以拆分其数字广告业务，并阻止其垄断行为。[3]

---

1 "ICANN and Contracted Parties Negotiate about Improved DNS Abuse Requirements"，https://www.icann.org/en/blogs/details/icann-and-contracted-parties-negotiate-about-improved-dns-abuse-requirements-18-01-2023-en，访问时间：2024年2月13日。

2 "Internet Protocol Version 6 Considerations for Trusted Internet Connections 3.0"，https://www.cisa.gov/sites/default/files/2023-02/cisa_ipv6_considerations_for_tic_3.0.pdf，访问时间：2024年3月6日。

3 "美司法部起诉谷歌非法垄断数字广告市场"，http://www.news.cn/world/2023-01/25/c_1129311898.htm，访问时间：2024年3月6日。

19. 德国发布新非洲战略

1月24日，德国联邦经济合作与发展部（Bundesministerium für wirtschaftliche Zusammenarbeit，BMZ）发布名为"与非洲共同塑造未来"（Shaping the Future with Africa）的新非洲战略，计划通过以下方式促进整个非洲数字合作：加强相关的经济和政治框架；创建数字市场；实现安全、普遍的互联网访问并弥合数字鸿沟；促进法律标准和数据隐私法规；刺激信息与通信技术部门创造就业机会。此外，德国还将调动对数字基础设施的投资并支持非洲自由贸易区建设，指导非洲发展合作，如提升妇女数字素养，推动医疗数字化及公共部门数字化。[1]

20. 欧盟通过跨境获取电子证据法规和指令草案

1月25日，欧盟理事会和欧洲议会就跨境获取电子证据的相关法规和指令草案达成协议。相关规定将使欧盟当局可直接向其他成员国相关数据提供方发送获取电子证据的司法指令。相关司法指令可涵盖各种类别的数据，包括用户、交易和内容数据，但只适用于满足特定条件的罪行，如在指令发起国可判处最高3年监禁，或与网络犯罪、恐怖主义等有关的罪行。欧盟轮值主席国瑞典司法部部长表示，新规则使法官和检察官能在证据消失前快速取证。[2]

21. 美国和欧盟在网络领域达成新合作

1月26日，美国国土安全部部长亚历杭德罗·N. 马约卡斯（Alejandro N. Mayorkas）和欧盟内部市场专员蒂埃里·布雷顿（Thierry Breton）就美国和欧盟在网络领域的合作发布联合声明。声明指出，双方将进一步加强在网络韧性方面的合作，具体包括：在信息共享、态势感知和网络安全应急响应领域，启

---

[1] "Shaping the future with Africa: The Africa Strategy of the BMZ", https://www.bmz.de/resource/blob/137602/bmz-afrika-strategie-en.pdf，访问时间：2024年3月6日。

[2] "Electronic evidence: Council confirms agreement with the European Parliament on new rules to improve cross-border access to e-evidence", https://www.consilium.europa.eu/en/press/press-releases/2023/01/25/electronic-evidence-council-confirms-agreement-with-the-european-parliament-on-new-rules-to-improve-cross-border-access-to-e-evidence/，访问时间：2024年3月6日。

动专门的工作流程；确立关键基础设施的网络安全和事件报告要求；确保硬件和软件网络安全。[1]

22. 美国国防部发布《小型企业战略》

1月26日，美国国防部发布《小型企业战略》（Small Business Strategy），将通过降低小企业进入壁垒、增加预留份额、统一规划等举措，建立强大、动态的小企业工业基础。该战略将通过三个方面充分释放小型企业的潜力：对小型企业活动实施统一的管理方法；确保为国防部提供关键部件和尖端技术的小型企业活动符合国家安全优先事项；加强国防部的参与及对小型企业的扶持。该战略指出，美国国防部将积极为小型企业提供网络安全培训和资源，加强对小型企业教育，以帮助提高其抵御网络威胁、知识产权侵权以及外国控制或影响的能力。[2]

23. 欧盟与美国启动人工智能全面合作

1月27日，欧盟与美国签署《基于公共利益运用人工智能技术的行政协议》（Administrative Arrangement on Artificial Intelligence for the Public Good），旨在通过加强人工智能技术的研发和应用，以共同应对气候变化、自然灾害等挑战，并促进医疗保健、电力供应及农业等领域的发展。该协议基于《未来互联网宣言》（Declaration for the Future of the Internet）中表达的原则，以及使用新兴数字技术解决全球挑战的共同利益和价值观，将由美国和欧盟的相关机构在这一领域开展工作。[3]

---

[1] "Joint Statement by United States Secretary of Homeland Security Mayorkas and European Union Commissioner for Internal Market Breton", https://ec.europa.eu/commission/presscorner/detail/en/STATEMENT_23_394，访问时间：2024年3月6日。

[2] "Small Business Strategy", https://media.defense.gov/2023/Jan/26/2003150429/-1/-1/0/SMALL-BUSINESS-STRATEGY.PDF，访问时间：2024年3月6日。

[3] "The European Union and the United States of America strengthen cooperation on research in Artificial Intelligence and computing for the Public Good", https://digital-strategy.ec.europa.eu/en/news/european-union-and-united-states-america-strengthen-cooperation-research-artificial-intelligence，访问时间：2024年3月6日。

24. 日本禁止向俄罗斯出口可用于加强军事能力的物资

1月27日，日本经济产业省（METI）对俄罗斯追加新的制裁措施，扩大出口禁令并冻结部分俄罗斯官员和实体的资产。其中包括从2月3日起，禁止向俄罗斯49个组织运送可用于加强其军事能力的物资，如半导体设备、疫苗、X射线检测设备以及机器人等。[1]

25. 美国和中东盟国在《亚伯拉罕协议》中纳入网络合作

1月31日，美国与中东和北非盟国宣布扩大《亚伯拉罕协议》（Abraham Accords），纳入网络安全相关内容。这是美国和中东之间最新的网络合作，该合作将在现有的美国与以色列和阿联酋网络合作之上进行拓展，巴林和摩洛哥也将加入其中。纳入的网络安全合作将包括增加有关网络威胁的信息共享，并可能增加桌面演习。[2]

26. 美国国防部重新启动"全球信息优势实验"项目

1月31日，美国国防部首席数字和人工智能办公室（CDAO）重新启动"全球信息优势实验"（Global Information Dominance Experiment，GIDE）项目，旨在将先进的人工智能和数据分析技术引入作战系统中。该项目是GIDE的第五次迭代，将以虚实结合的方式进行实验。[3]

27. 万维网联盟转型成为公益性非营利组织

1月31日报道称，万维网联盟（World Wide Web Consortium，W3C）于2023年正式转型成为公益性非营利组织。转型后的新实体保持着由成员驱动

---

[1] "Japan tightens Russia sanctions, expands export ban list", https://www.aljazeera.com/economy/2023/1/27/japan-bans-exports-of-robots-semiconductor-parts-to-russia，访问时间：2024年3月11日。

[2] "US, Middle Eastern allies include cyber collaboration in Abraham Accords", https://thehill.com/policy/cybersecurity/3838236-us-middle-eastern-allies-include-cyber-collaboration-in-abraham-accords/，访问时间：2024年3月6日。

[3] "Defense Kicks Off First Series of Global Information Dominance Experiments Program", https://www.nextgov.com/artificial-intelligence/2023/01/defense-kicks-first-series-global-information-dominance-experiments-program/382400/，访问时间：2024年3月12日。

的工作模式及现有的全球扩展与合作,并且在覆盖欧洲与亚洲的同时,能够在世界其他各地建立更多的合作伙伴。作为一个全球化的组织,新实体继续秉承联盟的核心使命与工作流程,携手W3C成员、团队雇员以及国际社区制定开放Web标准,共同引领Web发展。[1] W3C创建于1994年,在成为独立的非营利组织之前,主要由四个签署联合协议的总部机构共同运营,包括美国麻省理工学院、欧洲信息数学研究联盟、日本庆应义塾大学、中国北京航空航天大学。[2]

2月

1. 美国和印度扩大科研合作

2月1日,美国国家科学基金会和印度共同签署一项协议,旨在简化两国科研资助流程,扩大两国科研领域合作。根据该协议,美国国家科学基金会将与印度在计算机科学和工程、地球科学、数学和物理科学、工程学以及新兴技术领域开展合作,以适应技术领域发展和研究的需要。本次合作是落实美印"关键和新兴技术"倡议(iCET)[3]的举措。[4]

2. 英国国防部发布《国防云战略路线图》

2月2日,英国国防部发布《国防云战略路线图》(Cloud Strategic Roadmap for Defense),概述了实现"超大规模云生态系统"的愿景及可交付成果,旨在推动采用人工智能、大数据、分析、机器学习、机器人和合成材料等领域的新兴技术。该路线图提出了到2025年需要实现的云战略目标:提供安全和

---

[1] "W3C re-launched as a public-interest non-profit organization", https://www.w3.org/news/2023/w3c-re-launched-as-a-public-interest-non-profit-organization/,访问时间:2024年1月20日。
[2] "关于W3C中国", https://www.chinaw3c.org/about.html,访问时间:2024年1月20日。
[3] 详见本书第六章"数字技术发展与国际合作",第165页。
[4] "NSF signs U.S.-India implementation arrangement to streamline the process of funding projects between the two nations", https://new.nsf.gov/news/nsf-signs-us-india-implementation-arrangement,访问时间:2024年3月11日。

可扩展的平台获得战略军事优势；采用最先进的技术推动创新；推动技术开发，从而提高效率和经济价值；赋能相关人员的数字作战能力；整合云生态系统内的合作伙伴等。路线图还公布了一项为期3年的"云能力"计划，包括在2024年初国防人工智能中心实现全面作战能力，以及各军事领域的云服务迁移计划；详细说明了要取得的战略成果，包括能够提供安全和可扩展的平台，采用超大规模云服务所支持的新兴技术，利用云服务来促进传感器和效应器的无缝连接等。[1]

3. 沙特和阿曼共同投资海底光缆

2月4日，沙特通信和信息技术部（Ministry of Communications and Information Technology，MCIT）与阿曼交通、通信和信息技术部（Ministry of Transport, Communications and Information Technology，MTCIT）签署了一项通信、信息技术基础设施及海底光缆投资领域的执行协议。该协议旨在促进对穿越两国的海底和陆地光缆投资。该协议的签署将创建一个共同工作环境，以加强两国在通信和信息技术服务基础设施，以及数据交换高速数字互联领域的合作。该协议还旨在通过投资实体（entity）和特许公司（licensed company）的方式，推动区域数字化连接（regional digital connectivity），并扩大对全球数据中心和云服务的投资，支持数字经济发展。[2]

4. 印度和欧盟宣布成立新的贸易和技术委员会

2月6日，印度和欧盟宣布成立新的贸易和技术委员会（India-EU Trade and Technology Council，TTC），旨在深化两国在贸易和技术方面的战略伙伴关系。TTC是一个深化印度与欧盟合作，协调双方共同应对贸易关系、可信技术和安全方面挑战的战略协调机制。委员会下设战略技术、数字治理、数字互联

---

[1] "Cloud Strategic Roadmap for Defence"，https://www.gov.uk/government/publications/cloud-strategic-roadmap-for-defence/cloud-strategic-roadmap-for-defence#ends，访问时间：2024年3月11日。

[2] "Saudi Arabia, Oman to support digital economy growth, invest in underwater cables"，https://www.arabnews.com/node/2244876/saudi-arabia，访问时间：2024年1月26日。

互通工作组，绿色和清洁能源技术工作组，贸易、投资和韧性价值链工作组。各工作组负责联络各利益相关方，有效落实委员会部长级会议成果。[1]

5. 沙特吸引超90亿美元投资以推动数字化转型

2月6日，沙特通信和信息技术部大臣阿卜杜拉·苏瓦哈（Abdullah Alswaha）在出席LEAP23科技展[2]时宣布吸引到超过90亿美元投资，支持未来数字化转型。其中，微软计划投资21亿美元以牵头建造一个超级规模的"云"。甲骨文（Oracle）计划投资15亿美元提高沙特的云计算能力（cloud-computing capacity）。华为计划投资4亿美元以加强沙特云基础设施建设。此外，苏瓦哈强调，后续沙特还将重点关注金融、健康技术、物联网、定量科学、卫星和太空等领域，为自身经济发展转型做好前期准备。[3]

6. 印尼央行拟继续加强数字货币政策

2月6日，印尼信息门户网站（Portal Informasi Indonesia）发布消息称，印尼央行拟继续加强数字货币政策，加快支付系统数字化，保持支付系统稳定，提高支付系统效率，以促进经济快速发展。此前，印尼央行已采取多种举措以推动数字货币，包括推出印尼标准快速响应码（The Quick Response Code Indonesian Standard，QRIS）[4]系统、鼓励村镇银行与企业合作、鼓励电子商务

---

[1] "EU-India's new Trade and Technology Council to advance work in digital transformation, green technologies and trade"，https://dig.watch/updates/eu-indias-new-trade-and-technology-council-to-advance-work-in-digital-transformation-green-technologies-and-trade，访问时间：2024年3月11日。

[2] LEAP大会创办于2022年，是沙特政府支持国家数字化转型、加强信息技术领域的网络安全和治理以及提高国家竞争力所采取的应对方案之一。LEAP23科技展指沙特第二届LEAP大会，于2023年2月6日至9日在沙特首都利雅得国际会展中心举行，会议注册人数超过25万，共有来自世界各地的1000多名投资者参加会议。

[3] "Saudi Arabia announces investments of more than \$9bn to boost digital transformation"，https://www.thenationalnews.com/business/economy/2023/02/06/saudi-arabia-announces-investments-of-more-than-9bn-to-boost-digital-transformation/，访问时间：2024年1月26日。

[4] 印尼标准快速响应码是印尼的国家标准化二维码，由印尼中央银行和印尼支付协会监管，于2019年8月17日首次推出，并于2020年1月1日起在Midtrans（印尼本土的支付网关）中作为付款方式提供，使得来自不同公司的电子钱包（如GoPay、OVO、Dana、LinkAja）和移动银行APP（如BCA、Sinarmas、Maybank）可以在同一个二维码扫描系统中使用。

的独角兽地位、推出数字卢比发展白皮书等。借助印尼担任2023年东盟轮值主席国的势头，印尼央行推出QRIS，该系统日后可以在新加坡、马来西亚、泰国和菲律宾等邻国使用。[1]

延伸阅读

印尼积极推动数字货币交易发展

2022年7月21日，印尼央行宣布进行央行数字货币（CBDC）概念设计。[2] 11月30日，印尼央行公布了使用区块链技术的央行数字货币白皮书。白皮书指出，印尼央行数字货币将以批发和零售两种方式发行，整个项目将分为三个阶段，首先开发批发型数字卢比，其次是将数字卢比扩大到货币业务，最后是整合批发型和零售型数字货币。

---

7. 美国国家标准与技术研究院确定轻量级物联网加密标准算法

2月7日，美国国家标准与技术研究院（NIST）宣布，选中ASCON[3]作为轻量级物联网设备加密标准算法，来保护物联网和其他小型电子产品（如植入式医疗设备、道路和桥梁内的压力检测器以及车辆的无钥匙入口）创建和传输的数据。[4]

8. 德国发布《未来研究与创新战略》

2月8日，德国联邦教育和研究部主导并制定了《未来研究与创新战略》

---

[1] "Transaksi Uang Elektronik Melejit"，https://www.indonesia.go.id/kategori/indonesia-dalam-angka/6855/transaksi-uang-elektronik-melejit?lang=1，访问时间：2024年2月24日。

[2] "Proyek Garuda Menuju Terwujudnya Rupiah Digital"，https://www.indonesia.go.id/kategori/indonesia-dalam-angka/6936/proyek-garuda-menuju-terwujudnya-rupiah-digital?lang=1，访问时间：2024年2月24日。

[3] 轻量级密码算法是用于保护计算资源有限的物联网和微型设备创建和传输资料的专用密码算法。Ascon作为轻量级密码学标准算法，是轻量级密码算法中的佼佼者。

[4] "NIST Selects 'Lightweight Cryptography' Algorithms to Protect Small Devices"，https://www.nist.gov/news-events/news/2023/02/nist-selects-lightweight-cryptography-algorithms-protect-small-devices，访问时间：2024年3月11日。

（Zukunftsstrategie Forschung und Innovation），旨在建设创新型国家。该战略为德国创新发展确定了三个总体目标：保持、扩大和重新获得在某些领域的技术领先地位；加强从研究到应用的转移；提高全社会各领域技术开放程度。具体布局了六个方向的重点任务：循环经济和可持续发展，设计有竞争力的工业产品；气候保护与气候适应，保护粮食安全；改善人类健康；发展数字技术和保护德国技术主权；探索、发展、可持续利用太空和海洋；保持社会韧性与多样性。[1]

9. 英国成立科学、创新和技术部

2月7日，英国新任首相里希·苏纳克宣布，将商业、能源和产业战略部（Department for Business, Energy & Industrial Strategy，BEIS）拆分成3个部门，分别是科学、创新和技术部（DSIT），能源安全和净零排放部，以及商业贸易部。新成立的DIST由原数字、文化、媒体和体育部部长米歇尔·多内兰（Michelle Donelan）担任部长，是24个内阁级别的职位之一。DSIT汇集了原商业、能源和产业战略部以及原数字、文化、媒体和体育部中与科技相关的管理职能和人员，将重点关注量子、人工智能、工程生物学、半导体、未来电信、生命科学、绿色技术等未来技术。[2]

10. 沙特首款人工智能机器人问世

2月6日至9日，第二届LEAP大会期间，沙特正式对外公布其所制造的首款人工智能机器人萨拉（Sara）。该机器人拥有一个内置摄像头，可以使用人工智能技术识别面前的人物。萨拉还拥有识别沙特国内几种不同方言，以及分析句子并理解其中的内容和开展沟通对话的能力。这是自2017年以来，沙特在机器人产业中取得的重大发展成果。[3]

---

[1] "Zukunftsstrategie Forschung und Innovation", https://www.bmbf.de/bmbf/de/forschung/zukunftsstrategie/zukunftsstrategie.html, 访问时间：2024年3月11日。

[2] "Science, innovation and technology takes top seat at Cabinet table", https://www.gov.uk/government/news/science-innovation-and-technology-takes-top-seat-at-cabinet-table, 访问时间：2024年3月11日。

[3] "Saudi's first-ever AI-powered robot introduced, speaks local dialect", https://interestingengineering.com/innovation/saudis-first-ai-robot, 访问时间：2024年1月27日。

11. 互联网工程任务组提名委员会公布新一届领导层名单

2月13日，互联网工程任务组（IETF）提名委员会公布了新一届互联网架构委员会（Internet Architecture Board，IAB）、IETF信托基金和IETF行政管理有限公司董事会、互联网工程指导组（Internet Engineering Steering Group，IESG）成员名单。IAB由来自多个国家和地区的科技企业、技术组织等十余位代表组成，来自中国互联网络信息中心、华为公司的三位代表进入新一届IAB。IESG负责IETF活动和互联网标准流程的技术管理，包括最终批准规范成为互联网标准，由来自脸书、爱立信、NetApp、谷歌、思科（Cisco）等企业和机构代表组成。IETF的工作由应用和实时、互联网、运行和管理、路由、安全、传送等六大技术领域和一个行政（通用）领域组成，IESG成员也是这些领域的领域主任（Area Directors）。[1]

12. 新加坡与欧洲自由贸易联盟开展数字经济协定谈判

2月16日，新加坡交通部部长与欧洲自由贸易联盟（European Free Trade Association，EFTA）成员国代表在视频会议上，宣布展开"欧洲自由贸易联盟-新加坡数字经济协定"（EFTA-Singapore Digital Economy Agreement）谈判工作，以提升双边贸易、数据流通，并建设安全的数字环境。[2]

13. 互联网名称与数字地址分配机构发布《2022年国际化域名年度报告》

2月16日，互联网名称与数字地址分配机构（ICANN）发布了《2022年国际化域名（Internationalized Domain Names，IDN）年度报告》。该报告介绍了域名系统顶级域和二级域中IDN的现状，以及ICANN和社群正在开展的相关

---

[1] "New Internet Architecture Board, IETF Trust, IETF LLC and Internet Engineering Task Force Leadership Announced"，https://www.ietf.org/blog/nomcom-announcement-2023/，访问时间：2023年3月29日。

[2] "Singapore and the European Free Trade Association launch negotiations on Digital Economy Agreement"，https://www.imda.gov.sg/resources/press-releases-factsheets-and-speeches/press-releases/2023/singapore-and-the-european-free-trade-association-launch-negotiations-on-digital-economy-agreement，访问时间：2024年2月21日。

工作。报告主要包括四个部分：一是授权和注册统计数据；二是ICANN社群正在制定的IDN政策；三是ICANN的IDN相关项目；四是ICANN在IDN领域的实施和运营情况。[1]

14. 华为与沙特电信签署全光战略合作备忘录

在2月27日至3月3日举办的2023世界移动通信大会（Mobile World Congress，MWC2023）期间，沙特电信公司（STC）与华为公司共同签署了迈向F5.5G时代构建全光战略合作伙伴关系的合作备忘录。该合作备忘录旨在帮助沙特电信公司建设满足超大带宽、超高速率、品质体验和自动驾驶要求的全光基础网络，在加速数字化转型战略实施的同时实现固定网络商业繁荣。[2]

15. 美国政府将投资650亿美元发展高速互联网服务

2月29日，美国商务部发布"投资美国：拜登政府实施历史性互联网基础设施投资计划以推动制造业发展"（Investing in America: Biden-Harris Administration Boosts Manufacturing Ahead of Historic Internet Infrastructure Investment）公告。根据该公告，拜登政府将投资650亿美元，为每个人提供负担得起且可靠的高速互联网服务。其中，位于北卡罗来纳州的康普（CommScope）和康宁（Corning）两家公司将投资共计约5.5亿美元，用以建造有助缩小数字鸿沟的光缆。据悉，美国政府将通过该计划缩小全国的数字差距，并实现《两党基础设施法案》中提出的"美国制造""购买美国货"要求。[3]

---

1 "Supporting a Multilingual Internet: ICANN Publishes 2022 IDN Annual Report"，https://www.icann.org/en/announcements/details/supporting-a-multilingual-internet-icann-publishes-2022-idn-annual-report-16-02-2023-en，访问时间：2024年2月20日。

2 "华为与沙特电信（stc）签署全光战略合作备忘录，加速迈向F5.5G"，https://www.huawei.com/cn/news/2023/3/mwc2023-stc-huawei-f5-point-5g-mou，访问时间：2024年1月27日。

3 "Fact Sheet: Investing in America: Biden-Harris Administration Boosts Manufacturing Ahead of Historic Internet Infrastructure Investment"，https://www.commerce.gov/news/fact-sheets/2023/03/investing-america-biden-harris-administration-boosts-manufacturing-ahead，访问时间：2024年3月11日。

3月

1. 英国修订数据保护法规以减轻合规负担

3月8日，英国再次尝试修订《数据保护及数字信息法案》，试图与欧盟法规保持一致，以保持信息流通，并降低企业的合规负担。该法案的有关条款目前与欧盟的《通用数据保护条例》（GDPR）一致。欧盟将进行"充分性决定"，确保英国数据保护标准与欧盟标准相当。[1]

2. 美国国防部发布《2023—2027网络劳动力战略》

3月9日，美国国防部发布《2023—2027网络劳动力战略》（Cyber Workforce Strategy 2023-2027，CWF）。该战略将使国防部"能够缩小劳动力发展差距"，形成以数据分析为中心的人力资源体系。CWF战略与国防部目前业务模块相结合，有助于统一整个国防部网络人员的管理，确保国防部的员工通过培训不断进步。国防部将CWF战略与人力资源模块结合，形成识别、招募、培养、留用四部分。CWF战略目标包括：领先于部队当前人力资源需求；建立全机构范围的人才管理计划，让部队能力发展与当前和未来的需求保持一致；促进文化转变，以优化全部门的人事管理活动；促进协作与伙伴关系，加强能力发展、提升运营效率和拓展职业经验。[2]

3. 国际电信联盟等国际组织举办2023年信息社会世界峰会

3月13日至17日，2023年信息社会世界峰会（WSIS）论坛在瑞士日内瓦召开。本次WSIS论坛由国际电信联盟（ITU）与联合国教科文组织（UNESCO）、联合国开发计划署（United Nations Development Programme，UNDP）以及联合国贸易和发展会议（UNCTAD）联合主办。论坛主题聚焦WSIS行动方针，

---

[1] "Britain plans new data rules to ease compliance burden", https://www.reuters.com/technology/britain-plans-new-data-rules-ease-compliance-burden-2023-03-07/，访问时间：2024年3月12日。

[2] "Deputy Secretary of Defense Signs 2023-2027 DoD Cyber Workforce Strategy", https://www.defense.gov/News/Releases/Release/Article/3323868/deputy-secretary-of-defense-signs-2023-2027-dod-cyber-workforce-strategy/，访问时间：2024年3月12日。

以更好地重建和加速实现可持续发展目标。活动汇集了来自世界各地的2700多位专家、政策制定者和不同利益相关方，就促进可持续发展的信息与通信技术（ICT）进行讨论。WSIS论坛还在4至5月持续开展了系列虚拟研讨会。[1]

4. 互联网名称与数字地址分配机构董事会启动下一轮新通用顶级域筹备工作

3月16日报道，在互联网名称与数字地址分配机构（ICANN）第七十六届会议期间，ICANN董事会采纳了《新通用顶级域（gTLD）后续程序政策制定流程最终报告》中所包含的98项建议，从而开启了下一轮新gTLD的实施流程。董事会指示ICANN提交一份综合实施规划，包括工作计划、基础架构设计信息、时间表和预期资源需求，以便在8月1日之前完成启动下一轮gTLD的必要工作。董事会还指示ICANN继续执行其外展和沟通战略，向潜在申请人推广新gTLD项目，侧重于鼓励向当前欠服务或代表人数不足地区的潜在申请人推行该项目，以便将新gTLD引入域名空间。[2]

5. 美国联邦贸易委员会要求社交媒体和视频流媒体提供误导性广告信息

3月16日，美国联邦贸易委员会要求Meta、推特、TikTok、优兔（YouTube）、Snap、Twitch、Pinterest和照片墙（Instagram）等八家社交媒体和视频流媒体公司，提供误导性广告信息，包括相关广告收入、观看次数等。美国联邦贸易委员会正在审查和限制具有欺骗性或使消费者接触欺诈性医疗保健产品、金融诈骗、假冒伪劣商品或其他欺诈行为的付费商业广告。[3]

---

[1] "Highlights, Announcements, and Key Outcomes", https://www.itu.int/net4/wsis/forum/2023/Home/Outcomes，访问时间：2024年3月1日。

[2] "ICANN Board Moves to Begin Preparations for the Next Round of New gTLDs", https://www.icann.org/en/announcements/details/icann-board-moves-to-begin-preparations-for-the-next-round-of-new-gtlds-16-03-2023-en，访问时间：2024年3月1日。

[3] "U.S. FTC asks social media, video streaming firms info on misleading ads", https://www.reuters.com/technology/us-ftc-asks-social-media-video-streaming-firms-info-misleading-ads-2023-03-16/，访问时间：2024年3月11日。

6. 美国政府试图迫使字节跳动出售TikTok

3月16日，美国外国投资委员会（Committee on Foreign Investment in the United States，CFIUS）要求TikTok的中国所有者出售股份，否则将面临美国针对这款视频应用程序的可能禁令。这是美国政府首次威胁要禁止TikTok。美国前总统特朗普曾试图在2020年禁止TikTok，但被美国法院阻止。2023年2月，白宫要求政府机构在30天内确保联邦设备和系统上不再出现TikTok，超过30个州还禁止政府雇员在政府拥有的设备上使用TikTok。[1]

7. 美日举行互联网经济政策合作对话

3月16日，美国与日本举行第13次互联网经济政策合作对话，并发表联合声明。双方重申了对开放、可互操作、可靠和安全的数字连接以及信息通信技术的共同承诺。两国同意在以下领域开展合作：继续在第三国开展合作，并为开放无线接入网络和虚拟无线接入网络（vRAN）等创新方法营造有利环境；承诺依托全球数字连接合作伙伴关系（GDCP），讨论确定具有共同愿景的优先国家；继续与全球跨境隐私规则论坛成员开展双多边合作；就实施基于信任的数据自由流动达成共识；探索进一步合作的机会，推进国际电信联盟合作；举行信息与通信技术（ICT）或数字政策主题研讨会；将"美日互联网经济政策合作对话"更名为"美日数字经济对话"。[2]

8. 法国多部门共同签署数字基础设施战略实施合同

3月16日，法国经济与工业数字部、电信联合会等部门联合签署了2023至2025年"数字基础设施"战略实施合同。合同具体涉及六个部分：一是服务于再工业化的5G和未来网络建设，促进5G服务于创新型中小企业，推动5G在汽车、健康和安全等行业发展；二是根据生态转型和数字主权需求，推动区域数

---

[1] "TikTok says US threatens ban if Chinese owners don't sell stakes"，https://www.reuters.com/technology/us-threatens-tiktok-ban-if-chinese-owners-dont-sell-stake-wsj-2023-03-15/，访问时间：2024年3月11日。

[2] "Joint Statement from the 13th U.S.-Japan Policy Cooperation Dialogue on the Internet Economy"，https://www.state.gov/joint-statement-from-the-13th-u-s-japan-policy-cooperation-dialogue-on-the-internet-economy/，访问时间：2024年3月12日。

字化建设，推动互联区域工业的发展，面向社区和用户提供服务；三是创建一个充满活力的创新生态系统，面向工业、学术界、竞争力集群、中小企业和创新型初创企业，就数字基础设施未来发展建立共同愿景；四是促进新网络发展的生态转型，优先发展符合环境效率的数字化转型，重点发展电缆制造商工业基地；五是人才培养，提高该行业的人才吸引力和人才培训质量，到2030年支持50%的部署光纤员工转向该行业的新职业；六是提升国际影响力，到2025年实现法国数字行业跨国公司数量比2022年增加50%，同期出口数量增加一倍。[1]

9. 印尼政府助力初创企业加入数字生态系统

3月16日，印尼信息门户网站发布消息称，印尼政府试图通过通信和信息技术部采取措施，促进印尼初创企业发展，建设数字生态系统。[2] 印尼通信和信息技术部积极促进国内企业加入数字生态系统的举措之一是推行"初创工作室"（Startup Studio Indonesia，SSI）计划[3]。该计划于2020年9月首次启动，截至2023年收到10160家初创企业的申请，80家企业入选。SSI计划旨在为早期初创企业提供产品和技术工程等方面的指导，助力企业开发其业务潜力，促进达到产品市场契合阶段的数字初创企业（Digital Start-ups）成长。

10. 中俄两国深化新时代全面战略协作伙伴关系

3月20日至22日，中国国家主席习近平访俄期间，中俄两国共同发表《中华人民共和国和俄罗斯联邦关于深化新时代全面战略协作伙伴关系的联合声明》。该声明称："双方反对信息和通信技术领域军事化，反对限制正常信息通信和技术发展与合作，支持在确保各国互联网治理主权和安全的前提下打造多边公平透明的全球互联网治理体系。双方欢迎联合国2021—2025年信息和通信

---

[1] "Signature du nouveau contrat stratégique de filière «Infrastructures numériques» 2023-2025", https://presse.economie.gouv.fr/16032023-cp-signature-du-nouveau-contrat-strategique-de-filiere-infrastructures-numeriques-2023-2025/，访问时间：2024年3月12日。

[2] "Kominfo Perkuat Ekosistem Digital Nasional", https://www.indonesia.go.id/kategori/editorial/6934/kominfo-perkuat-ekosistem-digital-nasional?lang=1，访问时间：2024年2月24日。

[3] "Startup Studio", https://startupstudio.id/，访问时间：2024年4月1日。

技术使用安全问题和信息安全开放式工作组作为联合国在国际信息安全领域唯一进程开展工作。双方认为，应制定信息网络空间新的、负责任的国家行为准则，特别是普遍性国际法律文书。中方《全球数据安全倡议》和俄方关于国际信息安全公约的概念文件将为相关准则制定作出重要贡献。双方支持联合国特设委员会制定打击以犯罪为目的使用信息和通信技术的全面国际公约。"[1]

11. 普通适用性指导小组牵头组织首次"普遍适用性日"活动

3月27日，互联网名称与数字地址分配机构（ICANN）和普遍适用性指导小组（Universal Acceptance Steering Group，UASG）向全球发出邀请和号召，欢迎社群各方参加2023年3月28日及前后举行的"普遍适用性（Universal Acceptance，UA）日"[2]活动。该活动由UASG组织开展，ICANN提供支持。活动包括由普遍适用性使节、普遍适用性本地倡议工作组、一般会员组织、国际互联网协会（ISOC）分会、大学以及其他感兴趣的组织举行的普遍适用性意识宣传和技术培训会议，旨在吸引和动员顶级技术和语言社群、公司、政府以及域名系统行业的利益相关方更好地了解普遍适用性的益处，以及如何使其系统为实现普遍适用性做好准备。[3]

12. 越南提出至2025年互联网全面转向IPv6

3月28日，越南信息传媒部因特网中心召开"推进和支持国家机关互联网协议第六版部署工作计划"（IPv6 For Gov）第一期总结会议和第二次部署计划。会议指出，计划实施两年来，已有94%的国家机关颁布了IPv6部署计划、78%的国家机关成功部署了IPv6。会议报告称，截至2022年12月，越南IPv6使用率达53%，IPv6用户数量6500万。会议提出，至2025年，越南互联网和全部互联网用户要全

---

1 《中华人民共和国和俄罗斯联邦关于深化新时代全面战略协作伙伴关系的联合声明》，https://www.mfa.gov.cn/web/gjhdq_676201/gj_676203/oz_678770/1206_679110/1207_679122/202303/t20230322_11046188.shtml，访问时间：2024年1月12日。

2 《普遍适用性日》，https://www.icann.org/en/system/files/files/universal-acceptance-day-01jun23-zh.pdf，访问时间：2024年2月25日。

3 "Press Release: UA Day: Global Effort to Drive a More Inclusive and Multilingual Internet"，https://www.icann.org/resources/press-material/release-2023-03-09-en，访问时间：2024年2月25日。

面转向IPv6，所有IDC、云、托管和数字内容企业要在IPv6平台上提供服务。[1]

13. 韩国SK海力士要求美国延长对华芯片豁免权

3月29日，韩国SK海力士公司（SK Hynix）要求申请为期一年的美国对华出口管制措施豁免权。2022年10月7日，美国商务部发表声明称，将用于在中国生产18纳米以下DRAM、128层以上NAND闪存、14纳米以下逻辑芯片的生产设备纳入出口管制范畴。SK海力士当时获得了美国商务部为期一年的授权，可在不寻求额外许可的情况下，为中国工厂提供芯片生产所需设备。2023年10月宽限期结束后，SK海力士公司将继续寻求豁免。[2]

14. 美国与坦桑尼亚深化通信合作

3月30日，美国白宫发布深化与坦桑尼亚伙伴关系的若干举措。其中包括：关键矿物方面，双方签订框架协议，使用创新的低排放技术对坦桑尼亚开采的镍和其他重要矿物进行加工，以期实现"于2026年向美国提供电池级镍"发展目标；通信方面，双方签署谅解备忘录，拟在5G、网络安全以及相关监管政策、框架方面开展合作。美国将投入100万美元，开发坦桑尼亚、肯尼亚、刚果民主共和国、乌干达的网络基础设施。[3]

15. 美国国家标准与技术研究院启用人工智能资源中心

3月30日，美国国家标准与技术研究院宣布启用可信和负责任人工智能资源中心（Trustworthy and Responsible AI Resource Centre，AIRC）。该中心将存储美国国家标准与技术研究院以前发布的人工智能相关材料，以帮助公共和私人实

---

[1] "到2025年全部越南互联网用户转向IPv6"，https://zh.vietnamplus.vn/到2025年全部越南互联网用户转向ipv6/184698.vnp，访问时间：2023年3月29日。

[2] "SK Hynix to seek further exemption from US chip curbs against China-CEO"，https://www.reuters.com/technology/sk-hynix-seek-further-exemption-us-chip-curbs-against-china-ceo-2023-03-29/，访问时间：2024年3月12日。

[3] "FACT SHEET: Vice President Harris Announces Initiatives to Deepen the U.S. Partnership with Tanzania"，https://www.whitehouse.gov/briefing-room/statements-releases/2023/03/30/fact-sheet-vice-president-harris-announces-initiatives-to-deepen-the-u-s-partnership-with-tanzania-2/，访问时间：2024年3月12日。

体等参与方研究、开发对社会负责的人工智能系统。[1]

4月

1. 美国与菲律宾联合发布"2+2"部长级对话声明

4月11日，美国与菲律宾联合发布"2+2"部长级对话（U.S.-Philippines 2+2 Ministerial Dialogue）声明。双方表示将深化国防、气候和能源政策、经济、粮食安全、海事、民政、空间等领域合作。双方将进一步讨论网络空间可能出现的威胁和有效应对措施，合作建立有韧性的供应链并保护关键和新兴技术，包括共同努力增强和建设半导体行业韧性。[2]

2. 二十国集团金融稳定委员会建议制定通用格式报告金融业网络攻击

4月13日，二十国集团金融稳定委员会（FSB）建议各国制定一份蓝图，以通用格式报告针对金融业的网络攻击，从而加快反应速度并限制其影响。FSB称，全球金融体系的相互关联性，使得一家金融机构发生的网络事件有可能产生跨界和跨部门的溢出效应。FSB建议提高事件报告的统一性，如建立一套通用术语体系，以及增加报告文档的一致性。[3]

3. 美德澳等国联合发布产品网络安全设计指南

4月13日，美国国家安全局、网络安全和基础设施安全局、联邦调查局与澳大利亚、加拿大、英国、德国、荷兰及新西兰等国家网络安全机构合作发布了《改变网络安全风险的平衡：设计安全和默认安全的原则和方法》，旨

---

[1] "Trustworthy & Responsible Artificial Intelligence Resource Center"，https://airc.nist.gov/Home，访问时间：2024年3月11日。

[2] "Joint Statement of the U.S.-Philippines 2+2 Ministerial Dialogue"，https://dfa.gov.ph/dfa-news/statements-and-advisoriesupdate/32193-joint-statement-of-the-u-s-philippines-2-2-ministerial-dialogue，访问时间：2024年3月12日。

[3] "Global watchdog issues blueprint for banks to report cyber attacks"，https://www.reuters.com/business/finance/global-watchdog-issues-blueprint-banks-report-cyber-attacks-2023-04-13/，访问时间：2024年3月12日。

在鼓励软件制造商开发符合网络安全要求的产品。这是全球首份此类型的指南文件，将指导开发者在产品的构建和配置过程中嵌入网络安全理念，以防止恶意网络行为者访问设备、数据、连接基础设施。除了具体的技术建议外，该指南还阐述了让软件制造商承担起技术产品的安全责任、建立公开透明和问责机制、将安全性作为产品开发的关键要素等核心原则，以指导软件制造商在开发、配置和运输其产品之前，将软件安全性纳入其设计过程中。[1]

4. 欧盟成立欧洲算法透明度中心

4月18日，欧洲算法透明度中心（European Centre for Algorithmic Transparency，ECAT）成立。该中心旨在为《数字服务法》（DSA）的实施提供科技支持，深入研究在线平台和搜索引擎部署的算法系统影响。ECAT主要开展三个方面的活动：一是算法系统检查、算法系统技术测试、为监管机构和研究人员提供有关确保数据访问安全的程序建议等；二是研究算法系统对社会的影响，识别和衡量与非常大型在线平台（VLOP）、非常大型在线搜索引擎（VLOSE）相关的系统性风险等；三是开展网络社群建设，与国际利益相关者分享算法知识、促进算法透明度讨论、为相关研究提供支持等。[2]

5. 美英澳等国合作发布智慧城市网络指南

4月19日，美国、英国、澳大利亚、加拿大和新西兰政府合作发布了名为《智慧城市网络安全最佳实践》（Cybersecurity Best Practices for Smart Cities）的指南文件，旨在推进智慧城市建设，推动公共事业和服务中的数字网络普及。指南强调智慧城市的脆弱性，指出网络系统和人工智能系统中的漏洞将带来潜在的攻击风险。指南建议，美国及其盟友应通过安全软件设计、安全工具和安全架构更新来化解安全风险。[3]

---

[1] "多国联合发布产品网络安全设计指南"，http://www.ecas.cas.cn/xxkw/kbcd/201115_129816/ml/xxhzlyzc/202306/t20230608_4939866.html，访问时间：2024年3月12日。

[2] "About ECAT"，https://algorithmic-transparency.ec.europa.eu/about_en，访问时间：2024年5月22日。

[3] "Cybersecurity Best Practices for Smart Cities"，https://www.cisa.gov/resources-tools/resources/cybersecurity-best-practices-smart-cities，访问时间：2024年3月12日。

6. 美国国土安全部成立首个人工智能工作组

4月21日，美国国土安全部成立首个人工智能工作组，将分析ChatGPT等生成式人工智能系统的不利影响以及新兴技术的潜在用途。该工作组的工作重点将包括供应链和边境贸易管理，识别和拦截全球范围内的前体化学品流动，以及通过人工智能技术对犯罪行为进行取证。[1]

7. 美国联邦通信委员会要求重审外国通信设备企业营业执照

4月23日，美国联邦通信委员会（FCC）表示，将重新审查已在美国获得营业执照的外国通信设备企业。FCC要求在美国市场上开展业务的国外企业更新营业执照，以排除有所谓"安全保障风险"的通信设备和服务。美国当局的目标是通过新规，加大对中国通信企业的审查与限制力度。[2]

8. 中国发布《公路水路关键信息基础设施安全保护管理办法》

4月24日，中国交通运输部发布《公路水路关键信息基础设施安全保护管理办法》（交通运输部令2023年第4号）。管理办法主要明确了关键信息基础设施管理体制，建立了关键信息基础设施认定机制，并压实运营者主体责任，规定运营者在机构设置、人员配备、经费保障、产品和服务采购、安全检测、风险评估，以及数据保护、密码应用、保密管理、教育培训等方面的责任和义务，要求加强对关键信息基础设施风险隐患的应急处置、强化事前事中事后监管。[3]

9. 英国商业贸易部大臣召开"在线市场圆桌会议"

4月25日，英国商业贸易部大臣凯文·霍林雷克（Kevin Hollinrake）召开

---

[1] "DHS Announces First-Ever AI Task Force", https://www.nextgov.com/artificial-intelligence/2023/04/dhs-announces-first-ever-ai-task-force/385491/，访问时间：2024年3月12日。

[2] "美国定新规，要重审外国通信设备执照"，https://cn.nikkei.com/politicsaeconomy/economic-policy/52157-2023-04-23-01-49-14.html，访问时间：2024年3月12日。

[3] 《公路水路关键信息基础设施安全保护管理办法》，https://xxgk.mot.gov.cn/2020/jigou/fgs/202305/t20230506_3822075.html，访问时间：2024年2月27日。

"在线市场圆桌会议",强调各大平台需采取更多措施以排除所谓"不安全产品"。英国商业贸易部确定了相关控制措施,具体包括:控制与第三方供应商的关系;确保产品在投放市场之前是安全的;提高对新的安全信息的响应能力;为消费者提供有关产品和第三方供应商的信息。本次讨论的平台涉及亚马逊、亿贝(eBay)、Etsy、阿里巴巴。[1]

10. 美国高科技企业将对韩投资19亿美元

4月25日,韩国总统尹锡悦在美出席美企对韩投资申报仪式,吸引6家美国尖端企业对韩投资19亿美元。参与投资企业包括:空气化工产品公司和普拉格能源公司等氢能企业,安森美半导体、格林特威德等芯片企业,以及PureCycle Technologies和EMP BELSTAR等绿色企业。加上此前奈飞公司约25亿美元的投资,韩国仅两天就吸引到44亿美元投资。此外,韩美合作范畴还将覆盖供应链和尖端科学技术等其他领域。[2]

11. 七国集团数字与技术部长会议召开

4月29日至30日,七国集团数字与技术部长会议召开,讨论促进跨境数据流动和基于信任的数据自由流动、安全和韧性的数字基础设施、互联网治理、新兴和颠覆性技术、人工智能治理、数字竞争等六项议程。会议发布《七国集团数字与技术部长宣言》,提出将通过开发和部署多层网络,包括地面网络、海底光缆和卫星网络等加强互联互通;促进基于信任的数据自由流动;加强七国集团在人工智能技术标准等方面的合作等。[3]

---

[1] "Business Minister Hosts Online Marketplace Round Table",https://www.gov.uk/government/news/business-minister-hosts-online-marketplace-round-table,访问时间:2024年3月12日。

[2] "韩总统室:美国高科技企业将对韩投资19亿美元",https://cn.yna.co.kr/view/ACK20230426001100881,访问时间:2024年3月12日。

[3] "Results of the G7 Digital and Tech Ministers' Meeting in Takasaki, Gumma",https://www.digital.go.jp/en/1dd2ad3e-3287-4677-971b-f7e973721367-en,访问时间:2024年3月12日。

5月

1. 中国正式实施《信息安全技术 关键信息基础设施安全保护要求》

5月1日，中国《信息安全技术 关键信息基础设施安全保护要求》（GB/T 39204-2022）正式施行。这是为贯彻《关键信息基础设施保护条例》，中国发布的首个关键信息基础设施安全保护国家标准，对于中国关键信息基础设施安全保护的实施有着极为重要的指导作用。[1]

2. 2023网络峰会在里约热内卢举行

5月1日至4日，2023年网络峰会（Web Summit）在巴西里约热内卢的里约会展中心举行。此次峰会是首次在欧洲以外举行的网络峰会，来自世界各地的2万多名企业家、通讯和传媒领域专家及政界人士参加了峰会。峰会期间，各界人士围绕数据科学、人工智能、教育、电子商务、气候变化、媒体发展等热门议题展开研讨。里约市市长爱德华多·帕埃斯（Eduardo Paes）此前表示，从今年开始至2028年，里约将连续六年举办网络峰会，希望借此将里约打造成为"巴西的创新和技术之都"。[2]

3. 美国白宫发布《关键和新兴技术的国家标准战略》

5月4日，美国白宫发布了《关键和新兴技术的国家标准战略》（National Standards Strategy for Critical and Emerging Technology，以下简称《战略》）。《战略》旨在加强对国家安全和经济发展至关重要的先进技术的领导地位，并提升在国际标准制定中的竞争力。《战略》提出了需要重点关注的技术领域，如通信和网络技术、先进计算、半导体和微电子、人工智能、先进网络传感技术与签名管理、量子信息技术等。《战略》包括四个关键目标：投资方面，将加强对标准化前研究的投资，促进创新、前沿科学和研究转化，推动美国在国

---

[1] "《信息安全技术 关键信息基础设施安全保护要求》国家标准将于明年5月实施"，https://www.gov.cn/xinwen/2022-11/07/content_5725199.htm，访问时间：2024年2月27日。

[2] "巴西加大科技创新投入"，http://world.people.com.cn/n1/2023/0516/c1002-32686795.html，访问时间：2024年6月24日。

际标准制定方面的领导地位；参与方面，美国将弥补差距，加强其对标准制定活动的参与，为此将与更多的企业、学术界和其他主要利益攸关方（包括外国合作伙伴）进行合作；劳动力方面，美国将加强教育和对利益相关者的培训；完整性和包容性方面，美国必须确保标准制定过程既在技术上合理又独立，同时满足共享市场和社会需求。美国将与全球志同道合的盟国和伙伴携手，共同促进国际标准体系的完整性。[1]

4. 尼日利亚政府批准国家区块链政策

5月4日，尼日利亚联邦执行委员会（Federal Executive Council）已批准国家区块链政策，帮助制定监管框架来管理该技术的使用。尼日利亚联邦通信和数字经济部（The Federal Ministry of Communications and Digital Economy，FMCDE）通过与公共和私营部门的利益相关者协商，制定了国家区块链政策。据悉，尼日利亚区块链政策旨在建立当地的区块链联盟，包括加强监管及法律框架、促进数字身份、创建区块链商业激励计划、培养数字素养和区块链技术意识，以及建立国家区块链沙盒以进行测试和试点等举措。在FMCDE的监督下，尼日利亚国家信息技术发展局（National Information Technology Development Agency，NITDA）将负责协调政策举措。此外，尼日利亚还成立了一个多部门指导委员会，来监督政策的实施。联邦执行委员会已指示相关监管机构，如NITDA、中央银行、国家大学委员会、证券交易委员会和通信委员会，为区块链技术在尼日利亚不同部门的实施制定监管框架。[2]

5. 哥伦比亚将加强数字化转型、商业智能及网络安全

5月5日，哥伦比亚通讯服务商Claro在其第八届科技峰会（Claro Tech Summit）上，宣布投资1.65亿美元，以加强数字化转型、商业智能和网络安全。这项投

---

[1] "FACT SHEET: Biden-Harris Administration Announces National Standards Strategy for Critical and Emerging Technology", https://www.whitehouse.gov/briefing-room/statements-releases/2023/05/04/fact-sheet-biden-harris-administration-announces-national-standards-strategy-for-critical-and-emerging-technology/，访问时间：2024年3月2日。

[2] "Nigerian national blockchain policy gets government approval", https://cointelegraph.com/news/nigerian-national-blockchain-policy-gets-government-approval，访问时间：2024年5月9日。

资的主要目标是加强和确保移动、固定网络以及云和数据中心服务能力，并将支持数字生态系统的发展，使公司和政府实体能够安全地推进其转型过程，还将保障业务服务的连续性，在面对最近的网络犯罪事件时确保信息资产的安全。因此，Claro今年在网络安全方面的投资将聚焦于能力的现代化与数字通信高速公路的增强。在商业智能方面，由于数据生成和信息分析的增加，Claro公司将推广人工智能和大数据等技术，以满足对数据可视化工具和云计算服务日益增长的需求。[1]

6. 韩日重启政府间科技合作协商渠道

5月8日，韩、日两国以"尹岸会"为契机，商定重启停摆十余年的政府间科技合作协商渠道。韩国科学技术信息通信部表示，日本文部科学省相关人士将于下月访韩，与韩方科技部门就政府间合作进行讨论。近十年来，两国在科技领域的合作几乎为零，以日前举行的韩日首脑会谈为契机，两国重启科技合作协商渠道。韩国总统尹锡悦在韩日首脑联合记者会上表示，双方就推进太空、量子、人工智能、数字生物、未来材料等尖端科技领域联合研究与研发合作进行了讨论。[2]

7. 印尼和越南加强数字领域合作

5月10日，印尼通信和信息技术部部长与越南信息传媒部部长举行双边会晤，就数字领域合作达成共识。双方分享了在发展数字基础设施、促进数字化转型，以发展数字经济、数字社会和数字政府的政策与战略，认为两国在发展水平、政策优先以及国家管理面临的挑战等方面具有许多相同之处。两国部长还就电信普及服务、发展新一代电信网络、部署5G网络、支持数字技术企业特别是数字初创企业、处理网络违规行为等方面交换了经验与意见。双方承诺

---

[1] "Claro anuncia inversión por más de US$165 millones para su transformación digital"，https://www.larepublica.co/empresas/claro-anuncia-inversion-por-mas-de-us-165-millones-para-su-transformacion-digital-3608060，访问时间：2024年2月27日。

[2] "韩日重启政府间科技合作协商渠道"，https://cn.yna.co.kr/view/ACK20230508003700881，访问时间：2024年3月2日。

构建两国数字伙伴关系，充分挖掘两国在数字社会经济领域的巨大潜力。[1]

8. 埃及完成2Africa海底电缆安装

5月11日，埃及电信运营商和海底电缆运营商埃及电信宣布，已在塞得港完成了2Africa海底电缆的安装事项。[2] 据其介绍，2Africa项目将成为连接欧洲、亚洲和非洲的世界上最大的海底电缆项目之一，它将通过46个着陆点连接33个国家。该项目于2020年5月由埃及电信、Meta、中国移动国际、MTN Global Connect、Orange、Center3、沃达丰和WIOCC等公司组成的财团推出。2Africa海缆项目的启动，代表着非洲大陆数字化进程和数字产业发展正进入"快车道"，非洲数字产业机会和数字经济红利正在浮现，为有志"走出去"的中资数字企业提供了拓展蓝海市场、创造增量价值的新机遇。2Africa预计于2023至2024年投入使用，其容量将超过当前非洲全部海底电缆的总容量，其中系统核心部分的设计容量高达180Tbps。2Africa将满足非洲广大地区急需的互联网高容量和可靠性，并进一步支持中东迅猛增长的容量需求，同时为满足上亿用户未来对4G、5G和固定宽带接入的需求打下坚实的基础。[3]

9. 巴西参议院提出并审议人工智能监管法案

5月12日，巴西参议院正式宣布，将分析2023年第2338号法案以监管巴西的人工智能系统。参议院特别强调，该法案为在巴西提供情报系统制定了规则，为受其运作影响的人确立了权利，并规定了对违规行为的惩罚，以及有关监督机构的信息。更具体地说，该法案规定了巴西人工智能系统的运营要求，包括要求这些系统由供应商自己进行初步评估，以确定它们是否可以被归类为高风险或过度风险。该法案还对人工智能的使用方式进行了限制，指出人工智

---

[1] "Indonesia dan Vietnam Sepakati Kerja Sama Pemanfaatan Ruang Digital untuk ASEAN"，https://www.kominfo.go.id/content/detail/48993/indonesia-dan-vietnam-sepakati-kerja-sama-pemanfaatan-ruang-digital-untuk-asean/0/rilis_media_gpr，访问时间：2024年2月24日。

[2] "Telecom Egypt completes 2Africa subsea cable installation"，https://www.egypttoday.com/Article/3/124307/Telecom-Egypt-completes-2Africa-subsea-cable-installation，访问时间：2024年1月22日。

[3] "全球九家机构联合建设2Africa海缆，升级非洲数字基础设施"，http://www.mofcom.gov.cn/article/i/jyjl/k/202005/20200502966006.shtml，访问时间：2024年1月31日。

能不能用于诱导人们以对自身健康和安全有害或危险的方式行事的潜意识技术，也不能利用特定群体的脆弱性，如与年龄或残疾相关的脆弱性来诱导有害行为。此外，该法案规定，人工智能系统必须遵守透明度要求，即无论何时使用此类系统，都必须通知个人。因而需成立专门的监管机构，来统一管理并监督法案的实施。[1]

10. 美国国家科学基金会启动科研基础设施建设项目

5月12日，美国国家科学基金会（NSF）计算机和信息科学与工程社区研究基础设施（CIRC）计划公布了项目指南，将为参与计算机和信息科学与工程（CISE）学部和世界级科研基础设施建设的三个部门提供资金，推动其核心理论研究。这三个部门分别为计算与通信基金会（CCF）、计算机网络系统部门（CNS）和信息与智能系统部门（IIS）。CIRC计划支持社区基础设施规划、探索性开发、中型社区基础设施、大型社区基础设施等四类项目。[2]

11. 马来西亚建立第四次工业革命中心

5月15日，马来西亚总理兼财政部部长安瓦尔·易卜拉欣（Anwar Ibrahim）宣布，马来西亚第四次工业革命中心（Malaysia Centre for 4IR）正式成立。该中心专注于数字化转型和绿色能源转型，旨在推动马来西亚的数字经济发展。该中心是世界经济论坛第四次工业革命全球网络中心的第19个中心，由MyDIGITAL公司管理。MyDIGITAL公司成立于2021年9月，作为马来西亚经济部下属机构，负责推动和监督《马来西亚数字经济蓝图》（MyDIGITAL）和第四次工业革命政策的实施，以及推动实现《马来西亚数字经济蓝图》总体愿景的目标。[3]

---

1 "Brazil: Senate considers bill on regulating AI"，https://www.dataguidance.com/news/brazil-senate-considers-bill-regulating-ai，访问时间：2024年2月24日。

2 "Community Infrastructure for Research in Computer and Information Science and Engineering (CIRC)"，https://new.nsf.gov/funding/opportunities/community-infrastructure-research-computer，访问时间：2024年2月26日。

3 "Centre for the Fourth Industrial Revolution Malaysia to Accelerate Green Transition and Digital Transformation"，https://www.mydigital.gov.my/malaysia-centre4ir/#:~:text=The%20Malaysia%20Centre%20for%204IR%20will%20further%20strengthen%20Malaysia's%20human,in%20the%20Global%20Innovation%20Index，访问时间：2024年2月26日。

12. 意大利拨款保护工人免受人工智能替代威胁

5月15日，意大利拨款3000万欧元，旨在提升失业人员和因自动化、人工智能技术发展而面临失业风险人员的职业技能。根据意大利数字共和国基金（Fondo per la Repubblica Digitale，FRD）的数据，年龄在16至74岁之间的意大利人有54%缺乏基本的数字技能，而欧盟的平均水平为46%。FRD表示，改善培训的资金将以两种方式分配。其中1000万欧元用于提高那些因自动化和技术创新而可能被取代人员的技能，剩下的2000万欧元用于帮助失业者和非经济活动人士发展数字技能，以提高他们进入就业市场的机会。[1]

13. 法国国家信息自由委员会发布人工智能行动计划

5月16日，法国国家信息自由委员会（CNIL）发布了一份人工智能行动计划，内容包含四个方面：了解人工智能系统的运作机制及其对个人的影响；支持并监管尊重隐私的人工智能发展；整合资源以支持法国和欧洲生态系统中的创新者；审计和监控人工智能系统以保护个人权益。通过这项关键的工作，CNIL期望制定明确的规则，保护欧洲公民的个人数据，从而推动尊重隐私的AI系统的发展。[2]

14. 2023年非洲通信周举行

5月23日至25日，由南非政府通信和信息系统（Government Communication and Information System，GCIS）主办的，旨在加强非洲信息传播的非洲通信周（Africa Communications Week）举行。2023年度非洲通讯周的主题是"2063年议程，我们想要的非洲"（Agenda 2063，The Africa We Want），活动将重点关注当前叙事对非洲的影响，并探讨如何通过有效沟通来改变这些叙事。在非洲通信周期间，非洲自由贸易区协定将成为讨论的关键议题之一。传播专业

---

1 "Italy allocates funds to shield workers from AI replacement threat", https://www.reuters.com/technology/italy-allocates-funds-shield-workers-ai-replacement-threat-2023-05-15/，访问时间：2024年2月28日。

2 "Intelligence artificielle: le plan d'action de la CNIL", https://www.cnil.fr/fr/intelligence-artificielle-le-plan-daction-de-la-cnil，访问时间：2024年3月2日。

人士将致力于探索如何有效地向公众传达该协定的好处。此外，另一个重要的讨论领域是如何利用传统和新媒体平台，与不同受众进行有效沟通。非洲通信周在三个不同的地点举行，为期三天。第一场活动在比勒陀利亚的国立政府学院举行，随后在约翰内斯堡的宪法山举行，最后一场活动在比勒陀利亚的自由公园遗址博物馆举行，有非洲大陆20个国家参加。[1]

15. 中国发布《网络安全标准实践指南—网络数据安全风险评估实施指引》

5月26日，全国信息安全标准化技术委员会发布《网络安全标准实践指南—网络数据安全风险评估实施指引》。该指南给出了网络数据安全风险的评估思路、工作流程和评估内容，可用于指导数据处理者、第三方机构开展数据安全评估，也可为有关主管监管部门组织开展检查评估提供参考。[2]

16. 老挝政府利用区块链技术推动数字化转型

5月26日，老挝首届区块链4.0数字化转型部长级会议召开。[3] 会议主要讨论如何利用数字技术推进老挝数字化转型。会议确定了老挝数字经济的发展目标，包括利用数字技术创造财政收入、增加外汇储备、降低通货膨胀、实现经济可持续增长、提高生活水平、增强国际竞争力等。会议还提议成立区块链技术转化委员会，负责数字经济相关法律合规和立法工作。老挝总理宋赛·西潘敦（Sonexay Siphandone）表示，为实现国民经济和社会发展第九个五年计划，老挝必须大力开发和利用区块链技术，将政府各项工作数字化，并将其广泛应用于行政管理和公共服务。为推动老挝数字化转型，老挝技术与通信部与新加坡MetaBank金融服务机构签署合作协议，计划建立区块链技术研发中心并培养人才。

---

[1] "Africa Communications Week 2023 to Accelerate Communication in Africa", https://capetown.today/africa-communications-week-2023-to-accelerate-communication-in-africa/，访问时间：2024年2月5日。

[2] 《关于发布〈网络安全标准实践指南—网络数据安全风险评估实施指引〉的通知》，https://www.tc260.org.cn/front/postDetail.html?id=20230529155314，访问时间：2024年2月26日。

[3] "老挝政府利用区块链技术推动数字化转型"，https://www.coinlive.com/zh/news/Laos-Government-to-Promote-Digital-Transformation-with-Blockchain-Technology，访问时间：2024年5月10日。

17. 美日举行第二次工商伙伴关系内阁级会议

5月26日，美国商务部部长吉娜·雷蒙多（Gina M. Raimondo）和日本经济产业大臣西村康稔（Nishimura Yasutoshi）举行了第二次日美工商伙伴关系（Japan-U.S. Commercial and Industrial Partnership，JUCIP）部长级会议，并发布联合声明，鼓励即将成立的美国国家半导体技术中心与日本尖端半导体技术中心，就日美框架下的技术和人力资源开发路线图进行合作。声明重申了在出口管制方面进行合作的承诺等。两位部长承认通过"印太经济框架"（Indo-Pacific Economic Framework for Prosperity，IPEF）与新兴和发展中国家（例如印太国家）接触的重要性，并承诺通过推进日美关系来加强全球供应链。[1]

18. 英伟达发布DGX GH200超级计算机

5月29日，英伟达在2023台北国际电脑展上发布了多项重磅消息，其中最重要的是Grace Hopper超级芯片已经全面投产。Grace Hopper超级芯片是英伟达新推出的DGX GH200人工智能超级计算平台和MGX系统核心组件，它们专为处理海量的生成型人工智能任务而设计。DGX GH200超级计算机可以支持大规模并行处理，能够同时处理多个任务、分布式计算和大规模数据集，从而提高计算效率和处理速度。英伟达还宣布其新的Spectrum-X以太网网络平台，专为人工智能服务器和超级计算集群而优化。[2]

6月

1. 南非IST-Africa会议举行

6月1日，由南非科学与创新部（Department of Science and Innovation）组织的IST-Africa会议正式举行。IST-Africa会议旨在促进非洲国家之间的知识共

---

[1] "Joint Statement for the Second Ministerial Meeting of the Japan-U.S. Commercial and Industrial Partnership (JUCIP)," https://www.commerce.gov/news/press-releases/2023/05/joint-statement-second-ministerial-meeting-japan-us-commercial-and，访问时间：2024年5月10日。

[2] "英伟达DGX GH200超级AI计算机发布：集成256个GH200芯片，144TB共享内存，AI性能突破1 Exaflop！"，https://www.icsmart.cn/62728/，访问时间：2024年3月2日。

享、能力建设和技能转让，从而加强全球参与以及对非洲科学、技术和创新战略（STISA-2024）的支持。会议的重点是与非洲国家在研究、创新和政策方面的战略合作，包括协调同信息与通信技术相关的活动及能力建设。南非致力于利用科学、技术和创新来推动可持续、包容性的经济增长。此次会议汇集了公共和私人利益相关者，探讨信息与通信技术在应对全球挑战方面的作用。[1]

2. 老挝建立数字化转型国家委员会

6月2日，老挝国家主席通伦·西苏里（Thongloun Sisoulith）签署主席令，建立数字化转型国家委员会，并任命22名成员。该委员会将负责制定政策、战略、计划和机制，并监督中央和地方各级数字化改革的实施。8月3日，数字化转型国家委员会召开成立大会。会议指出，数字化转型是老挝工业化和现代化进程中的一项重要革命任务，委员会要推动所有部委和研究机构制定20年国家数字经济发展愿景（2021—2040年）、10年国家数字经济发展战略（2021—2030年）和5年国家数字经济发展规划（2021—2025年）的详细行动计划。会议还强调，要扩大5G试验范围、建立数字政务系统和升级国家信息中心、建立电子身份证系统、开展数字扫盲等具体举措。[2]

3. 万维网联盟选举产生顾问委员会

6月5日，万维网联盟（W3C）会员选举来自Mozilla基金会、苹果、乐天株式会社、DAISY联盟、谷歌、中国移动的专家，填补万维网联盟顾问委员会的六个席位。万维网联盟顾问委员会成立于1998年，主要负责就战略、管理、法律事务、流程和冲突解决等问题，向万维网联盟团队提供持续指导。当选的顾问委员会成员作为个人贡献者而不是其组织的代表参与。顾问委员会参与者利用他们的判断来寻找最佳的网络解决方案，而不仅仅是针对任何特定的网络、技术、供应商或用户。此外，还有来自中国阿里巴巴、华为的专家也是

---

[1] "Embracing Digitalization: The IST-Africa Conference and South Africa's Innovations", https://capetown.today/embracing-digitalization-the-ist-africa-conference-and-south-africas-innovations/，访问时间：2024年2月25日。

[2] "President appoints committee to drive digitalisation process", https://www.vientianetimes.org.la/freeContent/FreeConten108_president_y23.php，访问时间：2023年8月4日。

顾问委员会成员。[1]

4. 新加坡推出《数字互联互通发展蓝图》

6月5日，新加坡通讯及新闻部（Ministry for Communications and Information）宣布推出《数字互联互通发展蓝图》（Digital Connectivity Blueprint），以指导新加坡发展数字基础设施。该蓝图为新加坡提供了数字基础设施的整体规划，包括硬基础设施、物理数字基础设施和软基础设施。[2]

5. 新加坡推出东南亚首个量子安全网络基础设施

6月6日，新加坡副总理兼经济政策统筹部部长王瑞杰在新加坡亚洲科技会展（Asian Tech x Singapore，ATxSG）上宣布，新加坡推出升级版的国家量子安全网络（National Quantum-Safe Network Plus，NQSN+），协助企业利用量子安全科技，增强企业在数字经济时代的韧性和安全。新加坡国家量子安全网络为政府机构、关键基础设施，以及具有敏感信息的医疗及金融业提供量子安全通信科技。升级版的国家量子安全网络是新加坡《数字互联互通发展蓝图》的重要内容之一。[3]

6. 日本召开第四届数字社会推进会议

6月6日，日本召开第四届数字社会推进会议，旨在讨论实现数字社会的优先规划等。[4] 日本首相岸田文雄表示：本次会议编制了优先规划的修订提案，明确了日本数字化社会的形式及实现措施。此次修订的规划包括旨在实现数字

---

[1] "The W3C Membership has elected the Advisory Board", https://www.w3.org/news/2023/the-w3c-membership-has-elected-the-advisory-board/, 访问时间：2024年1月20日。

[2] "Singapore launches Digital Connectivity Blueprint", https://sbr.com.sg/information-technology/news/singapore-launches-digital-connectivity-blueprint, 访问时间：2024年2月28日。

[3] "Singapore launches Southeast Asia's first quantum-safe network infrastructure to help businesses tap on quantum-safe technologies", https://www.imda.gov.sg/resources/press-releases-factsheets-and-speeches/press-releases/2023/sg-launches-southeast-asias-first-quantum-safe-network-infrastructure, 访问时间：2024年6月24日。

[4] "デジタル社会推進会議", https://www.kantei.go.jp/jp/101_kishida/actions/202306/06digital.html, 访问时间：2024年2月21日。

社会的新举措，如消除模拟法规、促进数字化完善、统一和规范地方政府核心业务系统、发展数字花园城市国家理念等。对于数字社会的身份证"个人编号卡"（My Number Card），日本政府积极采取安全保障措施，将其与驾驶执照、护理保险卡等现有的各种卡相结合，进一步推广无纸化技术，并计划将保险卡和驾驶执照等功能纳入智能手机中。

延伸阅读

日本个人编号卡制度

日本个人编号卡[1]是塑料制的、搭载IC芯片的卡片，票面记载有姓名、住址、出生日期、性别、个人编号和本人脸部照片等。个人编号卡除了可用作确认本人的身份证明书之外，还可用于需要使用电子证明书的各项政务服务。该系统旨在提高公民的便利性和公共行政效率。[2]在日本个人编号卡制度下，行政机关与其他实体加强信息联系，缩减行政程序。编号卡从2015年10月5日开始发放[3]；2016年1月以后，在征税、社会保障以及应对自然灾害等领域使用。

日本个人编号卡主要用于：

1. 作为证明个人编号的证件；
2. 各种行政手续的网上申请；
3. 可以作为确认本人的官方身份证明书；
4. 各种民间业务的网上交易；
5. 搭载了各种服务的多功能卡；
6. 用来在便利店发行各种证明书。

---

[1] "个人编号卡"，https://www.kojinbango-card.go.jp/zh-cn-kojinbango/，访问时间：2024年2月21日。

[2] "マイナンバー制度とは"，https://www.digital.go.jp/policies/mynumber/explanation/#guidance4，访问时间：2024年3月31日。

[3] "行政手続における特定の個人を識別するための番号の利用等に関する法律の施行期日を定める政令（平成27年4月3日政令第171号）"，https://laws.e-gov.go.jp/law/425AC0000000027，访问时间：2024年3月31日。

7. 华为发布中国首个软硬协同全栈自主数据库

6月7日，华为云推出新一代分布式高斯数据库（GaussDB），实现了核心代码100%自主研发，为中国国内首个软硬协同全栈自主的数据库。据悉，高斯数据库基于鲲鹏升腾生态，同时已经支持开源社区，可以实现从芯片、服务器、存储、网络，到操作系统、数据库的全栈迁移及替换。同时，高斯数据库引入了软硬协同且全自主的可信执行环境（Trusted Execution Environment，TEE）、富执行环境（Rich Execution Environment，REE）等安全增强能力，提高了数据的安全性。此外，自主可控的数据库也可以更好地与操作系统、服务器等软硬件相结合，实现更高效的数据存储和处理。经过三年的开发和测试验证，该数据库作为智能数据底座，已成功支撑华为新企业资源计划MetaERP系统实现全栈自主可控，支持业务需求快速响应、高效决策等。[1]

8. 日本制定先进科学技术推进政策

6月8日，日本召开第六十九届综合科学技术创新会议（Council for Science, Technology and Innovation，CSTI），制定三个基础推进政策。第一，致力于推进先进科学技术的战略。人工智能和量子技术等正在快速发展，先进技术的开发和人才投资的国际竞争日益激烈。日本将以"月球着陆计划"等创新性技术研发制度为催化剂，加速对创新技术的研发投资，并加强技术推广应用。第二，加强知识基础和人才培养。通过促进大学基金和地区核心的特色研究型大学发展，增强研究实力，加强年轻人和女性等多样化人才的培养。在人工智能方面，日本计划在"广岛人工智能进程"框架下，加深关于人工智能的国际讨论，加强算力和数据资源培育，增强研发能力。第三，构建创新生态系统。日本计划打造能够充分发挥人才潜力的环境，推动产业创新和社会变革。日本将学习海外顶尖大学的方法，加快培育世界范围内有影响力的企业，推动全国范围内创业型人才的培养。

---

[1] "软件战略再突围，华为推出新一代分布式数据库GaussDB"，http://www.ce.cn/cysc/tech/gd2012/202306/08/t20230608_38581144.shtml，访问时间：2024年2月27日。

延伸阅读

日本综合科学技术创新会议

综合科学技术创新会议是日本最高科技政策咨询决策部门，其重要职能之一便是促进日本科技外交发展。日本制定科技外交战略、政策、方针等的主要部门包括中央政府（内阁府）、外交部门（外务省）和科技政策咨询决策部门（综合科学技术创新会议）。综合科学技术创新会议成立于2014年，负责日本科技创新政策的规划、拟订、调查、审议与推进，是连接政府与学术界和产业界的重要纽带。[1]

9. 日本发布"综合创新战略2023"

6月9日，日本政府在内阁会议上正式推出"第六期科学技术与创新基本计划"的第三年实施内容——"综合创新战略2023"[2]，并将该战略作为2023年度日本科技创新工作的指导[3]。该战略明确了"从战略高度推动尖端技术开发""强化知识基础和人才培养""实现新型创新生态系统"三个重点方向。首先，推动尖端科学技术的发展作为重点之一，旨在通过加强日本国家战略规划，发挥智库作用，确保技术优势，研发面向未来的技术并将其应用于社会。其次，在加强知识基础和人才培养方面，日本以大学基金和研究大学为支柱，加强研究能力，特别关注青年和女性研究人才的培养，同时加强人工智能的国际讨论。最后，日本着眼于创新生态系统的形成，促进多样性人才的发展。同时，该战略还增加了包括强化对独创性研发的投资、加强对青年和女性科研人员的培养、加强人工智能开发能力、实现全球创业校园构想、加强对学术期刊的支持等内容。

---

1 黄吉、张虹：《大力塑造科技创新决策的"司令塔"——日本综合科学技术创新会议的发展经验与启示》，载《科技发展研究》，2017年第16期，第485页。
2 "日本内阁决定'综合创新战略2023'，明确三个重点"，https://keguanjp.com/kgjp_zhengc/kgjp_zhengc/pt20230704000003.html，访问时间：2024年3月31日。
3 "日本发布'统合创新战略2023'"，http://www.casisd.cn/zkcg/ydkb/kjzcyzxkb/2023/zczxkb202308/202311/t20231120_6935004.html，访问时间：2024年3月31日。

10. 美国白宫更新《利用安全的软件开发实践增强软件供应链的安全性》备忘录

6月9日,美国白宫管理和预算办公室(OMB)发布更新后的《利用安全的软件开发实践增强软件供应链的安全性》(Enhancing the Security of the Software Supply Chain through Secure Software Development Practices)备忘录,旨在强化2022年9月旧版备忘录的要求,重申安全软件开发实践的重要性。新版备忘录主要对以下三方面进行了补充更新:第一,延长了各联邦机构从软件生产制造商获取证明文件的截止日期。各机构必须在网络安全和基础设施安全局发布旧版备忘录要求的证明通用表格后三个月内,根据新旧备忘录的要求收集关键软件证明。通用表格由OMB根据《减少文书工作法案》批准发布。在通用表格获得OMB批准后的六个月内,各机构必须遵循新旧备忘录要求,收集齐所有软件类目的证明文件。第二,细化了旧版备忘录的要求范围,各联邦机构无须获得第三方软件组件生产商、免费获取且公开可用的专有软件生产商,以及联邦承包商开发的软件等类目的证明文件。第三,为软件生产商向联邦机构提交的行动计划和关键节点提供了补充指导,如果软件生产商无法提供软件证明,并提供了关于无法证明的实践文档,则联邦机构需要将此事通知OMB,并获得对证明文件最后期限的延期等。[1]

11. 中国国家互联网信息办公室发布《境内深度合成服务算法备案清单》

6月20日,中国国家互联网信息办公室发布《境内深度合成服务算法备案清单》(2023年6月)。清单企业包含腾讯、百度、火山、美团、快手等,算法主要包括智能客服算法、绘图生成合成算法、短视频生成合成算法、语音识别算法、翻译算法等。[2]

---

[1] "OMB memo reaffirms secure software development practices, extends timelines for attestation collection", https://industrialcyber.co/news/omb-memo-reaffirms-secure-software-development-practices-extends-timelines-for-attestation-collection/,访问时间:2024年3月2日。

[2] 《国家互联网信息办公室关于发布深度合成服务算法备案信息的公告》,https://www.cac.gov.cn/2023-06/20/c_1688910683316256.htm,访问时间:2024年3月2日。

12. 俄罗斯开发出用于创建"电子皮肤"的元件

6月21日，俄罗斯莫斯科国立电子技术学院（National Research University of Electronic Technology，MIET）和莫斯科国立谢东诺夫第一医科大学（I.M. Sechenov First Moscow State Medical University，MSMU）的科学家开发出由生物相容性材料制成的灵敏传感器。[1]这种传感器可用于制造"电子皮肤"，并且未来将有助于放弃创伤性活检程序。"电子皮肤"可用于制造下一代假肢，用于个性化医疗、软机器人、人工智能和人机界面（显示器、光伏和晶体管技术），也可应用于监测和呵护人体健康的可携带系统、生物医学、再生医学（例如控制身体各部位的运动：四肢、关节、胸部、术后治疗过程中的肌肉组织变形等）。

13. 文莱积极配合东盟数字化发展

6月22日，第十二届东盟科技与创新非正式部长级会议（IAMMSTI-12）和"数字未来大会"暨展会联合开幕式举行。文莱交通和信息通信部部长沙姆哈利（Pengiran Shamhary）发表讲话，指出东盟地区已充分抓住数字革命带来的机遇，并强调文莱积极配合东盟的数字化发展，目前已落实多项举措，包括推出数字创新和初创企业生态系统计划，该计划提供孵化器支持、指导和共同工作空间，以促进数字创新和创业公司的发展，并推动《2023年网络安全令》等立法。会议和展览展示了包括人工智能、网络安全、物联网、虚拟现实和增强现实在内的最新技术，国内外专家就新兴技术、数字战略、数据分析、人工智能和金融技术展开主题演讲和小组讨论。[2]

14. 国际互联网协会推出"网络损失计算器"测量断网对经济的影响

6月28日，国际互联网协会（ISOC）推出了名为"网络损失计算器"（NetLoss Calculator）的在线工具。该工具使用一种具有突破性的计量经济学框架，为进一步精确估算全球因断网（Internet shutdown）带来的经济损失提

---

[1] "俄罗斯开发出用于创建'电子皮肤'的元件"，https://sputniknews.cn/20230621/1051266479.html，访问时间：2024年1月15日。

[2] "Brunei in lockstep with Asean digital transformation"，https://www.thestar.com.my/aseanplus/aseanplus-news/2023/06/23/brunei-in-lockstep-with-asean-digital-transformation，访问时间：2024年2月26日。

供参考。除了计算经济损失之外，通过该工具还可以评估因断网而带来的失业率变化、外国直接投资损失数量等。测算基于一系列的公开数据，包括断网数据、抗议和内乱数据、选举数据，以及包括世界银行等在内机构所提供的社会经济指标数据等。据悉，国际互联网协会曾于2020年12月推出名为"脉搏平台"（Pulse Platform）的项目，将来自多个可信赖第三方的互联网测量数据整合以评估互联网整体态势，并为决策者、研究人员、媒体人员、网络运营商、民间社团等提供数据，以更好地了解互联网的健康程度、可用性和演进。[1]

15. 欧盟和韩国举行首届数字伙伴关系理事会

6月30日，欧盟和韩国在首尔举行首届数字伙伴关系理事会[2]，双方就数字转型合作的关键成果达成一致。会议取得的主要成果如下：一是就在"欧盟经济安全战略"中提出的新兴技术进行合作，建立韩国-欧盟半导体研究人员论坛，以及在高性能计算（High Performance Computing，HPC）领域共同开发应用程序，还将成立量子专家组。二是基于5G技术制定6G愿景，围绕人工智能加强合作，定期更新可信赖的人工智能倡议。三是加强网络安全合作，建立公平、安全、包容、创新的数字化转型环境，继续落实《未来互联网宣言》。

16. 南非Motheo创新中心正式落成

6月30日，南非Motheo创新中心正式落成。[3] 该中心是南非国家信息技术局（State Information Technology Agency）与Software AG公司之间的合作项目，后者是提供集成和互联等解决方案的公司。该项目旨在促进创新，提供必要的设施，并为南非信息通信技术行业的可持续发展创造途径。与此同时，中

---

1 "Amid Global Rise in Internet Shutdowns, Internet Society Launches 'NetLoss' Calculator to Measure Economic Impact", https://www.internetsociety.org/news/press-releases/2023/internet-society-launches-netloss-calculator-to-measure-economic-impact/, 访问时间：2023年12月20日。

2 "EU and Republic of Korea Digital Partnership: strengthening our economic resilience", https://ec.europa.eu/commission/presscorner/detail/en/ip_23_3607, 访问时间：2024年3月16日。

3 "Minister Mondli Gungubele Inaugurates the Motheo Innovation Centre at SITA Centurion", https://capetown.today/minister-mondli-gungubele-inaugurates-the-motheo-innovation-centre-at-sita-centurion/, 访问时间：2024年2月15日。

心的成立反映了政府在不断发展的数字环境中支持中小型和微型企业。该中心旨在通过提供尖端技术和协作环境来加强当地信息与通信技术产业,促进创新,并增强南非的全球竞争力。南非通信和数字技术部部长蒙德利·贡古贝勒(Mondli Gungubele)强调了在国家努力实现其数字化转型过程中,培育充满活力和多样化的信息与通信技术生态系统的重要性。中心在为中小企业提供推动增长、创造就业机会和为国民经济做出贡献所需的资源、指导和交流机会方面,扮演着至关重要的角色。中心的落成标志着政府致力于培育蓬勃发展和包容性的信息与通信技术行业。该中心通过为中小企业提供先进技术、专家指导和宝贵的交流机会,使之在促进创新和推动经济增长方面处于有利地位。

7月

1. 中国公布新版《网络关键设备和网络安全专用产品目录》

7月3日,中国国家互联网信息办公室会同工业和信息化部、公安部、国家认证认可监督管理委员会等部门更新了《网络关键设备和网络安全专用产品目录》,2017年发布的《关于发布〈网络关键设备和网络安全专用产品目录(第一批)〉的公告》(2017年第1号)中的网络关键设备和网络安全专用产品目录同步废止。本次目录的调整主要针对网络安全专用产品,从第一批目录的15款产品类别增加到34款产品类别,包括虚拟专用网产品、防病毒网关、统一威胁管理产品、病毒防治产品、网络安全态势感知产品、负载均衡产品等。[1]

2. 上合组织发布《上海合作组织成员国元首理事会关于数字化转型领域合作的声明》

7月4日,上海合作组织成员国元首理事会第二十三次会议发表《上海合作组织成员国元首理事会关于数字化转型领域合作的声明》。声明指出,数字化转型是全球性、包容性和可持续增长的驱动力,有助于实现联合国2030年可持

---

[1] 《关于调整〈网络关键设备和网络安全专用产品目录〉的公告》,https://www.gov.cn/zhengce/zhengceku/202307/content_6889847.htm,访问时间:2024年3月2日。

续发展议程目标。成员国要携手发掘各领域数字化潜力，促进数字经济和实体经济深度融合。数字技术在改变社会、经济和文化生活方面的潜力尚未充分开发。成员国将继续努力，坚持以人民为中心，推动数字化转型红利普遍可及且成本在可承受范围内，以充分发掘人类潜能；继续推进有关工作，确保降低数字基础设施使用成本，推动数字互联互通，发掘数字潜力，提高数据互操作性；坚定支持整合金融等重点领域的数字化解决方案；致力于在满足信息安全要求的同时，推广数字服务应用，惠及成员国民众。声明强调，数字技术的发展将推动数据应用更好地服务于经济、社会、文化生活的方方面面，成员国将在该领域开展合作，相互学习先进经验和成果。[1]

3. 南部非洲地区伙伴生态大会举行

7月6日，华为在南非约翰内斯堡举办了2023年南部非洲地区伙伴生态大会（Eco-Connect Sub-Saharan Africa 2023）。本次大会主题为"引领数字技术，共创新价值"。在全球数字治理和技术进步发生重大转变之际，本次活动共吸引了区域内10余个国家，近3000位伙伴与客户代表参会。[2]

4. 欧盟委员会通过一项关于Web4.0和虚拟世界的新战略

7月11日，欧盟委员会通过了一项关于Web4.0和虚拟世界的新战略，以引导下一次技术转型，并确保为欧盟公民、企业和公共行政部门提供一个开放、安全、值得信赖、公平和包容的数字环境。该战略旨在建立一个反映欧盟价值观和原则的Web4.0和虚拟世界，让人们的权利充分适用，欧洲企业可以蓬勃发展。该战略还将虚拟世界和Web4.0的开放性与全球治理作为一项特定的行动。[3]

---

[1]《上海合作组织成员国元首理事会关于数字化转型领域合作的声明》，https://www.gov.cn/xinwen/2020-11/11/content_5560426.htm，访问时间：2024年3月6日。

[2] "构建繁荣伙伴生态，共促非洲行业数字化转型"，https://www.huawei.com/cn/news/2023/7/africa-subsaharan-connect，访问时间：2024年2月17日。

[3] "Towards the next technological transition: Commission presents EU strategy to lead on Web 4.0 and virtual worlds", https://digital-strategy.ec.europa.eu/en/news/towards-next-technological-transition-commission-presents-eu-strategy-lead-web-40-and-virtual，访问时间：2024年2月27日。

5. 美国联邦贸易委员会对在线咨询服务公司BetterHelp进行罚款

7月14日，美国联邦贸易委员会最终敲定了一项命令，要求在线咨询服务公司BetterHelp支付780万美元罚款，并禁止其共享消费者的健康数据用于广告。此举解决了针对该公司在承诺保护此类数据隐私后，却与脸书、Snapchat等第三方共享消费者敏感健康数据用于广告的指控。命令还规定，BetterHelp支付的780万美元将用于向消费者提供部分退款。除了禁止为广告披露健康数据外，该命令还禁止BetterHelp共享消费者的个人信息以进行重新定位。它还要求该公司：在出于任何目的向第三方披露个人信息之前，必须获得明确的同意；制定全面的隐私计划，其中还包括对消费者数据实施强有力的保护措施；指示第三方删除与BetterHelp共享的消费者健康和其他个人数据；并根据数据保留时间表，限制可以保留个人和健康信息的时间。[1]

6. 中国发布《关于促进网络安全保险规范健康发展的意见》

7月17日，中国工业和信息化部、国家金融监督管理总局联合发布《关于促进网络安全保险规范健康发展的意见》（工信部联网安〔2023〕95号）。《意见》是中国网络安全保险领域的首份政策文件，围绕完善政策标准、创新产品服务、强化技术支持、促进需求释放、培育产业生态等提出意见：一是聚焦提升行业认知、完善行业规范，健全完善网络安全保险支持政策；二是聚焦丰富网络安全保险产品类型、创新保险服务模式，全方位加强网络安全保险产品服务创新；三是聚焦提升风险量化评估能力、加强全生命周期风险监测，强化网络安全技术赋能保险发展；四是聚焦推进网络安全保险落地应用、促进企业网络安全能力提升，撬动网络安全产业需求释放；五是聚焦培育网络安全保险优质企业、加强网络安全保险推广，培育网络安全保险发展生态。[2]

---

[1] "FTC Gives Final Approval to Order Banning BetterHelp from Sharing Sensitive Health Data for Advertising, Requiring It to Pay $7.8 Million"，https://www.ftc.gov/news-events/news/press-releases/2023/07/ftc-gives-final-approval-order-banning-betterhelp-sharing-sensitive-health-data-advertising，访问时间：2024年2月26日。

[2] "两部门联合印发《关于促进网络安全保险规范健康发展的意见》"，https://www.gov.cn/lianbo/bumen/202307/content_6892551.htm，访问时间：2024年3月2日。

7. 埃塞俄比亚取消对社交媒体的互联网限制

7月17日，埃塞俄比亚国家媒体Ethio Negari表示，埃塞俄比亚对社交媒体的互联网限制日前已被取消。这是自2022年2月以来，脸书、优兔、电报和TikTok等互联网服务在埃塞俄比亚的正常访问受到限制之后的一大政策变化。同时，该网站还表示，在互联网限制期间，包括埃塞俄比亚人权委员会在内的许多人权组织一直在要求政府取消限制。[1]

延伸阅读

互联网封锁使埃塞俄比亚损失超过70亿比尔

2023年7月13日，Ethio Negari援引权利与民主发展中心数据表示，自2022年2月以来，埃塞俄比亚限制了一些社交媒体上的互联网接入。埃塞俄比亚在全国各地封锁了TikTok、电报、脸书和优兔。但根据这一禁令，埃塞俄比亚在过去一段时间内损失了超76亿比尔的收入。与此同时，由于互联网服务受限，埃塞俄比亚的进出口相关产业也受到冲击，该中心预计，禁令在外国直接产品市场（foreign direct product market）上造成约2780万美元的损失，2372名国民也因此失去了工作。此外，该中心还表示，政府对埃塞俄比亚主要社交媒体平台的禁令没有法律依据。[2]

8. 新加坡政府发布《在线安全行为准则》

7月17日，新加坡信息通信媒体发展管理局（Infocomm Media Development

---

[1] "Ethiopia lifts internet restrictions on social media", https://ethionegari.com/2023/07/17/ethiopia-lifts-internet-restrictions-on-social-media/, 访问时间：2024年1月31日。

[2] "Internet blockade costs Ethiopia more than 7 billion birr", https://ethionegari.com/2023/07/13/internet-blockade-costs-ethiopia-more-than-7-billion-birr/, 访问时间：2024年1月31日。

Authority，IMDA）发布了《在线安全行为准则》（Online Safety Code），并于2023年7月18日正式生效。[1] 该准则旨在强化线上安全，遏制社交媒体有害内容网上传播，加强未成年人在线保护。2023年2月1日生效的新加坡《在线安全法案（修正版）》（Online Safety［Miscellaneous Amendments］Act），授权新加坡信息通信媒体发展管理局对具有重大影响力的社交媒体加强监管，要求其服务必需遵守《在线安全行为准则》。这些社交媒体包括脸书、HardwareZone、照片墙、TikTok、X、优兔等。

延伸阅读

新加坡《在线安全行为准则》主要内容

新加坡《在线安全行为准则》对社交媒体提出明确要求：第一，最大限度地防范新加坡用户接触有害内容，并为儿童提供额外在线保护；第二，为新加坡用户提供有效且易于使用的举报机制，以举报有害内容传播；第三，社交媒体必须为新加坡用户提供透明清晰的信息，以便用户判断其安全水平和安全措施。

具体包括：

（1）建立处理有害内容的系统和流程，制定有效的内容审核措施。

（2）制定儿童账号差异化政策。社交媒体用户至少年满13岁才能注册账号，用户必须在注册时输入出生日期。相关社交媒体平台需要对儿童账号指定适合年龄的政策，加强内容审核，避免儿童账号接收广告和推广内容。

（3）建立一套适合儿童的在线社区准则，防止网络暴力、网络色情、网络欺凌等信息向儿童传播。

（4）面向儿童提供易获取、易理解的在线安全信息。

---

[1] "IMDA's Online Safety Code comes into effect"，https://www.imda.gov.sg/resources/press-releases-factsheets-and-speeches/press-releases/2023/imdas-online-safety-code-comes-into-effect，访问时间：2024年2月22日。

（5）社交媒体平台还可以为家长或监护人提供途径，以管理子女浏览的内容和账号，实现与子女互动联系和位置共享。

9. 互联网工程任务组发布消息传递层安全协议

7月19日，互联网工程任务组（IETF）发布消息传递层安全（Messaging Layer Security，MLS）协议（RFC9420）。[1] 该协议使应用程序可以为其用户提供最高级别的端到端安全性保障。通过该协议，参与者始终知道组中的哪些其他成员将收到他们发送的消息，并且新参与者加入组的有效性由所有其他参与者验证。协议支持多种密码套件，并且可以在未来添加抗量子攻击的密码套件。包括亚马逊云科技（Amazon Web Services，AWS）、思科、谷歌等在内的许多公司和组织已经提供或很快将实施和部署MLS协议。[2]

10. 第四届城市发展和数字化转型国际论坛在俄罗斯举行

7月26日至28日，由俄罗斯联邦储蓄银行（Sberbank）主办的第四届城市发展和数字化转型国际论坛（International Forum on the Development and Digital Transformation of Cities）在俄罗斯乌法召开。此次论坛围绕"智慧城市，智慧国家"（Smart City, Smart Country）的主题，与会者将交流各自国家和地区政府的数字化转型、建筑、教育、医疗保健、旅游、交通、道路建设和运营、住房和公共服务以及能源等方面经验。从2018年俄罗斯智慧城市项目（Smart City Project）启动以来，全俄已有200多个城市引入了数字解决方案（digital solutions）。具体来看，俄罗斯建设和住房公用事业部（Ministry of Construction, Housing and Utilities of the Russian Federation）牵头的智慧城市项目旨在开发"一个有效的城市管理系统，

---

1 "RFC 9420: The Messaging Layer Security (MLS) Protocol", https://www.rfc-editor.org/rfc/rfc9420.html，访问时间：2024年2月10日。

2 "New MLS protocol provides groups better and more efficient security at Internet scale", https://www.ietf.org/blog/mls-protocol-published/，访问时间：2024年2月10日。

为公民创造安全舒适的条件，提高俄罗斯的城市竞争力"。[1]

11. 中国发布《国家车联网产业标准体系建设指南（智能网联汽车）（2023版）》

7月26日，中国工业和信息化部、国家标准化管理委员会联合发布《国家车联网产业标准体系建设指南（智能网联汽车）（2023版）》（工信部联科〔2023〕109号）。建设指南提出，到2025年，系统形成能够支撑组合驾驶辅助和自动驾驶通用功能的智能网联汽车标准体系，制修订100项以上智能网联汽车相关标准；到2030年，全面形成能够支撑实现单车智能和网联赋能协同发展的智能网联汽车标准体系，制修订140项以上智能网联汽车相关标准并建立实施效果评估和动态完善机制。[2]

12. 美国众议院通过《人工智能问责法案》

7月27日，美国众议院能源和商业委员会一致通过了《人工智能问责法案》（AI Accountability Act）。该法案主要涉及人工智能系统的问责措施研究和人工智能系统信息的可用性等内容，要求政府研究人工智能的问责制，并在2025年提交报告。[3]

13. 美国国家网络总监办公室发布《国家网络人才和教育战略》

7月31日，美国国家网络总监办公室（ONCD）发布《国家网络人才和教育战略》（National Cyber Workforce and Education Strategy）。本次战略是继拜登政府今年3月发布《国家网络安全战略》的进一步行动，标志着美国开启为期数年的系统性构建国家网络安全技能的计划。在此过程中，该战略承诺动用数十亿美元

---

1 "Russia's Smart City inmates will be 'safe and comfortable' technocrats promise", https://expose-news.com/2023/07/30/russias-smart-city-inmates-will-be-safe-and-comfortable/，访问时间：2024年1月19日。
2 "《国家车联网产业标准体系建设指南（智能网联汽车）（2023版）》正式发布", https://www.miit.gov.cn/jgsj/zbys/gzdt/art/2023/art_7fd0a28f6b1b436db029bca0a5d46a08.html，访问时间：2024年3月2日。
3 "美众议院通过《人工智能问责法案》"，http://ecas.cas.cn/xxkw/kbcd/201115_143328/ml/xxhzlyzc/202310/t20231024_4982393.html，访问时间：2024年5月10日。

的联邦资金来支持各项倡议，旨在改变政府、企业、学校和其他组织的人才发展方式，以满足当前和长期的网络人才需求。此次发布的战略包括四大支柱内容：为每个美国人提供基础网络技能；转变网络教育；扩充和增强美国网络人才队伍；加强联邦网络人才队伍。战略重点强调加强统筹，提高各部门工作的体系化程度，并对人才建设项目的有效性，包括成本收益情况做出评估，以解决网络安全人员的短缺问题，推动更广泛的网络安全技能培训和数字安全意识教育。[1]

14. 欧盟委员会通过《企业可持续发展报告指令》配套准则《欧洲可持续发展报告准则》

7月31日，欧盟委员会通过《企业可持续发展报告指令》配套准则《欧洲可持续发展报告准则》（European Sustainability Reporting Standards，ESRS），表明欧盟范围内的可持续性信息披露工作细则正逐渐明确。[2]

15. 开罗成为互联网名称与数字地址分配机构管理的根服务器在非洲的第二个部署点

7月31日，数字非洲联盟（Coalition for Digital Africa）和互联网名称与数字地址分配机构（ICANN）宣布，埃及开罗将成为ICANN管理的根服务器（ICANN Managed Root Server，IMRS）在非洲的第二处部署地点。第一处IMRS部署已于2022年11月在肯尼亚内罗毕投入使用。此举使得大多数非洲互联网域名系统根查询都能在非洲得到解析。数字非洲联盟由ICANN发起，是一个由相关行业组织构成的联盟，致力于建设一套强大和安全的互联网基础设施，让更多的非洲人能够上网。[3]

---

[1] "FACT SHEET: Biden-Harris Administration Announces National Cyber Workforce and Education Strategy, Unleashing America's Cyber Talent", https://www.whitehouse.gov/briefing-room/statements-releases/2023/07/31/fact-sheet-biden-%e2%81%a0harris-administration-announces-national-cyber-workforce-and-education-strategy-unleashing-americas-cyber-talent/，访问时间：2024年3月2日。

[2] "The Commission adopts the European Sustainability Reporting Standards", https://finance.ec.europa.eu/news/commission-adopts-european-sustainability-reporting-standards-2023-07-31_en，访问时间：2024年3月2日。

[3] "Coalition for Digital Africa: Second Location for ICANN Managed Root Server Installation", https://www.icann.org/en/announcements/details/coalition-for-digital-africa-second-location-for-icann-managed-root-server-installation-31-07-2023-en，访问时间：2024年2月21日。

8月

1. 第十一届金砖国家科技创新部长会议举行

8月3日至4日，第十一届金砖国家科技创新部长会议于南非格贝哈举行。会议主题是"金砖国家和非洲：通过知识伙伴关系在不断变化的世界中实现包容性可持续发展"。会后发表了《格贝哈宣言》和《2023—2024年工作计划》。两个成果文件重申了基于共同利益的优先合作领域，同时认识到进一步弘扬开放包容、合作共赢的金砖精神，加强团结协作，共同应对挑战，巩固金砖国家科技创新伙伴关系的重要性；肯定了近一年来金砖国家科技创新合作取得的进展；鼓励金砖国家在应用人工智能技术应对减贫、食品安全、公共卫生、可持续发展、能源转型等方面的挑战开展合作；进一步展望和规划了金砖国家科技创新合作的未来愿景。[1]

2. 美国发布《2024—2026财年网络安全战略计划》

8月4日，美国网络安全和基础设施安全局（CISA）发布《2024—2026财年网络安全战略计划》，旨在进一步落实2023年3月发布的《国家网络安全战略》，具体包括三大长期目标：解决直接威胁（将与合作伙伴合作，围绕针对美国的入侵、破坏威胁行为者的活动开展行动）、加固地形（将促进、支持和衡量采用强有力的安全与韧性实践方案，显著降低破坏性入侵的可能性）、推动安全规模化（将以网络安全作为一个基本安全问题，优先考虑推动产品设计）。[2]

3. 老挝召开国家数字化转型委员会首次会议

8月4日，老挝政府发布《国家数字经济发展二十年愿景（2021—2040年）》《国家数字经济发展十年战略（2021—2030年）》和《国家数字经济发展五年

---

[1] "科技部部长王志刚率团出席第十一届金砖国家科技创新部长会议"，https://www.most.gov.cn/kjbgz/202308/t20230809_187510.html，访问时间：2024年2月17日。

[2] "CISA Releases its Cybersecurity Strategic Plan"，https://www.cisa.gov/news-events/alerts/2023/08/04/cisa-releases-its-cybersecurity-strategic-plan，访问时间：2024年3月2日。

规划（2021—2025年）》等政策文件，积极推动数字经济、数字社会和数字政府的建设。8月3日，老挝技术与通信部部长波万坎·冯达拉（Boviengkham Vongdara）主持国家数字化转型委员会首次会议，强调数字化转型是老挝工业化和现代化的重要使命，能有效促进老挝近期和长期的社会和经济发展，数字经济建设能提高商业和经济活动的效率并增加价值，数字社会能使公众更广泛地获得各种服务并有助于缩小城乡差距，数字政府能增加公共部门的透明度。总理宋赛·西潘敦指出，相关部委和研究机构应制定与国家数字经济愿景、战略及发展计划相关的详细行动计划，并提出2025年前的优先项目。他还指示各部委应加快技术系统的发展，特别是发展电信网络和互联网，升级国家信息中心。他强调各部委应以数字方式连接，实现数据共享，推进政府整体数字系统的升级，将数字技术应用于税收和支出，并争取从国际社会获取资金支持。[1]

4. 第九届金砖国家通信部长会议举行

8月4日，第九届金砖国家通信部长会议在南非开普敦举行。会议主题为"实现普遍连接，繁荣数字经济"。此次会议审议通过了《第九届金砖国家通信部长宣言》，就设施互联、数字治理、技术应用、人才培养等议题达成了重要共识，对中方提出的中小企业数字化转型合作倡议表示欢迎，一致同意在基础设施建设、人工智能发展等方面加快共同行动，并就依托金砖国家未来网络研究院、数字金砖任务组，进一步深化技术研发、人才培训等方面的合作达成共识。[2]

5. 金砖国家第十三次经贸部长会议取得务实成果

8月7日，金砖国家第十三次经贸部长会议通过《金砖国家第十三次经贸部长联合公报》，达成《金砖国家数字经济工作组职责文件》《金砖国家数字经

---

[1] "Lao govt pushes for urgent digital transformation", https://www.thestar.com.my/aseanplus/aseanplus-news/2023/08/04/lao-govt-pushes-for-urgent-digital-transformation，访问时间：2024年2月26日。

[2] "张云明率团出席第九届金砖国家通信部长会议", https://www.miit.gov.cn/xwdt/gxdt/ldhd/art/2023/art_f2d009fa8ed7452fa5ed051a95a7e88a.html，访问时间：2024年2月17日。

济工作组工作计划》[1],表明在数字经济和绿色发展等新兴领域加强合作,为下一步各方开展电子提单应用、能源转型投资等领域合作确定了具体路径,进一步释放合作潜力,共同抢抓新一轮科技革命和产业变革的历史机遇。

6. 中国发布《人脸识别技术应用安全管理规定(试行)(征求意见稿)》

8月8日,为规范人脸识别技术应用,中国国家互联网信息办公室起草了《人脸识别技术应用安全管理规定(试行)(征求意见稿)》。该规定明确:在中华人民共和国境内利用人脸识别技术应当遵守法律法规,遵守公共秩序,尊重社会公德,承担社会责任,履行个人信息保护义务,不得利用人脸识别技术从事危害国家安全、损害公共利益、扰乱社会秩序、侵害个人和组织合法权益等法律法规禁止的活动。除维护国家安全、公共安全或者为紧急情况下保护自然人生命健康和财产安全所必需,或者取得个人单独同意外,任何组织或者个人不得利用人脸识别技术分析个人种族、民族、宗教信仰、健康状况、社会阶层等敏感个人信息。[2]

7. 拜登签署"受关注国家投资限制"行政命令

8月9日,美国总统拜登签署了一项行政命令,解决美国在受关注国家对某些国家安全技术和产品的投资问题。该命令授权财政部部长对从事涉及敏感技术活动的某些美国投资进行监管,涉及半导体和微电子、量子信息技术和人工智能三个领域。在行政令的附件中,将中国确定为"受关注的国家"。美国财政部同时发布了《拟议规则制定的预先通知》,其中包含拟议的定义,以详细说明该计划的范围;该计划将在生效前进行公告并接受评论。[3]

---

1 "金砖国家第十三次经贸部长会议取得务实成果",http://za.mofcom.gov.cn/article/h/202308/20230803433262.shtml,访问时间:2024年3月17日。
2 《国家互联网信息办公室关于〈人脸识别技术应用安全管理规定(试行)(征求意见稿)〉公开征求意见的通知》,http://www.cac.gov.cn/2023-08/08/c_1693064670537413.htm,访问时间:2024年2月26日。
3 "President Biden Signs Executive Order on Addressing United States Investments in Certain National Security Technologies and Products in Countries of Concern", https://www.whitehouse.gov/briefing-room/statements-releases/2023/08/09/president-biden-signs-executive-order-on-addressing-united-states-investments-in-certain-national-security-technologies-and-products-in-countries-of-concern/,访问时间:2024年2月27日。

8. 中国发布《国家认监委关于修订网络关键设备和网络安全专用产品安全认证实施规则的公告》

8月10日，中国国家认证认可监督管理委员会发布《国家认监委关于修订网络关键设备和网络安全专用产品安全认证实施规则的公告》（2023年第14号）。公告发布之后，《关于发布网络关键设备和网络安全专用产品安全认证实施规则的公告》（国家认监委2018年第28号公告）同时废止；此前已经颁发的有效安全认证证书可继续使用，证书转换工作采取到期换证、产品变更、标准换版等自然过渡的方式完成。[1]

9. 巴西政府宣布启动新版"加速增长计划"

8月11日，巴西政府正式推出新版"加速增长计划"（Novo Pac）。[2] 新版"加速增长计划"包含可持续交通运输系统、弹性城市、卫生保健、能源安全及转型、教育与科技、供水项目、数字包容发展及连通、社会基础设施及国防工业创新共九项核心任务，总投资额预计为3470亿美元；一期（2023—2026年）投资2870亿美元，二期（2026年后）投资600亿美元；资金来源分别是私人部门1260亿美元、联邦政府总预算760亿美元、其他融资740美元、巴西国有企业投入710亿美元。其中，数字包容发展及连通性57亿美元，涵盖学校及卫生医疗机构网络连接性、4G和5G拓展、邮政服务、信息高速公路及数字电视。新版"加速增长计划"旨在促进经济、社会和城市基础设施发展，增加公共部门及私人部门投资，创造优质就业岗位并整体提高巴西经济的竞争实力。政府将着眼于发展新领域，实现生态转型，推动新型工业化，坚持联邦与地方政府之间民主对话模式，并以战略行动为指引协调融资安排。

---

1 《国家认监委关于修订网络关键设备和网络安全专用产品安全认证实施规则的公告》，https://www.cnca.gov.cn/zwxx/gg/2023/art/2023/art_ef3bb2fec17b44929aae94f807bbf2cf.html，访问时间：2024年3月2日。

2 "Novo PAC vai investir R$ 1,7 trilhão em todos os estados do Brasil"，https://www.gov.br/planalto/pt-br/acompanhe-o-planalto/noticias/2023/08/novo-pac-vai-investir-r-1-7-trilhao-em-todos-os-estados-do-brasil#:~:text=Novo%20PAC%20vai%20investir%20R%24%201%2C7%20trilh%C3%A3o%20em,08h00%20Atualizado%20em%2011%2F08%2F2023%2011h43%20Fonte%3A%20Casa%20Civil，访问时间：2024年2月15日。

10. 英国发布人工智能脱碳计划

8月15日，英国政府宣布投资375万英镑，推进人工智能在减少碳排放方面发挥更大的作用，加速英国向净零目标迈进。其中，12项绿色人工智能项目将获得100万英镑的资助，包括太阳能改进，使用人工智能来改善对何时最好地为电网生产能源的预测，以及通过使用人工智能机器人监测作物和土壤健康来实现奶牛养殖的脱碳。此外，政府还将提供225万英镑，用于支持进一步的人工智能创新，目的是减少能源部门的排放。同时，英国宣布启动首个人工智能脱碳创新卓越中心，并为其提供50万英镑资金。[1]

11. 美国网络安全和基础设施安全局发布远程监控和管理网络防御计划

8月16日，美国网络安全和基础设施安全局（CISA）发布《远程监控和管理网络防御计划》（Remote Monitoring and Management［RMM］Cyber Defense Plan，RMM）。该计划提供了明确的路线图，以提高RMM生态系统的安全性和韧性，扩大公私合作，包括RMM供应商、托管服务提供商（MSP）、托管安全服务提供商（MSSP）、中小企业和关键基础设施运营商。计划具体包括：网络威胁和漏洞信息共享；持久的RMM操作社区；最终用户教育；放大RMM生态系统内的相关建议和警报。[2]

12. 美国白宫发布《2025财年优先研究事项清单》

8月17日，美国白宫发布《2025财年优先研究事项清单》，将可信人工智能、确保国家安全的新兴技术、气候危机解决方案、全民健康信息系统、改善不平等现象、支持美国在创新技术研究方面的竞争力、加强基础研究及基础设施建设等七个研究领域，列为拜登政府2025财年优先研究事项，进一步强调技术在

---

[1] "AI to help UK industries cut carbon emissions on path to net zero"，https://www.gov.uk/government/news/ai-to-help-uk-industries-cut-carbon-emissions-on-path-to-net-zero，访问时间：2024年6月24日。

[2] "CISA Publishes JCDC Remote Monitoring and Management Systems Cyber Defense Plan"，https://www.cisa.gov/news-events/news/cisa-publishes-jcdc-remote-monitoring-and-management-systems-cyber-defense-plan，访问时间：2024年3月2日。

政府开展未来工作中的作用,并要求联邦机构根据清单调整2025财年预算。[1]

13. 西班牙成立人工智能监管局

8月22日,西班牙部长会议批准了西班牙人工智能监管局(The Spanish Agency for the Supervision of Artificial Intelligence,AESIA)的章程。AESIA由西班牙财政和公共职能部以及经济事务和数字化转型部共同组建,隶属于经济事务和数字化转型部。该机构的成立使西班牙成为欧盟第一个成立人工智能独立监管机构的国家。[2]

14. 日本发布"东盟-日本经济共创愿景"最终版本

8月22日,日本经济产业省(METI)、日本贸易振兴机构(Japan External Trade Organization,JETRO)以及日本商工会议所(Japanese Chamber of Commerce & Industry,JCCI)等机构发布"东盟-日本经济共创愿景"。为实现愿景,"未来设计和行动计划"列出了实现可持续发展、促进跨境开放式创新、加强网络和物理连接、构建共生活力人力资本的生态系统等四大行动支柱。[3]

15. 东盟启动数字经济框架协定谈判

8月22日,在第五十五届东盟部长级会议上,东盟国家经济贸易部长们共同确认了《数字经济框架协议》(Digital Economy Framework Agreement,DEFA)等系列重要经济成果,并表示上述成果均符合《2025年东盟经济共同体蓝图》,将提交至9月举行的第四十三届东盟峰会。[4] DEFA是一项全面的数

---

[1] "Memorandum for the Heads of Executive Departments and Agencies", https://www.whitehouse.gov/wp-content/uploads/2023/08/FY2025-OMB-OSTP-RD-Budget-Priorities-Memo.pdf,访问时间:2024年2月26日。

[2] "Aprobado el estatuto de la Agencia Española de Supervisión de la Inteligencia Artificial", https://www.hacienda.gob.es/Documentacion/Publico/GabineteMinistro/Notas%20Prensa/2023/CONSEJO-DE-MINISTROS/22-08-23-NP-CM-Estatutos-Agencia-Inteligencia-Artificial.pdf,访问时间:2024年2月24日。

[3] "Final Version of 'ASEAN-Japan Economic Co-Creation Vision' and 'Future Design and Action Plan' Released", https://www.meti.go.jp/english/press/2023/0822_004.html,访问时间:2024年2月24日。

[4] "东盟部长级会议达成系列数字经济框架协议成果",http://ph.mofcom.gov.cn/article/jmxw/202308/20230803435224.shtml,访问时间:2024年3月4日。

字化协议，涵盖了东盟的数字人才、数字身份、网络安全、再培训、技能提升、数字基础设施和互操作性。该框架旨在通过数字贸易、跨境数据流动、竞争和数字支付等方面的全面协议，加速东盟的数字化转型议程。作为一个合作框架，DEFA提供了全面的路线图，通过加速贸易增长，创造安全的数字环境，增加中小微企业的参与，为东盟的企业和利益相关者赋权。

16. 中国发布《2023人工智能基础数据服务产业发展白皮书》

8月24日，中国发布《2023人工智能基础数据服务产业发展白皮书》（以下简称《白皮书》）。《白皮书》指出，2022年，中国人工智能基础数据服务产业的市场规模为45亿元人民币，预计今年将达到53.5亿元人民币。由中国国家工业信息安全发展研究中心起草的《白皮书》包括五个部分，分别是人工智能基础数据服务产业发展的背景、现状、环境、趋势和建议。《白皮书》指出，在产业链上游，人工智能技术应用供给集中，互联网科技公司和专业数据服务商是开源数据关键技术工具和人才资源的主要提供者。在产业链中游，呈现出百家争鸣的竞争态势，中小型数据供应商同质化，竞争激烈。在产业链下游，需求场景不断扩展，精细化的服务要求进一步提升。随着人工智能大数据服务产业的快速发展，人才培养不足、标准体系亟待健全、数据安全风险凸显等挑战也浮出水面。对此，《白皮书》建议，要加快构建高质量数据集；研发数据服务质量评判标准；加强技术研发，发挥集约化、自动化数据服务工具优势；提升专业人才供给，带动劳动密集型业态转型升级；加大行业安全监管，优化数据服务安全环境；完善公共基础服务，健全产业支撑体系。[1]

17. 新加坡和印度联手完成全球首批无纸化交易货运

8月25日，新加坡贸易和工业部在二十国集团贸易和投资部长会议上指出，新加坡和印度的银行与企业利用通商互信（TradeTrust）框架，成功启动

---

[1] "《2023人工智能基础数据服务产业发展白皮书》发布"，https://m.chinanews.com/wap/detail/chs/zw/10066502.shtml，访问时间：2024年3月2日。

了两国企业之间的第一笔实时交易。这是全球范围内首次在贸易商、托运人和银行之间进行完全无纸化的交易。这次实时交易展示了数字跨境贸易金融文件在不同系统中的应用，使货运交易速度更快、成本更低、准确度更高。通商互信框架由新加坡信息通信媒体发展管理局（IMDA）首创，并使用区块链技术支撑。任何符合联合国国际贸易法委员会（United Nations Commission on International Trade Law，UNCITRAL）、《电子可转让记录示范法》（Model Law on Electronic Transferable Records，MLETR）的数字贸易文件，均可通过该平台实现无纸化交易货运。[1]

18. 首届金砖国家国际创新论坛在俄罗斯举行

8月27日至29日，主题为"云城市"（Cloud City）的首届金砖国家国际创新论坛在俄罗斯首都莫斯科举行。与会者讨论了现代技术如何帮助提高生活质量、如何在大都市创造舒适的数字环境等内容。此外，该论坛还公布由广州国际城市创新研究中心与南非、印度和巴西的学术机构合作推出的"全球技术和空间发展水平100强"城市排名。[2]

19. 中国印发《元宇宙产业创新发展三年行动计划（2023—2025年）》

8月29日，中国工业和信息化部办公厅等五部门联合印发《元宇宙产业创新发展三年行动计划（2023—2025年）》。计划提出，到2025年，元宇宙技术、产业、应用、治理等取得突破，成为数字经济重要增长极，产业规模壮大、布局合理、技术体系完善，产业技术基础支撑能力进一步夯实，综合实力达到世界先进水平。培育3—5家有全球影响力的生态型企业和一批专精特新中小企业，打造3—5个产业发展集聚区。工业元宇宙发展初见成效，打造一批典型应

---

[1] "Singapore and India kick off an era of interoperable electronic Bills of Lading for Trade Finance", https://www.imda.gov.sg/resources/press-releases-factsheets-and-speeches/press-releases/2023/sg-india-interoperable-electronic-bills-of-lading，访问时间：2024年2月21日。

[2] "首届金砖国家国际创新论坛将于8月27日在莫斯科开幕"，https://sputniknews.cn/20230827/1052848407.html，访问时间：2024年1月13日。

用，形成一批标杆产线、工厂、园区。元宇宙典型软硬件产品实现规模应用，在生活消费和公共服务等领域形成一批新业务、新模式、新业态。[1]

20. 新西兰拟于2025年对跨国企业开征数字服务税

8月29日，新西兰政府表示，拟采取进一步措施建立更公平的税收制度，出台立法对大型跨国公司开征数字服务税。征收门槛是跨国企业每年从全球数字服务中赚取7.5亿欧元，并每年从向新西兰用户提供的数字服务中获得350万新西兰元。该税将按新西兰数字服务应税总收入的3%征收。新西兰《数字服务税法案》将于8月31日提交议会。[2]

9月

1. 新加坡开展信息通信和人工智能人才培训

9月1日，在新加坡计算机协会（Singapore Computer Society，SCS）举办的Tech3 Forum 2023大会上，新加坡通讯及新闻部部长杨莉明宣布，新加坡信息通信媒体发展管理局（IMDA）计划加强针对信息和通信劳动力的培训，主要涵盖人工智能、软件工程和云计算等关键技术领域。[3] 该培训计划在未来三年内，与新加坡国立大学、义安理工学院、职总恒习（NTUC LearningHub，新加坡全国职工总会下属组织）、新加坡社科大学、淡马锡理工学院-新加坡共和理工学院-新加坡世代学院（TP-RP-Gen）组成的联合机构等五个培训伙伴展开合作。

---

1 《工业和信息化部办公厅、教育部办公厅、文化和旅游部办公厅、国务院国资委办公厅、广电总局办公厅关于印发〈元宇宙产业创新发展三年行动计划（2023—2025年）〉的通知》，https://www.gov.cn/zhengce/zhengceku/202309/content_6903023.htm，访问时间：2024年3月2日。

2 "新西兰将于2025年对跨国企业开征数字服务税"，http://nz.mofcom.gov.cn/article/slfw/202309/20230903437098.shtml，访问时间：2024年5月10日。

3 "IMDA leads nationwide AI skilling to build AI talent pool"，https://www.imda.gov.sg/resources/press-releases-factsheets-and-speeches/press-releases/2023/imda-leads-ai-skilling-to-build-ai-talent-pool，访问时间：2024年2月21日。

2. 南非政府利用数字技术促进农村地区发展

9月1日，南非化学工业教育与培训局（Chemical Industries Education and Training Authority）在巴巴南戈地区成立智能技能中心。该地区位于夸祖鲁—纳塔尔省的一个偏远农村地区，没有任何互联网连接。[1] 该中心通过提供区块链、人工智能、软件开发、数据科学和移动设备维修等数字技术和技能培训，帮助解决该地区的数字鸿沟。这一举措将帮助失业青年建立数据驱动型商业企业。

3. 中贝两国签署数字经济等领域多项双边合作文件

9月1日，中国国家主席习近平同来华进行国事访问的贝宁总统帕特里斯·塔隆（Patrice Talon）举行会谈。[2] 两国元首宣布中贝建立战略伙伴关系。这是金砖国家领导人第十五次会晤和中非领导人对话会成功举办后，首位非洲国家元首访华，也是塔隆时隔五年再次访华。在元首外交的引领和推动下，中贝关系提质升级迈上新台阶，为中贝、中非合作和构建新时代中非命运共同体注入蓬勃动力。会谈后，两国元首共同见证签署深化共建"一带一路"、绿色发展、数字经济、农业食品、卫生健康等领域多项双边合作文件。

4. 华为云利雅得节点正式开服

9月4日，在2023年华为云沙特峰会上，华为宣布华为云利雅得节点正式开服，以推动沙特数字经济增长。[3] 开服后，利雅得节点将成为华为云服务中东、中亚和非洲的核心节点，可提供创新、可靠、安全、可持续的云服务。具体来看，华为将数字化转型的成功经验和优秀实践开放给了行业客户，简化创新流程，加速行业创新。此外，该节点可以提供包括基础设施、数据库、容器、大

---

[1] "Minister Blade Nzimande: Launch of Chemical Industries Education and Training Authority (CHIETA)", https://www.gov.za/news/speeches/minister-blade-nzimande-launch-chemical-industries-education-and-training-authority-0/，访问时间：2024年2月17日。

[2] "习近平同贝宁总统塔隆会谈"，https://www.gov.cn/yaowen/liebiao/202309/content_6901533.htm，访问时间：2024年3月1日。

[3] "'与沙特一起，共赴全球'——华为云在沙特正式开服"，https://www.huaweicloud.com/news/2023/20230904160120957.html，访问时间：2024年1月26日。

数据和AI服务在内的全栈云服务，以满足各行各业的需求。华为云利雅得节点通过3AZ（可用区）架构，提供了高可用、低时延、安全的云服务，保障各类业务稳定运行，覆盖沙特电信公司（STC）、Zain KSA、Mobily等所有现网运营商。本地数据中心将根据当地数据法规，在本地存储数据。本次开服还将推出数据、人工智能和云原生三大类68个云服务。

5. 欧盟委员会公布首批《数字市场法案》"看门人"企业

9月6日，欧盟委员会根据《数字市场法案》（Digital Markets Act，DMA），首次指定六家企业Alphabet、亚马逊、苹果、字节跳动、Meta、微软为"看门人"，包含它们提供的22项核心业务平台。上述企业有6个月的时间来确保其指定的核心业务平台完全符合《数字市场法案》规定的义务。同时，欧盟委员会还启动了四项市场调查，以进一步评估微软必应搜索引擎（Bing）、Edge浏览器和微软广告以及苹果iMessage是否能获得豁免。此外，欧盟委员会将对苹果平板电脑操作系统（iPadOS）进行市场调查。

6. 美印联合声明重点关注开放无线接入网领域技术

9月8日，美国总统拜登出席印度新德里二十国集团领导人峰会期间，与印度再次发表美印联合声明。[1] 其中，双方强调加强科技合作，主要包括：计划9月对美印"关键和新兴技术"倡议（iCET）进行中期审查；印度空间研究组织（Indian Space Research Organization，ISRO）和美国国家航空航天局（NASA）将继续深化两国在外层空间探索方面的伙伴关系，加强行星防御方面的协调，以保护地球和太空资产免受小行星和近地天体的撞击；将成立两个联合工作组，重点关注开放无线接入网领域的合作以及5G、6G技术的研发；美国国家科学基金会（NSF）与印度生物技术部签署执行安排，促进生物技术和生物制造创新领域的科技研究合作；美国国家科学基金会与印度电子和信息技术部发出提案征集呼吁，以推动两国在半导体研究、下一代通信系统、网络

---

[1] "Readout of Launch of Global Biofuels Alliance", https://www.whitehouse.gov/briefing-room/statements-releases/2023/09/09/readout-of-launch-of-global-biofuels-alliance/，访问时间：2024年3月1日。

安全、可持续性和绿色技术以及智能交通系统方面的学术和工业合作。此外，两国还将加强量子、国防科技工业、高等教育、防务技术转移、核能及可再生能源、电动车供应链、创新生态系统、医疗卫生、战场事务管理等领域合作。

7. 美印公司合作构建大规模人工智能基础设施

9月8日，美国英伟达公司与印度塔塔集团（Tata）宣布将展开广泛合作，提供人工智能计算基础设施和平台。[1] 此次合作将为印度数千家组织、企业和人工智能研究人员以及数百家初创公司提供最先进的人工智能功能。两家公司将共同打造一款由英伟达GH200 Grace Hopper超级芯片提供支持的人工智能超级计算机，以实现同类最佳的性能，由此扩展云基础设施服务，以应对生成式人工智能初创公司和大型语言模型处理的指数级需求。此次合作还将促进塔塔集团从制造到消费业务的人工智能主导转型。

8. 埃塞俄比亚推出商用5G

9月12日，埃塞俄比亚电信（Ethio Telecom）公开表示，已准备好为客户提供无限的5G数据、5G到户以及各种5G移动套餐。为此，该公司的网站列出了移动5G的资费，起价为每月17美元，最多150GB的数据。该服务在该国首都亚的斯亚贝巴启动。埃塞俄比亚电信将通过部署在首都的145个站点提供5G服务。埃塞俄比亚总理阿比·艾哈迈德·阿里（Abiy Ahmed Ali）认为，埃塞俄比亚拥有超过1.2亿人口，电信行业是该国经济的巨大资产。[2]

9. 阿联酋规划未来50年网络安全愿景

9月20日，阿联酋《国民报》（The National）显示，阿联酋正在制定一项网络安全愿景，该愿景将在未来50年加强打击数字犯罪的行动。同时，阿联酋

---

[1] "Tata Partners with NVIDIA to Build Large-Scale AI Infrastructure", https://www.nasdaq.com/press-release/tata-partners-with-nvidia-to-build-large-scale-ai-infrastructure-2023-09-08，访问时间：2024年3月1日。

[2] "Ethio Telecom confirms commercial 5G launch in Ethiopia", https://www.datacenterdynamics.com/en/news/ethio-telecom-confirms-commercial-5g-launch-in-ethiopia/，访问时间：2024年2月1日。

网络安全委员会（UAE Cybersecurity Council）负责人表示，这一举动将使阿联酋具有"最高水平的韧性"并增强其"应对日益增长的数字挑战"的能力。[1]

10. 越南、老挝、柬埔寨推动数字经济领域的贸易投资合作

9月20日，越南社会科学翰林院（Vietnam Academy of Social Sciences，VASS）、老挝社会与经济科学院（Lao Academy of Social and Economic Sciences，LASES）和柬埔寨皇家科学院（Royal Academy of Cambodia，RAC）在越南胡志明市联合举行题为"越南、老挝与柬埔寨在数字经济背景下促进贸易投资合作"的国际研讨会，三国专家、外交人员等100余名代表与会。本次研讨会集中探讨：一是分析数字经济发展趋势，二是将数字技术应用于越、老、柬贸易和投资发展的经验，三是数字化转型进程对促进三国贸易投资合作的影响，四是促进越、老、柬三国在数字经济中贸易投资合作的措施等问题。三国专家强调，越、老、柬三国的贸易投资合作潜力巨大，三国应完善法律框架，积极为国家数字化转型提供设施，以切实推动数字经济的发展。[2]

11. 互联网架构委员会发表开放互联网软硬件认证风险声明

9月25日，互联网架构委员会（IAB）发表了关于开放互联网上软件和硬件认证风险的声明。声明中称，虽然客户端软件和硬件的认证是防止互联网滥用或欺诈的有用工具，但使用此类认证作为访问其他开放协议和服务的障碍，将对整个互联网的演变产生负面影响。开放性和赋权用户始终是互联网工程任务组（IETF）的核心价值观，任何实施适当标准的人都应该能够在互联网上进行互操作。客户端软件和硬件的认证不同于用户身份验证，不适合公开访问的服务。IAB邀请在开放服务中从事客户认证的行业和标准社群与IETF的有关工作组进行联系，并鼓励这些团体专注于定义认证和防止滥用的安全部署模

---

[1] "UAE plans cybersecurity vision for next 50 years"，https://www.thenationalnews.com/business/technology/2023/09/20/uae-plans-cybersecurity-vision-for-next-50-years/，访问时间：2024年1月27日。

[2] "Int'l conference discusses Việt Nam-Laos-Cambodia cooperation in digital economy"，https://vietnamnews.vn/politics-laws/1594048/int-l-conference-discusses-viet-nam-laos-cambodia-cooperation-in-digital-economy.html，访问时间：2024年2月26日。

型，避免对互联网的开放性造成危害。[1]

10月

1. 南非举办5G论坛

10月11日，由南非独立通信管理局（Independent Communications Authority of South Africa，ICASA）主办的5G论坛在约翰内斯堡举行，主题为"从理论到实践"（From Theory to Practice）。该论坛探讨了5G技术在多个行业的变革性作用，重点关注实际实施、国际合作和创新用例，以促进包容性和经济转型。讨论内容包括5G对数字经济的影响、对部署的思考以及实施过程中遇到的挑战。该论坛自2017年以来已举办了三届，行业专家、政府代表和全球组织参与，共同探讨5G技术在南非的潜力。[2]

2. 马来西亚拨款建立全国首个人工智能学院

10月13日，马来西亚总理兼财政部部长安瓦尔·易卜拉欣在2024年财政预算案中宣布拨款2000万林吉特，以在马来西亚科技大学设立全国首个人工智能学院。他强调，马来西亚需要加强人工智能领域的创新和数字人才培养，以推动数字化转型，实现经济的可持续发展。[3]

3. 2023金砖国家工业互联网与数字制造发展论坛举行

10月15日，中国（福建）–巴西产业合作推介会暨2023金砖国家工业互联网

---

[1] "IAB Statement on the Risks of Attestation of Software and Hardware on the Open Internet"，https://datatracker.ietf.org/doc/statement-iab-statement-on-the-risks-of-attestation-of-software-and-hardware-on-the-open-internet/，访问时间：2024年2月22日。

[2] "Address by Mr Thabiso Thukani at the ICASA 5G Forum 2023"，https://www.dcdt.gov.za/media-room/speeches/departmental-speeches/448-address-by-mr-thabiso-thukani-at-the-icasa-5g-forum-2023.html，访问时间：2024年2月19日。

[3] "Budget 2024: RM20mil allocated to establish country's first AI faculty at University Technology Malaysia"，https://www.thestar.com.my/tech/tech-news/2023/10/13/budget-2024-rm20mil-allocated-to-establish-countrys-first-ai-faculty-at-university-technology-malaysia，访问时间：2024年2月26日。

与数字制造发展论坛在巴西圣保罗举行。中国驻圣保罗总领事余鹏、福建省副省长林文斌、圣保罗市议员扎拉蒂尼、巴西国家服务业联合会国际市场开发部总监普雷托尼、巴西闽商联合会会长陈维雨及中巴政商界代表近百人出席活动。[1]

4. 中国和巴基斯坦落实《中巴产业合作框架协议》推动数字经济发展

10月20日，中国和巴基斯坦发表联合新闻声明，双方同意积极推进落实《中巴产业合作框架协议》，支持巴基斯坦工业化发展，鼓励中国公司在巴设立制造业企业。双方重申，中巴经济走廊是开放包容、合作共赢的平台，欢迎第三方从产业、农业、信息技术、科技等中巴经济走廊优先合作领域投资中受益。双方同意在中巴信息技术产业联合工作组框架下加强交流合作，共同提高数字基础设施建设管理水平、高新技术合作和信息技术服务能力，推动数字经济高质量发展。[2]

5. 印度组织国家网络安全演习

10月20日，印度国家网络安全演习（Bharat National Cyber Security Exercise，NCX）于新德里SCOPE会议中心结束。此次网络安全演习由300多名来自不同政府机构、公共组织和私营部门的参与者共同实施，参与者组织了为期六天的高强度训练，并组织了为期五天的红对蓝实弹网络演习。演习还包括一个用于领导层讨论网络威胁形势、事件应对、应对现实世界网络挑战的危机管理的战略轨道（Strategic Track）。除了核心演习外，印度还组织政府、公共组织和私营部门的200多名首席信息安全官，召开了内部会议，深入讨论不断演变的网络威胁形势。同时，演习期间还举办了一场重点展示印度网络安全初创企业、中小微企业的创新和韧性的展览。[3]

---

[1] "2023金砖国家工业互联网与数字制造发展论坛在巴西圣保罗举行"，https://www.chinanews.com.cn/cj/2023/10-16/10094760.shtml，访问时间：2024年2月15日。

[2] 《中华人民共和国和巴基斯坦伊斯兰共和国联合新闻声明》，https://www.gov.cn/yaowen/liebiao/202310/content_6910699.htm，访问时间：2024年3月1日。

[3] "Bharat National Cyber Security Exercise 2023 Concludes: Elevating India's Cybersecurity Preparedness to New Heights"，https://pib.gov.in/PressReleaseIframePage.aspx?PRID=1970225，访问时间：2024年1月30日。

6. 南非举办数字和未来技能全国会议

10月26日至27日，南非举办主题为"加强技能发展，支持创新和数字革命"（Scaling-up Skills Development to Support Innovation and Digital Revolution）的数字和未来技能全国会议（Digital and Future Skills National Conference）。[1] 此次会议旨在解决技能发展的迫切需求，通过支持创新和数字化转型以适应南非不断变化的人口和经济格局。

7. 电气与电子工程师协会发布《2024年及未来的技术影响》全球研究报告

10月26日，电气与电子工程师协会（Institute of Electrical and Electronics Engineers，IEEE）发布《2024年及未来的技术影响》全球研究报告，称人工智能将成为2024年最为重要的技术领域。该项调查针对的对象来自美国、英国、中国、印度、巴西等国家的350名首席技术官、首席信息官、IT总监等技术领导者。研究发现，到2024年，能够优化数据、执行复杂任务并以类似人类的准确性做出决策的人工智能应用程序和算法将以多种方式投入使用。结果还显示，扩展现实、云计算、5G和电动汽车也进入2024年最为重要的技术之列。[2]

8. 越南宣布自主设计5G芯片

10月28日，越南军用电子电信公司（Viettel）在2023年越南国际创新展会上，宣布自主设计出了5G DFE芯片和人工智能虚拟助手。越南设计的5G DFE芯片采用台积电22纳米技术制造，拥有2亿个晶体管，每秒能够计算1万亿次。越南媒体称，越南完全掌握高端芯片设计阶段的能力，在技术自主性方面有

---

1 "Minister Mondli Gungubele: Digital and Future Skills National Conference", https://www.gov.za/news/speeches/minister-mondli-gungubele-digital-and-future-skills-national-conference-26-oct-2023, 访问时间：2024年2月18日。

2 "Artificial Intelligence in Its Many Forms Will Be the Most Important Area of Technology in 2024, According to New IEEE Global Survey of CIOs, CTOs and Technology Leaders", https://www.ieee.org/about/news/2023/news-release-2023-survey-results.html, 访问时间：2024年3月10日。

着重要意义,这一成功为越南实现数字化转型以及知识经济的加速奠定了基础。Viettel工程师称,越南得到了美国芯片设计公司新思科技(Synopsys)的支持,越方派出了一个工程师团队赴其比利时研发中心学习。[1]

9. 谷歌向越南提供4万份数字人才发展奖学金

10月28日,谷歌公司与越南计划投资部国家创新中心共同举办"数字人才发展:共同掌握未来"活动。谷歌"数字人才发展计划"于2022年7月启动,为2万名越南学生提供了5门免费课程,并向他们颁发了谷歌的专业认证。在此次活动中,谷歌继续承诺2023至2024年通过NIC向越南提供4万份奖学金,主要面向高等院校学生和教职员工以及有提高职业技能需求的劳动者,并增加了"网络安全""高级数据分析"和"商业智能"3门免费课程。[2]

11月

1. 新加坡首份数字社会报告发布

11月4日,新加坡信息通信媒体发展管理局(IMDA)发布首份新加坡数字社会报告,旨在对新加坡社会数字化状况进行整体评估和跟踪研究。该报告从数字接入、数字技能、对数字技术的看法三个方面,评估数字化转型对社会的影响。报告指出,新加坡过去几年在社会数字化建设中取得了良好进展,具体表现为:(1)数字接入。新加坡已经实现了高水平的数字设备连接和访问,几乎所有(99%)的居民家庭都可以接入互联网。(2)日常生活必需的数字技能。现在人们对数字技能的应用程度更高,老年人的数字技能进步显著。(3)对数字技术的态度和看法。超过80%的新加坡人认为数字技术使他们的生活更轻松,近三分之二的新加坡人热衷于尝试新的数字技术。报告建议在全国范围

---

1 "Viettel công bố chipset 5G, Human AI với cộng đồng công nghệ thế giới", https://nhandan.vn/viettel-cong-bo-chipset-5g-human-ai-voi-cong-dong-cong-nghe-the-gioi-post797787.html,访问时间:2023年11月17日。

2 "谷歌向越南提供4万份'数字人才发展'奖学金",https://zh.vietnamplus.vn/谷歌向越南提供4万份数字人才发展奖学金/203315.vnp,访问时间:2023年10月30日。

内培养人们对数字技术的技能、信心和兴趣。私营、民众和公共部门需要进一步合作,以保护未成年人上网安全、建立对数字平台安全性的信任、促进新的数字技术研发应用。[1]

2. 世界互联网大会乌镇峰会举行

11月8日,世界互联网大会乌镇峰会在中国乌镇开幕。峰会期间,来自126个国家和地区的近2000位嘉宾围绕"建设包容、普惠、有韧性的数字世界——携手构建网络空间命运共同体"的主题,从合作与发展、技术与产业、治理与安全、人文与社会等多个维度,围绕全球发展倡议、数字化绿色化协同转型、人工智能、算力网络、网络安全、数据治理、数字减贫、未成年人网络保护等议题深入交流;在共同推动数字世界繁荣发展、共同激发数字技术动力活力、共同促进数字文明发展进步、共同推动网络秩序公正合理等方面达成了广泛共识。

3. 沙特阿拉伯新兴技术峰会举行

11月8日至9日,2023年沙特阿拉伯新兴技术峰会(Emerging Tech Summit-Saudi Arabia 2023)在沙特首都利雅得举行。此次峰会邀请250多名顶级组织的成员和医疗保健、观光旅游、能源、物流等各个领域的高级管理官员,以及人工智能、区块链、网络安全、物联网、云等领域的一些顶级解决方案提供商参加。峰会通过会议、面对面会谈和网络会议的形式举办。此次峰会是沙特首次引入面对面会谈概念,这是一种根据每家与会公司在技术领域的业务需求而专门定制的个性化解决方案。[2]

4. 新加坡推出全新零售业数字化计划

11月9日,新加坡企业发展局(Enterprise Singapore,ESG)与信息通信

---

[1] "Inaugural Singapore Digital Society Report by IMDA Finds Good Progress in Forging an Inclusive Digital Society", https://www.imda.gov.sg/resources/press-releases-factsheets-and-speeches/press-releases/2023/singapore-digital-society-report,访问时间:2024年2月21日。

[2] "Emerging Tech Summit-Saudi Arabia", https://www.eyeofriyadh.com/events/details/emerging-tech-summit-saudi-arabia,访问时间:2024年1月27日。

媒体发展管理局（IMDA）联合推出新的零售业数字化计划（Retail Industry Digital Plan），以协助更多零售商利用人工智能、增强现实及无线射频识别（Radio Frequency Identification，RFID）等技术，抓住数字经济发展机遇。相较于2017年发布的旧版零售业数字化计划，新版计划更加注重客户体验、运营效率和业务增长，并在店内分析、沉浸式零售、多渠道电子商务软件、自助结账、电子货架标签、无人商店、社交商务工具及全渠道零售管理等八个关键领域给出对应方案。此外，新版计划加入网络安全及数据保护路线图，协助零售商保护客户数据，避免遭受网络攻击。[1]

5. 日本计划斥资130亿美元促进芯片业发展

11月10日，日本政府计划斥资2万亿日元（约合130亿美元）促进国内具有重要战略意义的半导体生产和生成式人工智能技术。[2] 日本经济产业省表示，计划支出中的46亿美元将用于支持台积电在熊本的工厂建设。2023年11月10日，日本内阁批准了芯片和人工智能相关补贴的补充预算草案，计划提供1000多亿美元的一揽子刺激计划，此次日本斥资130亿美元促进芯片发展也是该计划的一部分。

6. 2023年非洲科技节举行

11月13日至16日，非洲科技节（Africa Tech Festival）在南非开普敦举行。[3] 非洲科技节是非洲规模最大和最具影响力的科技展会之一，旨在推动非洲大陆的数字化转型，塑造非洲科技产业的未来。该活动重申了非洲大陆的巨大潜力，并强调了继续推动非洲数字化转型的重要性。包括非洲国际通信展

---

[1] "Refreshed Retail Industry Digital Plan to help retailers deepen digital capabilities", https://www.imda.gov.sg/resources/press-releases-factsheets-and-speeches/press-releases/2023/refreshed-retail-industry-digital-plan，访问时间：2024年5月11日。

[2] "Japan Prepares $13 Billion to Support Country's Chip Sector", https://www.bloomberg.com/news/articles/2023-11-10/japan-ministry-aims-for-13-billion-in-support-for-chip-sector#:~:text=The%20money%20will%20be%20used,well%20as%20for%20training%20engineers.，访问时间：2024年3月10日。

[3] "Power Players-Africa Tech Festival's 2023 Headliner Line-up", https://www.africa.com/power-players-africa-tech-festivals-2023-headliner-line-up/，访问时间：2024年2月20日。

（Africa Com Conference）和非洲科技展两大主展会以及一系列专题讨论会在内的非洲科技节，共吸引110多个国家和地区的超过5400家企业参加，其中参展的中国企业包括中国移动、中国联通、华为等。

7. 2023年非洲国际通信展举行

11月13日至16日，非洲国际通信展于南非开普敦国际会议中心举行。该活动由南非通信和数字技术部与非洲科技节联合主办，为非洲科技行业的创新理念、合作和进步提供了一个平台。此次会议吸引包括政府领导人和科技巨头在内的超过15000人参与。非洲通信展不单是一场技术盛会，它还证明了非洲的数字革命及其在国际数字经济中迅速发挥的作用。[1]

8. 伊朗数字经济占GDP的比重达到7.9%

11月13日，中国驻伊朗大使馆经济商务处发布数据称，伊通社报道指出，伊朗通信和信息技术部部长伊萨·扎雷普尔（Issa Zarepour）表示，该国数字经济占GDP的比重达到7.9%，第七个五年发展规划的目标是15%。为实现这一目标，政府进行了许多活动，比如将连接高速互联网的农村村庄比例由45%提高至80%。[2]

9. 中国正式开通全球首条1.2T超高速下一代互联网主干通路

11月13日，中国连接北京-武汉-广州的全球首条1.2T超高速下一代互联网主干通路开通。这条超高速下一代互联网主干通路基于中国自主研发的下一代互联网核心路由器1.2T超高速IPv6接口、3×400G超高速多光路聚合等关键核心技术，总长3000多千米，实现了系统软、硬件设备的全部国产和自主可控。[3]

---

[1] "Africa Com Conference: Celebrating Africa's Digital Economy", https://capetown.today/africa-com-conference-celebrating-africas-digital-economy/，访问时间：2024年2月18日。

[2] "伊通社编译版：伊朗数字经济占GDP比重达7.9%", http://ir.mofcom.gov.cn/article/jmxw/202311/20231103456650.shtml，访问时间：2024年1月27日。

[3] "我国正式开通全球首条1.2T超高速下一代互联网主干通路", http://www.jjckb.cn/2023-11/14/c_1310750337.htm，访问时间：2024年2月1日。

10. 联合国教科文组织和华为携手为埃塞俄比亚提供信息通信技术

11月15日，联合国教科文组织和华为合作，在双方推动减少数字鸿沟、建立"技术支持的全民开放学校"（Technology-enabled Open School System for All，TeOSS）项目框架下，双方为埃塞俄比亚教育部（Ethiopian Ministry of Education）共同捐赠一批信息通信技术设备，并助力该国中学生更好地获取外部信息、了解世界。[1]

11. 美国国防部发布2023年信息环境作战战略

11月15日，美国国防部发布2023年信息环境作战战略（Strategy for Operations in the Information Environment，SOIE）。该战略将进一步落实2022年国防战略目标，提高国防部规划、使用、应用信息的能力。国防部表示，SOIE将帮助国防系统在信息环境中快速开展行动，有助于在作战环境中维持国防信息优势。2023年国防部SOIE将从人员组织、计划、政策与治理、合作伙伴关系等四方面开展相关工作。[2]

12. 泰国与谷歌合作推广数字技术

11月15日，泰国政府和谷歌宣布开展战略合作，以增强泰国的数字竞争力，并加速人工智能创新。该战略合作重点关注四个核心领域：投资数字基础设施、促进安全的人工智能应用、建立云优先战略以及让泰国民众更容易获得数字技能。谷歌计划在泰国建立一个数据中心，并将其第一个云区域带到曼谷。该云区域预计到2030年，将为泰国经济贡献41亿美元，并创造5万个新就业岗位。此次合作还将涉及加速人工智能在公共部门的采用和加强网络安全措施的联合举措。此外，谷歌还将提供奖学金和学习计划，帮助泰国发

---

[1] "UNESCO, Huawei join hands to handover ICT equipment to Ethiopian schools", http://www.china.org.cn/world/Off_the_Wire/2023-12/15/content_116881135.htm，访问时间：2024年2月1日。

[2] "DOD Announces Release of 2023 Strategy for Operations in the Information Environment", https://www.defense.gov/News/Releases/Release/Article/3592788/dod-announces-release-of-2023-strategy-for-operations-in-the-information-enviro/#:~:text=The%202023%20DOD%20SOIE%20will,the%202022%20National%20Defense%20Strategy.，访问时间：2024年3月20日。

展数字和云技能。[1]

13. 欧盟宣布进一步开放欧盟超级计算机访问权限

11月16日，欧盟委员会表示，将进一步开放欧盟超级计算机，加速人工智能发展。欧洲高性能计算联合组织（The European High Performance Computing Joint Undertaking，EuroHPC JU）将加快欧洲超级计算基础设施的研究、开发、示范、部署工作，除面向人工智能初创企业开放访问权限外，还将启动大型人工智能大挑战赛，鼓励初创企业通过使用人工智能资源研发大模型，推动欧洲大模型发展，最高可获得100万欧元奖励；增强活动与服务，面向人工智能社区推广高性能计算服务。[2]

14. 第二十七届开罗国际信息及通讯技术展览会举行

11月19日，第二十七届开罗国际信息及通讯技术展览会在埃及开幕。本年度展览会的主题是"点燃创新：融合思维和机器，创造更美好的世界"（Ignite Innovation: Merging Minds & Machines for a Better World）。超过400家国际及本地公司和200位演讲嘉宾参加了会议。[3]

15. 世界无线电通信大会在迪拜开幕

11月20日，2023年世界无线电通信大会（World Radiocommunication Conference 2023，WRC-23）[4]在阿联酋迪拜拉开帷幕。来自国际电信联盟193个成员国、相关国际组织以及相关企业的4000余名代表参加会议。本次大会会期4周，共设立28项议题，涉及5G、6G新增频率划分、北斗短报文服务系统全球应用、卫星互

---

1 "Thailand is teaming up with Google to promote digital technology", https://www.thailand-business-news.com/tech/111798-thailand-is-teaming-up-with-google-to-promote-digital-technology, 访问时间：2024年2月25日。

2 "Commission opens access to EU supercomputers to speed up artificial intelligence development", https://ec.europa.eu/commission/presscorner/detail/en/ip_23_5739#:~:text=In%20the%202023%20State%20of,thus%20boosting%20innovation%20in%20AI., 访问时间：2024年3月20日。

3 "The 27th Edition of 'Cairo ICT 2023'", https://beta.sis.gov.eg/en/media-center/events/the-27th-edition-of-cairo-ict-2023/, 访问时间：2024年1月24日。

4 "2023年世界无线电通信大会（WRC-23）", https://www.itu.int/wrc-23/zh-hant/, 访问时间：2024年7月1日。

联网未来可持续发展、航空和航海现代化频率使用、气候变化与气象探测频率使用等内容,并研究各主管部门提出拟设立的52项未来大会议题。

16. "2023人工智能之旅"国际会议在俄罗斯举办

11月22日至24日,"2023人工智能之旅"(AI Journey 2023)国际会议在俄罗斯莫斯科举办。本次会议邀请了俄罗斯、中国、印度、巴西、马来西亚、印度尼西亚、阿联酋、南非等国逾200位行业专家参与,共同围绕神经网络的最新发展及其在科学新发现中的重要作用、人工智能技术对于商业和社会发展的重要意义等主题进行广泛讨论。[1]

17. 英韩联合发布数字化合作战略

11月22日,英国科学、创新和技术部与韩国科学技术信息通信部建立数字合作伙伴关系,围绕加强数字基础设施、促进技术创新、加强多利益相关方的论坛和接触、改进基线网络安全和确保关键技术的安全四大支柱,推动在数字问题上的合作,为数字化合作提供一个战略框架。[2]

18. 华为"未来种子"计划为南非数字化发展奠定基础

11月23日,华为在南非的"未来种子"(Seeds for the Future)计划启动。[3]华为的"未来种子"计划和数字技能论坛(Digital Skills Forum)致力于缩小南非的数字鸿沟,为南非公民提供参与数字经济所需的技能。南非对信息技术相应技能的需求正在迅速增长。论坛的要点包括对新兴技术的探索、数字化发展的最佳策略以及数字化对不同行业的影响等。

---

[1] "俄举办'人工智能之旅'国际会议,探索AI应用并展望未来发展",http://www.xinhuanet.com/money/20231130/45f057b07845406a86d563da01c736d7/c.html,访问时间:2024年1月12日。

[2] "UK-Republic of Korea Digital Partnership",https://www.gov.uk/government/publications/uk-republic-of-korea-digital-partnership/uk-republic-of-korea-digital-partnership#:~:text=the%20RoK's%20Digital%20Strategy%20(2022,in%20shaping%20international%20technology%20norms.,访问时间:2024年3月22日。

[3] "Deputy Minister Philly Mapulane: Launch of Huawei seeds for the Future Programme",https://www.gov.za/news/speeches/deputy-minister-philly-mapulane-launch-huawei-seeds-future-programme-23-nov-2023,访问时间:2024年2月21日。

延伸阅读

弥合南非的数字鸿沟

数字鸿沟是南非面临的一个重大挑战，由于互联网连接有限，许多公民无法获得教育和医疗保健等基本服务。为了解决这个问题，南非政府启动了SA Connect计划，旨在为所有公民提供高速互联网连接，无论他们身在何处或经济状况如何。SA Connect计划涉及在服务欠缺地区部署宽带基础设施。政府还与私营部门公司合作，提供负担得起的互联网接入。这些努力使连接性有了显著改善，有更多的家庭和企业能够访问互联网。2023年，南非通信和数字技术部副部长菲力·马普兰（Philly Mapulane）曾明确指出，通过SA Connect宽带政策干预，南非政府计划在三年内为80%的南非人提供高速互联网接入。公民应该能够获得负担得起的优质宽带服务和智能数字设备，以便在不耗尽资源的情况下获得政府服务。公民还需要具备数字技能，以便有意义地利用数字设备和连接，使他们能够利用数字技术解决问题和创收。中小企业在创新、经济增长和就业方面发挥着至关重要的作用，行业伙伴关系应为这些企业提供有针对性的支持，帮助他们获得数字技术、风险融资和全球价值链。

19. 互联网名称与数字地址分配机构推出"注册数据请求服务"

11月28日，互联网名称与数字地址分配机构（ICANN）推出了"注册数据请求服务"（Registration Data Request Service，RDRS）。RDRS是一项新服务，采用更加统一和标准的格式来处理与通用顶级域（gTLD）相关的非公开注册数据访问请求。对于ICANN认证注册服务机构和对非公开数据拥有合法利益的相关方来说，RDRS可以成为重要的资源。这些相关方包括：执法人员、知识产权专业人士、消费者保护维权人士、网络安全专业人士、政府官员等。[1]

---

[1] "Press Release: ICANN Launches Global Service to Simplify Requests for Nonpublic Domain Name Registration Data", https://www.icann.org/resources/press-material/release-2023-11-28-en，访问时间：2024年2月18日。

12月

1. 埃及召开电力数字化大会

12月4日,埃及召开电力数字化大会(Electricity Digitalization Convention)。大会以"数字化繁荣,加速埃及电力智能化"(Thrive with Digital, Accelerate Intelligence for Egypt Electricity)为主题,强调华为作为数字化转型合作伙伴的作用日益增强,为埃及带来更高效、更稳定的电力,符合埃及2030年愿景。大会重点讨论了建设更可靠、更智能的供电基础设施的三个主题:更少的线路损耗、更灵活的配电和更好的服务;智能、安全、高效的输变电;数字化更可靠供电。[1]

2. 印度互联网治理论坛举行

12月5日,以"向前迈进——校准印度数字议程"(Moving Forward—Calibrating Bharat's Digital Agenda)为主题的2023年印度互联网治理论坛(India Internet Governance Forum 2023,IIGF-2023)在新德里国际展览中心举行。此次论坛旨在深入探讨诸如为印度建立一个安全、可信和有韧性的网络空间,为印度的发展目标实现创新;弥合分歧和校准印度数字议程的全球数字治理与合作领导力问题。联合国互联网治理论坛(IGF)、互联网名称与数字地址分配机构(ICANN)等国际组织的要员,以及民间组织、私营部门、技术界、智库、行业协会等其他利益相关方全天参加各种小组讨论。[2]

3. 印尼发布《2030年数字经济发展国家战略白皮书》

12月6日,印尼经济事务协调部发布《2030年国家数字经济发展战略白皮书》。该白皮书是印尼政府部门机构和其他利益相关方实施数字经济发展的重要指南。印尼经济事务协调部部长艾尔朗加·哈尔塔托(Airlangga Hartarto)

---

[1] "Egypt's Minister of Electricity and Renewable Energy Attends Country's First Electricity Digitalization Convention", https://www.huawei.com/en/news/2023/12/huaweiegypt-electricity,访问时间:2024年1月24日。

[2] "India Internet Governance Forum IIGF' 23 to be held in New Delhi tomorrow", https://pib.gov.in/PressReleaseIframePage.aspx?PRID=1982217,访问时间:2024年1月30日。

表示，白皮书符合由印尼推动的东盟《数字经济框架协议》（DEFA）谈判进程。该白皮书指出印尼数字经济发展的六大支柱，包括基础设施、人力资源、营商环境和网络安全、研究创新创意和经营、融资和投资、政策和法规等。[1]

延伸阅读

印尼政府推动信息和通信技术基础设施的发展

2023年5月26日，印尼信息门户网站发布消息称，印尼政府持续加快信息和通信技术基础设施的发展。印尼政府已在整个印尼群岛建成全国性的宽带基础设施，帕拉帕环（Palapa Ring）是一条覆盖从萨邦到巴布亚的宽带连接，全长12148公里。政府还建立了基站收发信台（Base Transceiver Station，BTS），使得互联网能接入覆盖所有村庄。为了防止出现覆盖盲区，政府还准备在尚无法通过宽带服务接入互联网的地区，建造两颗新的高通量通信卫星（High Throughput Satellite，HTS），这两颗卫星将为印尼各地及偏远地区的15万个服务点提供互联网接入服务。为打通全国各个角落的数字化接入，政府还计划在2024年建设9113个基站。随着信息与通信技术基础设施的加速发展，印尼多达83794个村庄和街道能够实现数字化接入。然而，印尼互联网服务提供商协会（APJII）的调查结果显示，目前印尼基础设施建设仍以城市为主，存在分布不均的问题。[2]

4. 印尼推出中小型企业数字化发展计划

12月9日，印尼工业部推出e-Smart IKM计划，旨在帮助中小型企业数字化

---

[1] "Arah Transformasi Ekonomi Digital Indonesia 2045", https://www.indonesia.go.id/kategori/editorial/7841/arah-transformasi-ekonomi-digital-indonesia-2045?lang=1，访问时间：2024年3月30日。

[2] "Memenuhi Layanan Digital hingga Pelosok", https://www.indonesia.go.id/kategori/editorial/7162/memenuhi-layanan-digital-hingga-pelosok?lang=1，访问时间：2024年2月24日。

转型，通过数字平台提高生产效率和产品竞争力。2018年，印尼政府正式推出"印尼制造4.0"计划。截至2023年1月，印尼互联网用户规模达2.12亿人，互联网普及率达77%。印尼央行预测，到2023年底，印尼电商交易价值潜力可达到572万亿印尼盾。[1]

5. 中国发布《关于加快推进视听电子产业高质量发展的指导意见》

12月15日，中国工业和信息化部等七部门联合印发《关于加快推进视听电子产业高质量发展的指导意见》，提出要培育若干千亿级细分新市场，形成一批视听系统典型案例，培育一批专精特新"小巨人"企业和制造业单项冠军企业。意见提出：打造现代视听电子产业体系，在核心元器件、视频技术、音频技术方面突破关键核心技术；培育壮大优质企业，支持彩电龙头企业丰富产品矩阵，完善产业链条，开拓海外市场，持续提升生态主导力，引领行业发展；优化升级产业结构，建设数字化转型公共服务平台，引导产业链供应链智能化、绿色化升级；引导产业有序布局，优化区域产业链布局，建设专业化、差异化、特色化产业集聚区。[2]

6. 中国发布《工业领域数据安全标准体系建设指南（2023版）》

12月19日，中国工业和信息化部、国家标准化管理委员会印发《工业领域数据安全标准体系建设指南（2023版）》。为切实发挥标准对推动工业领域数据安全的技术引领和规范指导，工业和信息化部、国家标准化管理委员会依据《中华人民共和国数据安全法》《工业和信息化领域数据安全管理办法（试行）》等法律法规和政策文件要求，组织编制了《工业领域数据安全标准体系建设指南（2023版）》[3]。

---

1 "Pacu Transformasi Digital lewat Program e-Smart"，https://www.indonesia.go.id/kategori/editorial/7819/pacu-transformasi-digital-lewat-program-e-smart?lang=1，访问时间：2024年2月24日。
2 《工业和信息化部、教育部、商务部、文化和旅游部、国家广播电视总局、国家知识产权局、中央广播电视总台关于印发〈关于加快推进视听电子产业高质量发展的指导意见〉的通知》，https://www.gov.cn/zhengce/zhengceku/202312/content_6920643.htm，访问时间：2024年2月1日。
3 《两部门关于印发〈工业领域数据安全标准体系建设指南（2023版）〉的通知》，https://www.miit.gov.cn/zwgk/zcwj/wjfb/tz/art/2023/art_4558f6132b1e4ef1be564522350906d9.html，访问时间：2024年2月1日。

7. 互联网名称与数字地址分配机构发布《2023年非洲域名行业研究最终报告》草案

12月21日，互联网名称与数字地址分配机构（ICANN）启动一轮新的公共评议流程，就《2023年非洲域名行业研究最终报告》草案征求广大社群意见。[1] 该项研究由ICANN委托进行，是数字非洲联盟倡议的一部分，旨在评估非洲不断变化的域名系统（DNS）市场和经济趋势，描述和量化该地区域名行业的整体潜力。研究内容涉及非洲地区的域名系统重要领域情况、域名注册细分情况、域名网站类型以及电商网站占比、过去五年域名注册增长率等。[2]

8. 第二十四届伊朗国际电信通讯展览会举行

12月23日至26日，第二十四届伊朗国际电信通讯展览会（Iran Telecom）在伊朗首都德黑兰国际展览中心举行。伊朗工业、矿业和贸易部副部长穆罕默德·穆萨维（Mohammad Mousavi）在出席开幕式时强调，此次展会主要展现伊朗在受到严厉外部制裁的背景下，在信息通信技术领域取得进展；并借此机会转变伊朗经济发展模式，使之朝着出口导向型生产（export-oriented production）的方向发展，以促进伊朗国际贸易经济活动。[3]

9. 中国发布《促进数字技术适老化高质量发展工作方案》

12月27日，中国工业和信息化部印发《促进数字技术适老化高质量发展工作方案》，提出到2025年底，数字技术适老化标准规范体系更加健全，数字技术适老化改造规模有效扩大、层级不断深入，数字产品服务供给质量与用户体

---

[1] "ICANN Publishes Draft Final Report of the 2023 Africa Domain Name Industry Study"，https://www.icann.org/en/announcements/details/icann-publishes-draft-final-report-of-the-2023-africa-domain-name-industry-study-21-12-2023-en，访问时间：2024年2月20日。

[2] "Draft Final Report of the 2023 Africa Domain Name Industry Study"，https://www.icann.org/en/public-comment/proceeding/draft-final-report-of-the-2023-africa-domain-name-industry-study-21-12-2023，访问时间：2024年2月20日。

[3] "'Iran TELECOM Exhibition 2023' Inaugurated in Tehran"，https://www.tasnimnews.com/en/news/2023/12/23/3010783/iran-telecom-exhibition-2023-inaugurated-in-tehran，访问时间：2024年1月26日。

验显著提升。方案明确了四方面重点任务：一是加强数字技术适老化领域标准化建设，完善标准规范体系，健全评测评价体系；二是提升数字技术适老化产品服务供给质量，丰富硬件产品供给，深化互联网应用适老化及无障碍改造，强化适老化数字技术创新应用能力；三是优化数字技术适老化服务用户体验，增强产品与服务的均衡性，增强产品与服务的可及性，保障老年人使用数字技术产品与服务的安全性；四是促进数字技术适老化产业高质量发展，激发企业发展新动力，拓展信息消费新场景，构建产业发展新生态。[1]

10. 俄罗斯邀请独联体领导人出席"未来运动会"开幕式

12月27日，俄罗斯总统普京邀请独联体领导人出席于2024年2月21日至3月3日在喀山举行的创新体育运动"未来运动会"（Games of the Future）的开幕式。该国际电子竞技赛事旨在利用网络体育、机器人、增强现实和虚拟现实、信息技术、人工智能等领域的前沿技术，并尝试将更具活力的体育项目和网络体育结合在一起。[2]

延伸阅读

俄罗斯2022至2031年"科技十年"

2022年4月25日，俄罗斯总统普京签发第231号《关于宣布俄罗斯联邦科学技术十年》（On Announcement of the Decade of Science and Technologies in the Russian Federation）的总统令。这是2022年俄罗斯颁布的第一份科技政策文件，也是2018年以来俄罗斯科技政策系统化进程的进一步延续。该总统令确定了未来十年俄罗斯科技发展的三大基本任务：吸引年轻人才进入科研领域；促进研发人员为俄罗斯国家和社会发展重大问题提供解决方案；提高俄罗斯公民对本国科学成果和

---

[1]《工业和信息化部关于印发〈促进数字技术适老化高质量发展工作方案〉的通知》，https://www.miit.gov.cn/zwgk/zcwj/wjfb/tz/art/2023/art_86781c41e1174d078af3ac43e90bd7ad.html，访问时间：2024年2月1日。

[2] "Putin invites CIS leaders to attend opening ceremony of 2024 Games of the Future in Kazan"，https://tass.com/politics/1726733，访问时间：2024年1月12日。

远景的信息可达性。其目标瞄向加强科技在解决国家和社会重大问题中的作用。

11. 中国发布全国一体化算力网实施意见

12月27日，中国国家发展改革委、国家数据局、中央网信办、工业和信息化部、国家能源局联合印发《深入实施"东数西算"工程加快构建全国一体化算力网的实施意见》（以下简称《实施意见》）。[1]《实施意见》提出，到2025年底，综合算力基础设施体系初步成型。国家枢纽节点地区各类新增算力占全国新增算力的60%以上，国家枢纽节点算力资源使用率显著超过全国平均水平；1ms时延城市算力网、5ms时延区域算力网、20ms时延跨国家枢纽节点算力网在示范区域内初步实现；算力电力双向协同机制初步形成，国家枢纽节点新建数据中心绿电占比超过80%；用户使用各类算力的易用性明显提高、成本明显降低，国家枢纽节点间网络传输费用大幅降低；算力网关键核心技术基本实现安全可靠，以网络化、普惠化、绿色化为特征的算力网高质量发展格局逐步形成。

12. 中国颁发首张"个人信息保护认证"证书

12月28日，由下一代互联网核心技术国家工程研究中心全面支撑的"基于'澳门科技大学科研数据跨境流动管理系统'的科研工作和管理业务所涉及的个人信息处理活动"项目，正式通过中国网络安全审查认证和市场监管大数据中心等权威机构的技术验证和现场管理审核，荣获全国首张"个人信息保护认证"证书（证书编号：CCRC-PIP-0001）。[2] 这标志着中国个人信息保护认证工作迈出了重要一步，为构建安全、可靠、有序的数据流通和治理环境奠定了坚实的基础。

---

[1] 《国家发展改革委等部门关于深入实施"东数西算"工程加快构建全国一体化算力网的实施意见》，https://www.gov.cn/zhengce/zhengceku/202401/content_6924596.htm，访问时间：2024年2月1日。

[2] "全国首张'个人信息保护认证'证书发出"，http://www.news.cn/tech/20231228/40efb5ccdb124435bae910a05dda755c/c.html，访问时间：2024年2月1日。

名词附录

[说明：1. 按中文拼音排序；2. 本附录顺序为部门、机构、国际组织、行业组织及多边机制等，宣言、战略规划、法案、协定等文件，互联网平台、媒体、企业，人名，其他。]

一、部门、机构、国际组织、行业组织及多边机制等

5G全球网络切片联盟　5G Global Network Slicing Alliance　157

阿联酋电信和数字政府监管局　Telecommunications and Digital Government Regulatory Authority，TDRA　158

阿联酋网络安全委员会　UAE Cybersecurity Council　283-284

阿曼交通、通信和信息技术部　Ministry of Transport, Communications and Information Technology，MTCIT　232

爱尔兰数据保护委员会　Data Protection Commission，DPC　74

埃格蒙特集团　Egmont Group　139

埃塞俄比亚教育部　Ethiopian Ministry of Education　292

巴塞尔银行监管委员会　Basel Committee on Banking Supervision，BCBS　126，137

巴西国家通讯管理局　Agência Nacional de Telecomunicações，ANATEL　152

巴西国家网络安全委员会　Comitê Nacional de Cibersegurança，CNCiber　176

巴西数据保护局　The Brazilian National Data Protection Authority，ANPD　81-82

巴西数字联合　Conexis Brasil Digital　152

巴西证券交易委员会　Comissão de Valores Mobiliários，CVM　125

北约合作网络防御卓越中心　NATO Cooperative Cyber Defense Centre of Excellence，CCDCOE　207-208

北约通信和信息局　NATO Communications and Information Agency，NCIA　204

德国联邦经济合作与发展部　Bundesministerium für wirtschaftliche Zusammenarbeit，BMZ　228

德意志交易所　　Deutsche Börse　　142

电气与电子工程师协会　　Institute of Electrical and Electronics Engineers, IEEE　　287

东盟国防部长会议　　ASEAN Defense Ministers' Meeting, ADMM　　8-9, 180

东盟国防部长会议网络安全和信息卓越中心　　ADMM Cybersecurity and Information Centre of Excellence, ACICE　　9, 180-181

俄罗斯安全委员会新闻处　　Press Service of the Russian Security Council　　180

俄罗斯建设和住房公用事业部　　Ministry of Construction, Housing and Utilities of the Russian Federation　　269

俄罗斯联邦安全会议秘书　　Russian Security Council Secretary　　180

俄罗斯联邦通信、信息技术和大众媒体监督局　　Roskomnadzor　　81

二十国集团　　Group of 20, G20　　6, 84, 135-136, 244, 278, 282

法国国家信息自由委员会　　Commission Nationale Informatique & Libertés, CNIL　　74, 253

菲律宾中央银行　　Bangko Sentral ng Pilipinas, BSP　　133

弗劳恩霍夫海因里希·赫兹研究所　　Fraunhofer Heinrich Hertz Institute　　157

国际电信联盟　　International Telecommunication Union, ITU　　17, 28, 57, 59-60, 164, 238, 240, 293

国际互联网协会　　Internet Society, ISOC　　22, 242, 262-263

国际货币基金组织　　International Monetary Fund, IMF　　6, 90, 136

国际清算银行　　Bank of International Settlements, BIS　　7, 77, 126, 135

国际证监会组织　　International Organization of Securities Commissions, IOSCO　　138

红十字国际委员会　　International Committee of the Red Cross, ICRC　　10, 214-215

红十字国际委员会数字威胁全球顾问委员会　　ICRC's Global Advisory Board on Digital Threats　　214-215

互联网工程任务组　　Internet Engineering Task Force, IETF　　23, 236, 269, 284

互联网工程指导组　　Internet Engineering Steering Group, IESG　　236

互联网架构委员会　　Internet Architecture Board, IAB　　236, 284

互联网名称与数字地址分配机构　　Internet Corporation for Assigned Names and Numbers, ICANN　　22-24, 226-227, 236-237, 239, 242, 271, 295-296, 299

名词附录

柬埔寨皇家科学院　　Royal Academy of Cambodia, RAC　　284

金融稳定委员会　　Financial Stability Board, FSB　　126, 136, 244

金融行动特别工作组　　Financial Action Task Force, FATF　　6, 117, 136-137

金砖国家　　BRICS　　3, 60, 272-273, 279, 281, 285

经济合作与发展组织　　Organization for Economic Co-operation and Development, OECD　　6, 56, 90, 92-98, 135-136, 144

经济合作与发展组织数字经济工作组　　Task Force on the Digital Economy, TFDE　　93

老挝社会与经济科学院　　Lao Academy of Social and Economic Sciences, LASES　　284

联合国工业发展组织　　United Nations Industrial Development Organization, UNIDO　　17

联合国国际贸易法委员会　　United Nations Commission on International Trade Law, UNCITRAL　　279

联合国互联网治理论坛　　Internet Governance Forum, IGF　　2, 15-17, 22-24, 28, 41-42, 70, 166, 296

联合国互联网治理论坛多利益相关方咨询专家组　　Multistakeholder Advisory Group, MAG　　22, 42

联合国教科文组织　　United Nations Educational, Scientific and Cultural Organization, UNESCO　　17, 28-29, 60, 62, 238, 292

联合国开发计划署　　United Nations Development Programme, UNDP　　238

联合国贸易和发展会议　　United Nations Conference on Trade and Development, UNCTAD　　70, 90, 238

联合国系统行政首长协调理事会　　Chief Executives Board for Coordination, CEB　　69

联合国系统行政首长协调理事会高级别程序委员会　　High-Level Committee on Programmes, HLCP　　69

联合国信息安全开放式工作组　　Open-Ended Working Group on Security of and in the Use of Information and Communications Technologies, OEWG　　1-2, 15, 30-38, 242

联合国信息安全政府专家组　　UN Group of Governmental Experts, UNGGE　　36-37

马来西亚第四次工业革命中心　　Malaysia Centre for 4IR　　252

美国白官管理和预算办公室　Office of Management and Budget，OMB　53-54，261

美国白官科学和技术政策办公室　Office of Science and Technology Policy，OSTP　53

美国财务会计准则委员会　Financial Accounting Standards Board，FASB　120

美国财政部　U.S. Department of the Treasury　144，274

美国国防部　U.S. Department of Defense，DOD　8，10，161-162，173，201-203，210，221，229，230，238，292

美国国防部首席数字和人工智能官　Chief Digital and Artificial Intelligence Officer，CDAO　202，230

美国国防高级研究计划局　Defense Advanced Research Projects Agency，DARPA　209-210，221

美国国家安全局　National Security Agency，NSA　203，208，244

美国国家安全局网络安全协作中心　NSA Cybersecurity Collaboration Centre，CCC　208

美国国家半导体技术中心　National Semiconductor Technology Centre，NSTC　144-145，255

美国国家标准与技术研究院　National Institute of Standards and Technology，NIST　52，57，77，144-146，234，243

美国国家航空航天局　National Aeronautics and Space Administration，NASA　162，282

美国国家科学基金会　National Science Foundation，NSF　53，145，224，231，252，282

美国国家网络总监办公室　Office of the National Cyber Director，ONCD　171，270

美国国土安全部　U.S. Department of Homeland Security，DHS　208，222，228，246

美国国土安全部科学技术局　DHS Science and Technology Directorate，S&T　222

美国国土安全部联合网络防御协作组织　DHS Joint Cyber Defense Collaborative，JCDC　208

―――― 名词附录 ――――

美国军备控制、威慑和稳定局　　Bureau of Arms Control, Deterrence and Stability　　216

美国可信和负责任人工智能资源中心　　Trustworthy and Responsible AI Resource Centre，AIRC　　243

美国联邦调查局　　Federal Bureau of Investigation，FBI　　185，244

美国联邦贸易委员会　　Federal Trade Commission，FTC　　57，86-88，239，266

美国联邦通信委员会　　Federal Communications Commission，FCC　　162，223，246

美国商品期货交易委员会　　Commodity Futures Trading Commission，CFTC　　119

美国商务部　　United States Department of Commerce　　76-77，85-87，143-146，237，243，255

美国外国投资委员会　　Committee on Foreign Investment in the United States，CFIUS　　240

美国网络安全和基础设施安全局　　Cybersecurity and Infrastructure Security Agency，CISA　　178-179，207，222，227，244，261，272，276

美国印太司令部联合任务加速委员会　　Joint Mission Accelerator Directorate　　202

美国证券交易委员会　　United States Securities and Exchange Commission，SEC　　118-120

美国-欧盟贸易和技术委员会　　US-EU Trade and Technology Council，TTC　　104，147

美中战略竞争特设委员会　　Select Committee on the Strategic Competition between the United States and the Chinese Communist Party　　223

美洲国家电信委员会　　Inter-American Telecommunication Commission，CITEL　　151

美洲互联网号码注册管理机构　　American Registry for Internet Numbers，ARIN　　24

莫斯科国立电子技术学院　　National Research University of Electronic Technology，MIET　　262

莫斯科国立谢东诺夫第一医科大学　　I.M. Sechenov First Moscow State Medical University，MSMU　　262

南非独立通信管理局　　Independent Communications Authority of South Africa，ICASA　　285

南非国家信息技术局　　State Information Technology Agency　　263

南非化学工业教育与培训局　　Chemical Industries Education and Training Authority　　281

南非科学与创新部　　Department of Science and Innovation　　255

尼日利亚国家信息技术发展局　　National Information Technology Development Agency, NITDA　　249

尼日利亚联邦通信和数字经济部　　The Federal Ministry of Communications and Digital Economy, FMCDE　　249

尼日利亚联邦执行委员会　　Federal Executive Council　　249

欧盟数据保护委员会　　European Data Protection Board, EDPB　　74

欧盟网络安全局　　European Union Agency for Cybersecurity, ENISA　　179, 205

欧盟智能网络与服务联盟　　The Smart Networks and Services Joint Undertaking, SNS JU　　153

欧洲高性能计算联合组织　　The European High Performance Computing Joint Undertaking, EuroHPC JU　　293

欧洲理事会　　The European Council　　121, 193, 222-223

欧洲算法透明度中心　　European Centre for Algorithmic Transparency, ECAT　　245

欧洲银行管理局　　European Banking Authority, EBA　　122

欧洲中央银行　　European Central Bank, ECB　　122, 130

欧洲自由贸易联盟　　European Free Trade Association, EFTA　　236

普遍适用性指导小组　　Universal Acceptance Steering Group, UASG　　242

七国集团　　Group of Seven, G7　　4, 60, 79, 83-84, 88, 149, 247

全球贸易挑战工作组　　Global Trade Challenges Working Group　　104

日本经济产业省　　Ministry of Economy, Trade and Industry, METI　　149, 230, 277, 290

日本贸易振兴机构　　Japan External Trade Organization, JETRO　　277

日本情报通信研究机构　　National Institute of Information and Communications Technology, NICT　　156

日本商工会议所　　Japanese Chamber of Commerce & Industry, JCCI　　277

日本综合科学技术创新会议　　Council for Science, Technology and Innovation, CSTI　　259-260

名词附录

瑞典隐私保护局　Integritetsskyddsmyndigheten，IMY　74

沙特数据与人工智能管理局　Saudi Data and Artificial Intelligence Authority，SDAIA　83

沙特通信和信息技术部　Ministry of Communications and Information Technology，MCIT　232-233

世界互联网大会　World Internet Conference，WIC　3-4，22，61，68，70-71，289

世界贸易组织　World Trade Organization，WTO　4，77，90-91

世界移动通信大会　Mobile World Congress，MWC　237

世界银行　World Bank　167，263

数字非洲联盟　Coalition for Digital Africa　271，299

四方高级网络小组　Quad Senior Cyber Group　8，176-178

泰国个人数据保护委员会　Personal Data Protection Committee，PDPC　82

泰国投资促进委员会　Thailand Board of Investment，BOI　150

万维网联盟　World Wide Web Consortium，W3C　230-231，256

五眼联盟　Five Eyes Alliance　178，203

西班牙人工智能监管局　The Spanish Agency for the Supervision of Artificial Intelligence，AESIA　277

香港金融管理局　Hong Kong Monetary Authority，HKMA　124-126，132

新加坡计算机协会　Singapore Computer Society，SCS　280

新加坡金融管理局　Monetary Authority of Singapore，MAS　7，124，133-134

新加坡企业发展局　Enterprise Singapore，ESG　289

新加坡通讯及新闻部　Ministry for Communications and Information　257，280

新加坡信息通信媒体发展管理局　Infocomm Media Development Authority，IMDA　267-268，279-280，288-290

新加坡总检察署科技罪案工作组　AGC Technology Crime Task Force　123

新加坡总检察署虚拟货币工作组　AGC Cryptocurrency Task Force　123-124

亚太互联网络信息中心　Asia-Pacific Network Information Centre，APNIC　22

意大利数字共和国基金　Fondo per la Repubblica Digitale，FRD　253

印度6G联盟　Bharat 6G Alliance，B6GA　158

印度空间研究组织　Indian Space Research Organization，ISRO　282

印度-欧盟贸易和技术委员会　India-EU Trade and Technology Council，TTC　232

印尼互联网服务提供商协会　APJII　297

英国科学、创新和技术部　Department for Science, Innovation and Technology，DSIT　3，55，168，235，294

英国商业、能源和产业战略部　Department for Business, Energy & Industrial Strategy，BEIS　235

英国通信管理局　Office of Communication，Ofcom　189

越南社会科学翰林院　Vietnam Academy of Social Sciences，VASS　284

支付与市场基础设施委员会　The Committee on Payments and Market Infrastructures，CPMI　126，138

职总恒习　NTUC LearningHub　280

二、宣言、战略规划、法案、协定等文件

《布莱切利宣言》　Bletchley Declaration　3，66

《促进实施第二支柱税收规则的多边公约》　Multilateral Convention to Facilitate the Implementation of the Pillar Two Subject to Tax Rule，STTR MLI　97

《大阪数字经济宣言》　Osaka Declaration on Digital Economy　84

《东盟跨境数据流动示范合同条款》　ASEAN Model Contractual Clauses for Cross Border Data Flows，MCCs　89

《东盟示范合同条款和欧盟标准合同条款的联合指南》　The Joint Guide to ASEAN Model Contractual Clauses and EU Standard Contractual Clauses　89

《二十一世纪美英经济伙伴关系大西洋宣言》　The Atlantic Declaration for a Twenty-First Century U.S.-UK Economic Partnership　152，165

《非洲联盟关于网络安全和个人数据保护的马拉博公约》　The African Union's Malabo Convention on Cyber Security and Personal Data Protection　181

《关于安全、可靠和值得信赖的人工智能开发和使用的行政命令》　Executive Order on the Safe, Secure and Trustworthy Development and Use of Artificial Intelligence　53

名词附录

《关于加强美国信号情报活动保障的行政命令》 Executive Order on Enhancing Safeguards for United States Signals Intelligence Activities　86

《关于数字经济未来的日内瓦愿景》 The Geneva Vision on the Future of the Digital Economy　70

《关于宣布俄罗斯联邦科学技术十年》 On Announcement of the Decade of Science and Technologies in the Russian Federation　300

《关于在军事上负责任地使用人工智能和自主技术的政治宣言》 Political Declaration on Responsible Military Use of Artificial Intelligence and Autonomy　10−11，64−65，216−217

《国际数据治理：进展的路径》 International Data Governance: Pathways to Progress　69

《韩国网络2030战略》 K-Network 2023　157

《韩国−新加坡数字伙伴关系协定》 Korea-Singapore Digital Partnership Agreement　225

《杭州宣言》 The Hangzhou Declaration　79

《互联世界状况（2023年版）》 State of the Connected World 2023 Edition　226

《加密资产和稳定币讨论文件的总结》 Conclusion of Discussion Paper on Crypto-assets and Stablecoins　126

《解决经济数字化带来的税收挑战的两大支柱解决方案成果声明》 Outcome Statement on the Two-Pillar Solution to Address the Tax Challenges Arising from the Digitalisation of the Economy　94−95

《跨太平洋伙伴关系协定》 Trans-Pacific Partnership Agreement，TPP　77

《利用安全的软件开发实践增强软件供应链的安全性》 Enhancing the Security of the Software Supply Chain through Secure Software Development Practices　261

《联合国宪章》 Charter of the United Nations　25，28，31，179

《欧盟−北约合作联合宣言》 Joint Declaration on EU-NATO Cooperation　9，193

《欧盟−美国数据隐私框架》 EU-US Data Privacy Framework，DPF　85−86

《欧盟−美国数据隐私框架》的充分性决定 Adequacy Decision for the EU-US Data Privacy Framework　85

《欧盟−美国数据隐私框架的英国扩展》 The UK Extension to EU-US Data Privacy

Framework 88

《欧盟-日本经济伙伴关系协定》 EU-Japan Economic Partnership Agreement, EPA 88-89

《欧盟-日本数字贸易原则》 EU-Japan Digital Trade Principles 105

《欧盟-新加坡数字伙伴关系协定》 EU-Singapore Digital Partnership, EUSDP 103-104

《欧洲可持续发展报告准则》 European Sustainability Reporting Standards, ESRS 271

《七国集团促进基于信任的数据自由流动行动计划》 G7 Action Plan Promoting Data Free Flow with Trust 84

《七国集团数字与技术部长宣言》 G7 Digital and Tech Ministers' Declaration 83, 247

《区域全面经济伙伴关系协定》 Regional Comprehensive Economic Partnership, RCEP 5, 81, 90, 99-100

《全面与进步跨太平洋伙伴关系协定》 Comprehensive and Progressive Agreement for Trans-Pacific Partnership, CPTPP 5, 80-81, 90, 99, 101-103

《全球数字契约》 Global Digital Compact, GDC 1, 3, 15-17, 22-25, 27-29, 68, 79

《实施支柱一金额A的多边公约》 Multilateral Convention to Implement Amount A of Pillar One 93

《数字经济伙伴关系协定》 Digital Economy Partnership Agreement, DEPA 5, 80-81, 90, 99, 101, 106, 109-110

《数字贸易测度手册》 Handbook on Measuring Digital Trade 4, 90-91

《唐宁街协议》 Downing Street Accord 169

《网络犯罪公约》(《布达佩斯公约》) Convention on Cybercrime (Budapest Convention) 175, 182

《网络犯罪公约关于对通过计算机系统实施的种族主义和仇外行为进行刑事定罪的附加议定书》 Additional Protocol to the Convention on Cybercrime, Concerning the Criminalisation of Acts of a Racist and Xenophobic Nature Committed through Computer Systems 183

―――― 名词附录 ――――

《网络犯罪公约关于加强合作和披露电子证据的第二附加议定书》 Second Additional Protocol to the Cybercrime Convention on Enhanced Co-operation and Disclosure of Electronic Evidence　182–183

《未来互联网宣言》　Declaration for the Future of the Internet　229，263

《为人类治理人工智能》　Governing AI for Humanity　59

《我们的共同议程》　Our Common Agenda　17，29

《我们想要的互联网》　The Internet We Want，IWW　42，70

《新和平纲领》　New Agenda for Peace　210

《信息社会突尼斯议程》　Tunis Agenda for the Information Society　23–24

《亚伯拉罕协议》　Abraham Accords　230

《英国通用数据保护条例》　UK General Data Protection Regulation，UK GDPR　78，88

《英国-新加坡数字经济协议》　UK-Singapore Digital Economy Agreement，UKSDEA　89

《英国-新加坡自由贸易协议》　UK-Singapore Free Trade Agreement，UKSFTA　89

《智慧城市网络安全最佳实践》　Cybersecurity Best Practices for Smart Cities　245

《中国关于全球数字治理有关问题的立场》　China's Positions on Global Digital Governance　16，18，79

《注册服务机构认证协议》　Registrar Accreditation Agreement，RAA　226

《注册管理机构协议》　Registry Agreement，RA　226–227

《最低税制实施手册》　Minimum Tax Implementation Handbook (Pillar Two)　97

巴西《通用数据保护法》　Lei Geral de Proteção de Dados Pessoais，LGPD　81

促进网络空间负责任国家行为行动纲领　Cyber Programme of Action，PoA　2，31，36–37

戴维营原则　Camp David Principles　187

德国《未来研究与创新战略》　Zukunftsstrategie Forschung und Innovation　234–235

东盟《数字经济框架协议》　Digital Economy Framework Agreement，DEFA　277，297

俄罗斯《联邦个人数据法（修正案）》　Amendments to the Federal Law on Personal Data　81

国际反勒索软件倡议　　International Counter Ransomware Initiative，CRI　　9，183-184

韩国《K-芯片法案》　　K-Chips Act　　149

加拿大-荷兰《全球在线信息诚信宣言》　　Global Declaration on Information Integrity Online　　9，188

联合国《电子可转让记录示范法》　　Model Law on Electronic Transferable Records，MLETR　　279

联合国《数字合作路线图》　　Roadmap for Digital Cooperation　　17

联合国《特定常规武器公约》　　Convention on Certain Conventional Weapons，CCW　　10，62，210，212-213

美国《2018年出口管制改革法案》　　Export Control Reform Act of 2018　　76

美国《2023—2027网络劳动力战略》　　Cyber Workforce Strategy 2023-2027，CWF　　238

美国《2023年保护美国人数据免受外国监视法案》　　Protecting Americans' Data from Foreign Surveillance Act of 2023　　76

美国《2023年国防部网络战略》　　2023 Cyber Strategy of the Department of Defense　　8，10，173，201

美国《关键和新兴技术的国家标准战略》　　National Standards Strategy for Critical and Emerging Technology　　248

美国《国家人工智能研发战略计划》　　The National Artificial Intelligence R&D Strategic Plan　　53

美国《国家网络安全战略》　　National Cybersecurity Strategy　　8，170-171，270，272

美国《国家网络安全战略实施计划》　　National Cybersecurity Strategy Implementation Plan　　8，171

美国《国家网络人才和教育战略》　　National Cyber Workforce and Education Strategy　　270

美国《确保信息通信技术与服务供应链安全》最终规则　　Securing the Information and Communications Technology and Services Supply Chain　　77

美国《人工智能问责法案》　　AI Accountability Act　　270

―――― 名词附录 ――――

美国《小型企业战略》　　Small Business Strategy　　229

美国《芯片和科学法案》　　CHIPS and Science Act　　143—146

美国《远程监控和管理网络防御计划》　　Remote Monitoring and Management (RMM) Cyber Defense Plan　　276

美国-印度"关键和新兴技术"倡议　　U.S.-India Initiative on Critical and Emerging Technology, iCET　　165, 231, 282

美墨加协定　　The United States-Mexico-Canada Agreement, USMCA　　92

欧盟《关于公平访问和使用数据的统一规则条例》(《数据法案》)　　Regulation on Harmonised Rules on Fair Access to and Use of Data (Data Act)　　4, 71, 75

欧盟《加密资产市场监管法案》　　Markets in Crypto Assets, MiCA　　121—122, 127

欧盟《人工智能法案》　　Artificial Intelligence Act　　3, 54-55, 60

欧盟《数据治理法》　　Data Governance Act, DGA　　75

欧盟《数字服务法》　　Digital Service Act, DSA　　57, 245

欧盟《数字市场法案》　　Digital Markets Act, DMA　　282

欧盟《通用数据保护条例》　　General Data Protection Regulation, GDPR　　74, 86, 238

欧盟《网络团结法案》　　Cyber Solidarity Act　　8, 174

欧盟《网络与信息系统安全指令》　　Directive on Security of Network and Information Systems, NIS　　179

欧盟-美国《安全港协议》　　Safe Harbor Agreement　　85, 87

欧盟-美国《基于公共利益运用人工智能技术的行政协议》　　Administrative Arrangement on Artificial Intelligence for the Public Good　　229

欧盟-美国《隐私盾协议》　　Privacy Shield　　85

欧盟-日本《联合声明倡议》　　Joint Statement Initiative, JSI　　105

欧盟-新加坡《数字贸易原则》　　Digital Trade Principles　　104

欧洲《芯片法案》　　European Chips Act　　7, 146-147

欧洲自由贸易联盟-新加坡数字经济协定　　EFTA-Singapore Digital Economy Agreement　　236

三海倡议　　Three Seas Initiative, 3SI　　166

沙特《个人数据保护法》　　Personal Data Protection Law, PDPL　　83

沙特《个人数据保护法实施条例》　　Implementing Regulations of the Personal Data

Protection Law　　83

沙特《个人数据境外传输条例》　　Regulations on Personal Data Transfer outside the Geographical Boundaries of the Kingdom　　83

泰国《个人数据保护法》　　Personal Data Protection Act，PDPA　　82

新加坡《数字互联互通发展蓝图》　　Digital Connectivity Blueprint　　257

新加坡《在线安全法案（修正版）》　　Online Safety (Miscellaneous Amendments) Act　　268

新加坡《在线安全行为准则》　　Online Safety Code　　267-268

印度《2023年数字个人数据保护法案》　　Digital Personal Data Protection Bill，DPDP　　78

英国《2018年数据保护法》　　Data Protection Act 2018　　78

英国《国防云战略路线图》　　Cloud Strategic Roadmap for Defense　　231

英国《国家安全与投资法》　　National Security and Investment Act　　148

英国《国家半导体战略》　　National Semiconductor Strategy　　147

英国《金融服务和市场法案》　　Financial Service and Markets Act　　122-123

英国《数据保护及数字信息法案》　　Data Protection and Digital Information Bill　　78，238

英国《数据保护及数字信息（第2号）法案》　　Data Protection and Digital Information (No.2) Bill　　78

英国《在线安全法案》　　Online Safety Act　　9，188

英国-新加坡《数据合作谅解备忘录》　　The Memorandum of Understanding on Data Cooperation　　89

三、互联网平台、媒体、企业

SK海力士公司　　SK Hynix　　243

阿联酋综合电信公司　　Emirates Integrated Telecommunications Company，EITC　　158

埃及电信　　Telecom Egypt　　225，251

爱立信公司　　Ericsson　　150-151，157，236

埃塞俄比亚电信　　Ethio Telecom　　283

名词附录

巴帝电信　Bharti Airtel　157

半导体研究公司　Semiconductor Research Corporation，SRC　221

抱抱脸公司　Hugging Face　53

贝莱德集团　BlackRock　142

币安　Biance　113，118-119，141

博世集团　Bosch　150

超威半导体公司　Advanced Micro Devices，AMD　149

德州仪器公司　Texas Instruments，TI　150

电报　Telegram　198，267

俄罗斯联邦储蓄银行　Sberbank　269

泛林集团　Lam Research　150

高盛集团　Goldman Sachs　141

谷歌公司　Google　17，53，222，227，236，256，269，288，292

硅谷银行　Silicon Valley Bank　137

汉领资本　Hamilton Lane　141

甲骨文公司　Oracle　233

矩阵端点　Matrixport　142

开放人工智能研究中心　OpenAI　46-48，53，66，115，120

康宁公司　Corning　237

康普公司　CommScope　237

联合发射联盟公司　United Launch Alliance，ULA　162

脸书　Facebook　74，87-88，236，266-268

马士基集团　Maersk　160

麦特公司　Mitre　210

美光公司　Micron　148

美洲开发银行　Inter-American Development Bank，IDB　167

摩根大通　J.P.Morgan Chase & Co.　142

纽约梅隆银行　BNY Mellon　142

诺基亚公司　Nokia　158

签名银行　Signature Bank　137

/ 317 /

瑞波公司　　　Ripple　　　132–133

瑞士加密货币银行　　　SEBA Bank　　　124

沙特电信公司　　　Saudi Telecom Company，STC　　　159，237，282

思科公司　　　Cisco　　　236，269

索拉米津　　　Soramitsu　　　131，134

索尼设备技术公司　　　Sony Device Technology，SDT　　　150

塔塔集团　　　Tata　　　283

太空探索技术公司　　　SpaceX　　　160–161

推特　　　Twitter　　　199，239

网络安全有限公司　　　HUB Cyber Security　　　199，209

微软公司　　　Microsoft　　　17，40，47，53，215，233，282

稳定性人工智能公司　　　Stability AI　　　53

西门子　　　Siemens　　　141

新思科技公司　　　Synopsys　　　288

亚马逊公司　　　Amazon　　　17，162，247，282

亚马逊云科技　　　Amazon Web Sciences，AWS　　　269

亿贝　　　eBay　　　247

一网公司　　　OneWeb　　　162–163

印尼信息门户网站　　　Portal Informasi Indonesia　　　233，241，297

英飞凌公司　　　Infineon　　　150

英特尔公司　　　Intel　　　17，145，150

英伟达公司　　　NVIDIA　　　53，150，255，283

优兔　　　YouTube　　　239，267，268

越南军用电子电信公司　　　Viettel　　　287

照片墙　　　Instagram　　　239，268

四、人名

阿比·艾哈迈德·阿里　　　Abiy Ahmed Ali　　　283

阿卜杜拉·苏瓦哈　　　Abdullah Alswaha　　　233

/ 318 /

名词附录

爱德华多·帕埃斯　　Eduardo Paes　　248
艾尔朗加·哈尔塔托　　Airlangga Hartarto　　296
埃隆·马斯克　　Elon Musk　　47，66，161
安倍晋三　　Abe Shinzo　　84
安东尼奥·古特雷斯　　António Guterres　　41，57-59，98
安娜·卡林·埃内斯特伦　　Anna Karin Eneström　　27
安瓦尔·易卜拉欣　　Anwar Ibrahim　　252，285
保罗·米歇尔　　Paul Mitchell　　22
本雅明·内塔尼亚胡　　Benjamin Netanyahu　　199
彼得·加夫尼　　Peter Gaffney　　141
彼得·泰尔　　Peter Thiel　　47
比吉特·西佩尔　　Birgit Sippel　　85
波万坎·冯达拉　　Boviengkham Vongdara　　273
蒂埃里·布雷顿　　Thierry Breton　　228
蒂尔曼·罗登豪瑟　　Tilman Rodenhäuser　　214
法鲁克·法提赫·奥泽尔　　Faruk Fatih Ozer　　119
费尔南多·阿达　　Fernando Haddad　　125
菲力·马普兰　　Philly Mapulane　　295
戈比·波特努瓦　　Gaby Portnoy　　198
吉娜·雷蒙多　　Gina M. Raimondo　　255
杰克·克拉克　　Jack Clark　　57
杰克·里德　　Jack Reed　　113
卡罗尔·罗奇　　Carol Roach　　22，42
凯文·霍林雷克　　Kevin Hollinrake　　246
里德·霍夫曼　　Reid Hoffman　　47
里希·苏纳克　　Rishi Sunak　　101，123，169，235
利兹·艾伦　　Liz Allen　　187
卢拉　　Luiz Inácio Lula da Silva　　125，176
罗伯托·坎波斯·内托　　Roberto Campos Neto　　125
罗杰·马歇尔　　Roger Marshall　　114

马丁·莫罗尼	Martin Moloney	138
迈克·朗兹	Mike Rounds	113
毛罗·维格纳蒂	Mauro Vignati	214
蒙德利·贡古贝勒	Mondli Gungubele	264
米歇尔·多内兰	Michelle Donelan	235
穆罕默德·穆萨维	Mohammad Mousavi	299
尼古拉·帕特鲁舍夫	Nikolay Patrushev	180
帕特里斯·塔隆	Patrice Talon	281
乔拉·米兰博	Chola Milambo	27
让-保罗·塞尔维斯	Jean-Paul Servais	138
瑞安·萨拉姆	Ryan Salame	118
萨姆·奥尔特曼	Sam Altman	47，48，66，115，120
萨姆·班克曼-弗里德	Sam Bankman-Fried	118
沙姆哈利	Pengiran Shamhary	262
宋赛·西潘敦	Sonexay Siphandone	254，273
通伦·西苏里	Thongloun Sisoulith	256
温顿·瑟夫	Vinton Cerf	22
乌尔苏拉·冯德莱恩	Ursula von der Leyen	193
西村康稔	Nishimura Yasutoshi	255
西罗吉金·穆赫里丁	Sirojiddin Muhriddin	179
夏尔·米歇尔	Charles Michel	193
小林麻纪	Kobayashi Maki	187
谢尔盖·拉夫罗夫	Сергей Викторович Лавров	179-180
谢罗德·布朗	Sherrod Brown	113
亚历杭德罗·N. 马约卡斯	Alejandro N. Mayorkas	228
延斯·斯托尔滕贝格	Jens Stoltenberg	193，204
伊丽莎白·斯万特松	Elisabeth Svantesson	121
伊丽莎白·沃伦	Elizabeth Warren	113-114
伊萨·扎雷普尔	Issa Zarepour	291
詹凡·穆斯韦尔	Jenfan Muswere	180

五、其他

5G高级　　5G-Advanced，5G-A　　158-159

埃及电力数字化大会　　Electricity Digitalization Convention　　296

安全运营中心　　Security Operations Centre，SOC　　175

巴拉克　　Barak　　197

巴西加速增长计划　　Novo Pac　　275

北极星计划　　Project Polaris　　7，135

北约"和平与安全科学"计划　　Science for Peace and Security，SPS　　226

波罗的海闪电战　　Baltic Blitz　　207

不可接受的自主武器系统　　Unacceptable Autonomous Weapons System　　213

城市发展和数字化转型国际论坛　　International Forum on the Development and Digital Transformation of Cities　　269

持续交战　　Persistent Engagement　　173

德国"与非洲共同塑造未来"战略　　Shaping the Future with Africa　　228

第三次抵消战略　　The Third Offset Strategy　　49

低税支付规则　　Undertaxed Payment Rule，UTPR　　96-97

电子奈拉　　eNaira　　128

电子周　　eWeek　　70

毒液　　Venom　　49

断网　　Internet shutdown　　262-263

多边央行数字货币桥　　Multi-CBDC Bridge　　7，124，130

俄罗斯智慧城市项目　　Smart City Project　　269

二十国集团大阪峰会　　G20 Osaka Summit　　84

非地面网络　　Non-Terrestrial Network，NTN　　156

非洲大陆自由贸易区　　African Continental Free Trade Area，AfCFTA　　45，228，253

非洲国际通信展　　Africa Com Conference　　290-291

非洲科技节　　Africa Tech Festival　　290-291

非洲通信周　　Africa Communications Week　　253-254

分布式拒绝服务攻击　　Distributed Denial of Service，DDoS　　200

分布式账本技术　　Distributed Ledger Technology，DLT　　127，134

蜂窝　　Hive　　9，184-185

富执行环境　　Rich Execution Environment，REE　　259

高级持续性威胁　　advanced persistent threat，APT　　206

高斯数据库　　GaussDB　　259

高通量通信卫星　　High Throughput Satellite，HTS　　297

高性能计算　　High Performance Computing，HPC　　263，293

个别针对性伙伴关系计划　　Individually Tailored Partnership Programme，ITPP　　204

个人编号卡　　My Number Card　　258

共同报告标准　　Common Reporting Standard，CRS　　136

广岛人工智能进程　　Hiroshima AI Process　　60，259

光速　　Lightspeed　　163

国防网络奇迹2　　Defense Cyber Marvel 2，DCM2　　205

国际化域名　　Internationalized Domain Names，IDN　　236-237

国际技术安全与创新基金　　International Technology Security and Innovation Fund　　144

合格国内最低补足税　　Qualified Domestic Minimum Top-Up Tax，QDMTT　　94，96-97

红魔　　Red Devil　　196

华为"未来种子"计划　　Seeds for the Future　　294

华为数字技能论坛　　Digital Skills Forum　　294

环保无线网络塔　　eco-friendly wireless network tower　　225

技术支持的全民开放学校　　Technology-enabled Open School System for All，TeOSS　　292

基于实质的所得排除　　Substance-based Income Exclusion，SBIE　　96

基于信任的数据自由流动　　Data Free Flow with Trust，DFFT　　4，44-45，70，79，83-85，166，240，247

基站收发信台　　Base Transceiver Station，BTS　　297

加密资产报告框架　　Crypto Asset Reporting Framework，CARF　　136

交易所交易基金　　Exchange Traded Fund，ETF　　112

名词附录

军事领域负责任使用人工智能峰会　Responsible Artificial Intelligence in the Military Domain，REAIM　10，64，215

开放无线接入网络　Open RAN　151，158，166-167，240，282

可接受的自主武器系统　Acceptable Autonomous Weapons System　213

可信执行环境　Trusted Execution Environment，TEE　259

柯伊伯计划　Project Kuiper　162

跨境隐私规则　Cross-Border Privacy Rules，CBPR　166，240

蓝狼　Blue Wolf　197

蓝图操作级别演习　Blue OLEx 2023　205

联合国世界数据论坛　United Nations World Data Forum　79

联合全域指挥控制　Joint All-Domain Command and Control，JADC2　202

联合网络哈里发　United Cyber Caliphate　200

联络网　Points of Contact Directory　2，31-33

联盟联合全域指挥控制　Combined Joint All-Domain Command and Control，CJADC2　203

零信任架构　Zero Trust Architecture　224

楼宇自动化控制网络　Building Automation and Control network，BACnet　10，195

掠夺性麻雀　Predatory Sparrow　196

脉搏平台　Pulse Platform　263

曼陀罗项目　Project Mandala　7，134-135

美国全球信息优势实验　Global Information Dominance Experiment，GIDE　230

美国信息环境作战战略　Strategy for Operations in the Information Environment，SOIE　292

美国印太司令部任务网络计划　INDOPACOM Mission Network　202-203

美国-菲律宾"2+2"部长级对话　U.S.-Philippines 2+2 Ministerial Dialogue　244

美日互联网经济政策合作对话　Dialogue on Internet Economic Policy Cooperation，IED　166，240

南部非洲地区伙伴生态大会　Eco-Connect Sub-Saharan Africa　265

南非数字和未来技能全国会议　Digital and Future Skills National Conference　287

南非政府通信和信息系统　　Government Communication and Information System，GCIS　253

匿名苏丹　　Anonymous Sudan　　10，195，200

欧盟"2030数字十年政策计划"　　Digital Decade Policy Programme 2030　222

欧洲共同利益重点项目　　Important Projects of Common European Interest，IPCEI　146，152-153

欧洲互联网治理对话　　European Dialogue on Internet Governance，EuroDIG　23

帕拉帕环　　Palapa Ring　　297

平民作战室　　war room　　199

普遍适用性　　Universal Acceptance，UA　　242

七国集团贸易部长会议　　G7 Trade Ministers' Meeting　　84，88

前出防御　　Defend Forward　　173

前出狩猎　　Hunt Forward　　173

桥梁计划　　Bridges　　210

区域数字化连接　　regional digital connectivity　　232

全球导航卫星系统　　Global Navigation Satellite System，GNSS　　10，195

全球反税基侵蚀　　Global Anti-Base Erosion，GloBE　　94，96-97

全球数字连接合作伙伴关系　　Global Digital Connectivity Partnership，GDCP　166，240

全球网络专业知识论坛　　Global Forum on Cyber Expertise，GFCE　　178

人工智能风险管理框架　　Artificial Intelligence Risk Management Framework，AI RMF　52

人工智能之旅　　AI Journey　　294

日美工商伙伴关系　　Japan-U.S. Commercial and Industrial Partnership，JUCIP　255

萨拉　　Sara　　235

沙特阿拉伯新兴技术峰会　　Emerging Tech Summit-Saudi Arabia　　289

沙元　　Sand Dollar　　128

射频识别　　Radio Frequency Identification，RFID　　290

升级版国家量子安全网络　　National Quantum-Safe Network Plus，NQSN+　　257

世界币基金　　Worldcoin Foundation　　115-116

名词附录

世界经济论坛　World Economic Forum，WEF　84，226，252

世界无线电通信大会　World Radiocommunication Conference，WRC　293

实体　entity　232

守护者项目　Project Guardian　142

收入纳入规则　Income Inclusion Rule，IIR　97

数据保护官员　Data Protection Officer，DPO　74

数字初创企业　Digital Start-ups　241，250

数字支付代币　Digital Payment Token，DPT　124

数字中介平台　Digital Intermediation Platform，DIP　91

双重征税协定　Double Taxation Agreement，DTA　150

税基侵蚀和利润转移　Base Erosion and Profit Shifting，BEPS　94-95，97

四方网络挑战赛　Quad Cyber Challenge　177

锁定盾牌　Locked Shields　207

塔林机制　Tallinn Mechanism　194

太阳风　Solar Winds　208

特许公司　licensed company　232

通用顶级域　Generic Top-Level Domain，gTLD　226，239，295

通用人工智能　Artificial General Intelligence，AGI　47

网络安全服务框架　Cybersecurity Services Framework，CSSF　204

网络峰会　Web Summit　248

网络复仇者　CyberAv3ngers　195-196

网络护盾　Cyber Shield　175

网络切片技术　network-slicing technology　159

网络穹顶　Cyber Dome　198

网络哨兵　Cyber Sentinels　206

网络损失计算器　NetLoss Calculator　262

微机电系统　Micro-Electro-Mechanical System，MEMS　150

未来运动会　Games of the Future　300

稳定币安排　Stablecoin Arrangement　139

物联网　Internet of Things，IoT　172，177-178，226，233-234，262，289

现实世界资产　　Real World Assets，RWA　　139-142

消息传递层安全　　Messaging Layer Security，MLS　　269

新加坡"研究、创新与企业2025"计划　　Research Innovation and Enterprise 2025，RIE 2025　　150

新加坡零售业数字化计划　　Retail Industry Digital Plan　　289-290

新加坡亚洲科技会展　　Asian Tech x Singapore，ATxSG　　257

芯片联合承诺　　Chips Joint Undertaking　　147

信息社会世界峰会　　World Summit on the Information Society，WSIS　　16，22-24，28，42，238-239

信息完整性　　information integrity　　9，188

信息与通信技术　　Information and Communications Technology，ICT　　2，34-38，77，92，167，221，225，228，239-240，256，264，297

星盾　　Starshield　　161

星链　　Starlink　　160-164，193-194

虚拟无线接入网络　　vRAN　　240

央行数字货币　　Central Bank Digital Currency，CBDC　　5-7，123-124，128-135，234

一般公认会计准则　　Generally Accepted Accounting Principles，GAAP　　120

伊朗国际电信通讯展览会　　Iran Telecom　　299

以色列民防技术创新计划　　The Innovation Programme for Civil and Defense Technology Initiatives，INNOFENSE　　209

印度6G愿景　　Bharat 6G Vision　　157-158

印度国家网络安全演习　　Bharat National Cyber Security Exercise，NCX　　286

印度互联网治理论坛　　India Internet Governance Forum，IIGF　　296

印度网络部队　　India Cyber Force　　200

印尼"初创工作室"计划　　Startup Studio Indonesia，SSI　　241

印尼标准快速响应码　　The Quick Response Code Indonesian Standard，QRIS　　233

印太经济框架　　Indo-Pacific Economic Framework for Prosperity，IPEF　　255

英美数据桥　　UK-US data bridge　　88

应税规则　　Subject to Tax Rule，STTR　　95-96

—————— 名词附录 ——————

域名系统　　Domain Name System，DNS　　226-227，236，242，271，299
越南推进和支持国家机关互联网协议第六版部署工作计划　　IPv6 For Gov　　242
云基础设施　　cloud infrastructure　　167，233，283
云计算能力　　cloud-computing capacity　　233
致命性自主武器系统　　Lethal Autonomous Weapon Systems，LAWS　　10，210，212-214
注册数据请求服务　　Registration Data Request Service，RDRS　　295
自我监督　　Self-Regulation　　87
总锁定价值　　Total Value Locked，TVL　　141

后 记

欲知大道，必先为史。在中共中央网络安全和信息化委员会办公室的指导下，中国网络空间研究院已连续三年牵头编纂《网络空间全球治理大事长编》，旨在全面客观记录年度全球互联网重点领域发展新情况、新动态，发挥存史资政、彰往察来的作用。

在往年主体框架基础上，《网络空间全球治理大事长编2023》特增设"导读"部分，全景式梳理网络空间全球治理热点，概述2023年度网络空间全球治理态势。本书"要事概览"板块重点梳理了2023年网络空间全球治理领域的重要进展与趋势，并对该领域未来可能面临的挑战和机遇进行分析。"大事记"板块以月份为顺序，主要记录尚未被"要事概览"收录的部分政府、国际组织、技术社群、互联网企业等的发展与治理举措。考虑到近年来新技术领域的专有名词层出不穷，因此"名词附录"发挥了重要的中英文对照作用，并为本书重点战略政策、法律法规、机构名称等提供索引。在编写过程中，本书编写团队参考了大量国内外政府文件、学术研究报告以及媒体报道，进行了多次审校和修订，力求确保本书内容的客观性、准确性和权威性。

本书的编纂得到了各方的支持和帮助。中国网络空间研究院成立编委会，由网络国际问题研究所牵头统筹组建专门科研团队，组织来自各科研单位及高校的专家学者共同编纂。参与编写人员包括：中国网络空间研究院原院长夏学平，中国网络空间研究院王江、宣兴章、钱贤良、刘颖、白江、江洋、叶蓓、邓珏霜、龙青哲、蔡杨、李阳春、宋首友、贾朔维、刘超超、张晏宁、杨旭、姜伟、邹潇湘、张扬、李博文；中国科学技术发展战略研究院周代数，中国科学院科技战略咨询研究院刘昌新、赵西君，国家工业信息安全发展研究中心李敏，北京邮电大学李宏兵、翟瑞瑞、张云涛，中国传媒大学徐培喜、王同媛，对外经贸大学周念利，中国人民公安大学杨关生，中国现代国际关系研究院李建钢，四川外国语大学朱天祥、谢乐天、巩嘉赟，南京理工大学李元馨，伏羲智库杨晓波。

此外，中国传媒大学彭菲、蒋晓宇、李乐辰，对外经济贸易大学姜玉萍、杨晨，北京邮电大学孔维丕、李曼、王锦海、熊浩鹏、张丽娜，北京外国语大学曹晗钰，华东政法大学程一铭，北京工商大学侯楷昕，南京理工大学蔡维、琚潇等学生亦参与本书资料收集及编译。全书编写过程中，中国现代国际关系研究院张力，中国社会科学院郎平，中国信息通信研究院刘越、郭丰，中国国际问题研究院徐龙第，中国国际经济交流中心张茉楠等专家亦对本书的编辑和审改工作提供了诸多宝贵意见。

该书的顺利出版离不开社会各界的支持和帮助，特别感谢商务印书馆编辑团队对本书的辛勤付出。鉴于该书涉及面广、编写者经验和能力有限、编辑出版工作浩繁，不足与疏漏在所难免，敬请各界人士批评指正，以便我们在今后工作中改进完善。

中国网络空间研究院